普通高等院校精品规划系列教材

生理学

physiology

王正朝　于泊洋　王少兵◎主编

电子科技大学出版社
University of Electronic Science and Technology of China Press
·成都·

图书在版编目(CIP)数据

生理学 / 王正朝, 于泊洋, 王少兵主编. -- 成都：
电子科技大学出版社, 2019.4
ISBN 978-7-5647-6918-5

Ⅰ. ①生… Ⅱ. ①王… ②于… ③王… Ⅲ. ①人体生
理学－医学院校－教材 Ⅳ. ①R33

中国版本图书馆CIP数据核字 (2019)第074290号

生 理 学
SHENGLIXUE
王正朝　于泊洋　王少兵　主编

策划编辑　罗　雅
责任编辑　卢　莉

出版发行　电子科技大学出版社
　　　　　成都市一环路东一段159号电子信息产业大厦九楼　邮编 610051
主　　页　www.uestcp.com.cn
服务电话　028-83203399
邮购电话　028-83201495

印　　刷　成都市火炬印务有限公司
成品尺寸　185mm × 260mm
印　　张　14.25
字　　数　365千字
版　　次　2019年4月第1版
印　　次　2019年4月第1次印刷
书　　号　ISBN 978-7-5647-6918-5
定　　价　48.00元

前　言

生理学是生物科学的一个分支，是以生物机体的生命活动现象和机体各个组成部分的功能为研究对象的一门科学。人体生理学的任务就是研究构成人体各个系统器官和细胞的正常活动过程，特别是各个器官、细胞功能表现的内部机制，不同细胞、器官、系统之间的相互联系和相互作用，并阐明人体作为一个整体，其各部分的功能活动是如何互相协调、互相制约，从而能在复杂多变的环境中维持正常生命活动过程的。生理学是一门非常重要的基本理论课程。

由于编者水平有限，书中疏漏之处难免存在，敬请广大读者批评指正。

编　者

目　　录

第一章 绪 论

第一节 生理学简介

一、什么是生理学

生理学（physiology）是生物科学的一个分支，是研究机体生命活动现象和规律的科学。生理学的研究对象就是机体的生命活动，如呼吸、消化、血液循环等。根据研究对象的不同，生理学可分为动物生理学、植物生理学和人体生理学等。人体生理学主要研究在正常状态下，机体内各细胞、器官、系统的功能，以及作为一个整体，各部分之间的相互协调并与外界环境相适应过程的规律和机制，从而认识和掌握生命活动的规律，为防病治病、增进人类健康、延长人类寿命提供科学的理论依据。

二、生理学研究的三个水平

人体的基本结构和功能单位是细胞，不同细胞构成了不同的器官，各种器官又相互联系组成了不同的功能系统，各系统相互协调构成一个统一的整体。因此，生理学的研究就是从细胞和分子、器官和系统、整体三个水平上进行的。

（一）细胞和分子水平

以细胞及其所含的物质分子为研究对象。生理活动的物质基础是生物机体，构成机体的最基本结构和功能单位是各种细胞，体内各个器官的功能都是由构成该器官的各个细胞的特性决定的，例如肌肉的功能与肌细胞的生理特性分不开，腺体的功能与腺细胞的生理特性分不开等。因此，研究一个器官的功能，需要从细胞的水平上进行。然而，细胞的生理特性又是由构成细胞的各个分子，特别是细胞中各种生物大分子的物理学和化学特性决定的。例如肌细胞发生收缩，是由于在某些离子浓度改变及酶的作用下肌细胞内若干种特殊蛋白质分子的排列方式发生变化的结果。因此，生理学研究还必须深入分子水平。

（二）器官和系统水平

以器官系统为研究对象，研究各器官、系统的功能及其调节机制，从而阐明各器官、系统的活动规律和它们在整体生理功能中所起的作用以及各种因素对它活动的影响。例如，要了解循环系统中心脏如何射血，血液在心血管系统中流动的规律，以及神经、体液因素对心脏和血管活动的影响等，就要以心脏、血管和循环系统作为研究对象。器官和系统水平的研究十分重要，在临床医疗实践中，医生对各种疾病的认识也是以器官和系统的正常生理知识为基础的。

（三）整体水平

强调各器官、系统之间的相互影响和配合，以完整的机体为研究对象，观察和分析在各种环境条件和生理情况下不同的器官、系统之间互相联系、互相协调，以及完整机体对环境变化发生各种反应的规律。例如剧烈运动时，在神经、内分泌系统的调节下，心跳加快加强，心输出量增加，而血管系统中的血流量发生重新分配，骨骼肌血流量增多，消化、内分泌系统功能相对减少，尿量减少。呼吸系统活动增强，呼吸加深加快以满足氧耗量的增加和加快对CO_2的清除。

以上三个水平的研究，它们相互间不是孤立的，而是相互联系和相互补充的。当我们要阐明某一生理功能的机制时，一般需要用多种实验技术从以上三个水平进行研究，并对不同水平的研究结果进行综合分析，才能得出较正确的结论。

三、生理学研究的方法

生理学是一门实验性科学，其知识的积累主要是来自生活实践、实验研究和临床实践。研究生命活动的规律必然要以活着的机体、器官或组织细胞进行实验。生理学的研究大多数是在动物（特别是脊椎动物）上进行实验，只有确证对人体健康无损害时，才可以在志愿者（正常人或患者）身上进行观察。

动物实验（experiment on animals）可分为急性实验和慢性实验两大类。

1. 急性实验

分为在体（in vivo）实验和离体（in vitro）实验两种。

（1）在体实验：是在完整的动物身上进行的，大多数是在麻醉条件下，观察某一器官、系统的功能活动。例如，在家兔颈总动脉插入套管测定动脉血压，刺激减压神经、静脉注射某些药物时观察动脉血压的变化。其优点是保存了被研究器官与其他器官的自然联系和相互作用，便于分析各器官之间的相互影响。

（2）离体实验：从活着的或刚被处死的动物身上取出所要研究的细胞、组织或器官，将它们置于一个类似于体内的人工环境中，使它们在一定时间内保持其生理功能，以进行实验研究。例如，坐骨神经腓肠肌标本、蛙心灌流等。这种方法的优点是排除了无关因素的影响，实验条件易于控制，结果便于分析，但是所获得的结果不能简单等同于或类推到体内的真实情况。

2. 慢性实验

指的是在完整而且清醒的动物身上，在机体保持内、外环境处于相对稳定的条件下，进行各种生理实验的方法。如给实验动物实施外科无菌手术制备各种器官的瘘管，以及摘除、破坏或移植某些器官，以研究该器官的生理功能等。由于这种实验动物存活时间较长，故称为慢性实验。其优点是保存了各器官的自然联系和相互作用，便于观察某一器官在正常情况下的生理功能及其与整体的关系。例如，巴甫洛夫创造的巴氏小胃，用来研究神经系统对胃液的调节。缺点是体内条件太复杂，结果不易分析。

应当指出，生理学的知识大部分是从动物实验中获得的，但是，在应用这些生理学知识时，务必要考虑到动物和人之间的差别，不可简单地将动物实验结果套用于人体。同时，也应当注意到急性实验和慢性实验所得的结果是有差别的。在解释实验结果时，不能将特定条件下所获得的资料推论为普遍规律。要用辩证唯物主义的理论来指导我们观察问题、分析问题，全面地分析综合所得出的实验结果，才能对人体的生理功能得出正确的认识。

近年来，随着科学技术的发展，我们可以应用遥控、遥测技术，体表无创伤检测技术等，对动物或人体进行各种无创伤性生理功能的研究，从而使生理学的研究日益深入，生理学的理论不断得到新的发展。

第二节　机体生命活动的基本特征

机体生命活动的基本特征主要有新陈代谢、信息传递、兴奋性、适应性、生物节律、生殖、衰老和死亡等。

一、新陈代谢

新陈代谢（metabolism）是生命的基本特征之一，是指机体不断地同自然环境进行物质交换的过程，包括物质代谢和能量代谢两个方面。物质代谢分为合成代谢和分解代谢，在物质代谢过程中伴随着能量的转换。合成代谢（anabolism）是指机体从外界摄取营养物质来构筑和更新自身，并储备能量的过程。在这个过程中，从消化道吸收入血的结构简单的物质被合成为结构复杂的物质，又称之为同化作用（assimilation）。合成代谢需要供给能量，是吸能反应。分解代谢（catabolism）是指机体分解自身的部分物质并将代谢废物排除，同时释放能量。在这个过程中，结构复杂的物质被分解成简单的物质，又称之为异化作用（dissimilation）。在分解代谢中，能量物质释放所蕴藏的化学能，是放能反应。体内的同化作用和异化作用是同时进行和互相依赖的，前者是后者的物质基础，没有同化就没有异化，但同化作用所需的能量又是物质分解过程中提供的。因此，同化是异化的前提，异化又是同化的必需条件。机体正是通过同化和异化的矛盾统一过程，使体内的物质不断地进行自我更新。

二、信息传递

外界的刺激和机体细胞产生的某些物质，以不同的信号形式作用于各种细胞，都属于信息传递（signaling）。其涵盖范围广泛，细胞内生理、生化过程如神经冲动的传导、蛋白质的相互作用、酶促反应等，在本质上都属于信息传递的范畴。细胞的信息传递存在于细胞的整个生命过程，信息量巨大，过程复杂，至今尚未完全阐明。机体结构和功能的基本单位是细胞，细胞在受到不同信息物质的作用后，在产生其功能活动变化的同时又会产生对自身或其他细胞活动具有影响或调节的物质。由此可见，在细胞活动过程中，必然伴有细胞间和细胞内的信息传递过程。体内的信息物质主要是细胞在活动过程中产生的，例如，神经元活动时生成和释放的神经递质和神经肽、内分泌腺和内分泌细胞活动时合成和释放的激素、细胞活动过程中产生的多种细胞因子和气体分子以及代谢产物等。上述信息物质在引起细胞内信息传递的过程中，又会产生环一磷酸腺苷和环一磷酸鸟苷、二酰甘油和三磷酸肌醇等新的信息分子。体内的每种信息物质都按其自身的规律运动和变化，进而控制和影响相应的功能活动。由于机体的生命活动是一个动态变化的过程，所以，任一变化着的生命活动都会不断产生新的信息。这些信息既可以引起其他的功能活动，又可以反馈调节自身的活动，为其功能活动的稳定提供了内在的保证机制。

三、兴奋性

传统的兴奋性（excitability）的概念是指机体对刺激具有发生反应的能力或特性。从现代细胞电生理定义，兴奋性是指可兴奋细胞受到刺激后具有产生动作电位的能力或特性。可兴奋细胞是指在受到刺激后能够产生动作电位的细胞，主要包括神经细胞、肌细胞和腺体细胞。在受到刺激后，分别表现为神经纤维传导电冲动、肌细胞产生收缩和腺体细胞出现分泌，但它们具有的共同特征就是产生动作电位。机体生活在一个不断变化着的环境之中。环境中各种物质运动产生的变化，有的能被机体感知，这是机体同环境间保持联系的前提条件。凡是能引起机体（或组织细胞）发生反应的环境因素变化，均称为刺激（stimulus）。刺激可分为理化性刺激（光、声、电、机械和温度、酸和碱等）和生物性刺激（病原体）等种类。这里要强调的是，个体所处社会的政治和生活秩序的变化以及自身的经济地位和文化状况等，这些社会源性的因素也可成为刺激。这些刺激通过对个体精神和心理活动的影响，进而影响其疾病的发生和发展以及治疗的过程。

若要引起机体发生反应，刺激的强度、刺激的持续时间和刺激强度时间变化率三个参数必须达到一定值。在生理学的实验和研究中，通常使用的是电刺激。电刺激的强变可以人为地控制，使用适度的刺激不会对组织造成损伤。在使用电刺激时，刺激强度时间变化率是固定的，只需调节刺激的持续时间（波宽）和强度（电压）。在保持刺激的时间一定时，引起组织细胞发生反应的最小刺激强度称为阈强度（threshold intensity），简称阈值（threshold）。引起组织细胞发生反应的最小强度的刺激，称为阈刺激（threshold stimulus）。强度小于阈值的刺激为阈下刺激，强度大于阈值的刺激为阈上刺激。对于兴奋性较高的组织细胞，引起兴奋所需的刺激强度较小；反之，兴奋性较低的组织细胞，引起兴奋所需的刺激强度则较大。所以，兴奋性同阈值之间呈反变关系。机体受刺激后，体内的生化代谢和生理功能发生的变化称为反应（reaction）。机体对刺激发生的反应表现为兴奋和抑制两种形式。机体受刺激后，由相对静止变为活动或活动由弱变强，称为兴奋（excitation）；机体受刺激后，由活动转为相对静止或活动由强变弱，称为抑制（inhibition）。从细胞电生理定义，刺激使细胞膜发生去极称为兴奋，只是受刺激的局部去极称为局部兴奋（loeal excitation），刺激使细胞膜出现动作电位的变化称为扩布性兴奋，刺激使细胞膜的去极电位减小或呈超极化电位变化称为抑制。兴奋和抑制是体内功能活动发生和发展过程中所表现出的共同规律。抑制是兴奋的反面，意味着兴奋的减弱或不易发生兴奋，因此，抑制反应必须以兴奋为基础。兴奋和抑制两者互为前提，对立统一，相互间可随条件的变化而发生转化。最后要强调的是，在机体功能活动进行的过程中，任何刺激引起的反应都表现为各部分功能活动相互协调和配合的整体性，例如，在手部受到伤害性刺激时，必然会引起屈肌收缩（兴奋）和伸肌舒张（抑制）以及情绪和内脏活动的变化。

四、适应性

在人类遗传和进化的过程中，机体的结构与功能一方面不断地分化与特殊化，另一方面又不断地加强整体性。人类生存的环境是复杂多变的。机体不同的组织和细胞、器官和系统在执行其功能的同时，彼此密切配合和协调，以整体功能活动的形式去适应不断变化的环境。机体所具有的完善而精确的适应环境因素变化的能力称为适应性（adaptability）。这种能力表现为机体对环境因素的变化所产生的系列适应性反应。通过这些反应，避免了环境中的不利因素对机体的伤害，进而保持其功能活动的正常进行。例如，在强光下，瞳孔缩小以减少入眼光线，使视网膜得到保护的同时在视网膜上形成清晰的物像。又如，外环境的温度变化时，机体通过体温调节机制，调节产热和散热过程以维持体温的稳定；通过增减衣物和活动量，以及创造人工气候环境（如安装空调设备）等，亦有助于使体温保持相对的稳定。可见，人类不仅能依靠调节生理反应来被动适应环境的变化，还能通过自己的劳动和创造以主动适应其生存和生活的环境。另外，机体长期生活在一个特定的环境中，本身可逐渐形成一种特殊的、适合自身生存的方式，例如，长期居住在高原的人血中的红细胞数明显多于生活在平原地区的人，这样就增加了血液运输O_2的能力，避免了高原缺氧给机体带来的损害。几代甚至是十几代都生活在高原环境的个体，在自然选择的压力下，通过遗传和变异已产生了适应于高原和低氧的遗传基因，这些基因控制机体的功能活动，使之与环境间的各种因素产生高度的适应，所以，也就不存在环境低氧等因素对其功能活动的影响。

五、生物节律

体内的功能活动常按一定的时间顺序周而复始地发生和变化，由于这种变化具有节律性，故称之为生物节律（biorhythm）。体内的活动按频率的高低可分为高、中和低频三类节律。高频节律的周期小于1天，如心率和呼吸的周期性变化。节律周期大于7天的属于低频节律，如妇女的月经周期。节律周期介于上述两者之间的为中频节律。中频节律常为日周期，如睡眠和觉醒的周期性发生、体温和血压在清晨较傍晚稍低以及某些激素在血中浓度的周期性变化。中频节律是体内最重要的生物节律，例如，清晨体内糖皮质激素的分泌量增多，与该激素结合的受体数量增多，使得个体有旺盛的精力投入新一天的生命活动；在夜间，该激素的分泌量减少，受体结合激素的能力降低，使整体功能活动减弱而有利于体力和脑力疲劳的消除。目前认为，生物节律的控制中枢与下丘脑的视交叉上核以及同其相联系的松果体和垂体等部位有关，它们共同组成松果体-下丘脑-垂体节律系统，负责控制和协调体内功能活动的时序性和节律性。生物节律的存在，使机体对环境因素的变化能产生更为完善的适应。

六、生殖

生长发育成熟的机体具有产生与自己相似子代个体的能力称为生殖（reproduction）。人的生命是指从受精卵到死亡之间人的存在。个体出生后，许多器官的结构和功能还远未发育完善，需经历相当长时期的继续生长和发育才能成熟。机体的生长发育是在遗传因素作用的基础上，通过体内许多激素的调节和出生后机体与环境的互动过程中所进行的生命活动。个体出生后的前3个月生长发育很快，2岁后生长速度渐减慢。至青春期生长速度又加快，直至发育成熟而具有生殖的能力，维持一段时间后继之衰老、死亡。由此可见，生命是一个单向发展和运动的过程。虽然个体的生命是有限的，但由于个体具有繁衍与自身相似子代的能力，故生命现象又是无限的。

七、衰老和死亡

衰老是一切生物体不可回避的自然规律。衰老（senescence）是指机体生长发育成熟以后，随年龄增长而发生的组织结构、生理功能和心理行为上的一系列退化过程，是个体生命活动过程的最后阶段，属于生理性的。随着时代的发展，衰老机制研究产生了一系列新的学说，包括自由基学说，自身免疫学说，端粒酶学说等。例如，端粒学说由Olovnikov提出，认为端粒是真核生物染色体末端由许多简单重复序列和相关蛋白组成的复合结构，具有维持染色体结构完整性和解决其末端复制难题的作用。端粒酶是一种逆转录酶，由RNA和蛋白质组成，是以自身RNA为模板，合成端粒重复序列，加到新合成DNA链末端。正因如此，细胞每有丝分裂一次，就有一段端粒序列丢失，当端粒长度缩短到一定程度，会使细胞停止分裂，导致衰老与死亡。但是许多问题用端粒学说还不能解释，如Kippling发现，鼠的端粒比人类长5～10倍，寿命却比人类短得多。

衰老主要表现为机体大脑的反应力下降；各种感觉功能减退；肌力减弱，骨和关节退行性变，动作迟缓，运动过程中整体的协调性降低；心血管和呼吸的功能减弱，储备能力下降，体力劳动或运动时易于发生心累气急；消化道运动功能减弱，消化腺分泌减少，消化能力减退；肝的合成和解毒等方面的功能减弱；肾排泄功能和对尿的浓缩或稀释能力降低；内分泌功能低下，整体代谢水平和对外伤及感染的反应能力均减弱；由于神经和体液调节能力减弱，维持体内功能活动相对稳定的能力降低，进一步发展必然使整体对环境因素变化的调节和适应能力更加减弱，最终导致死亡。

综上所述，新陈代谢是一切生命活动的基础，信息传递存在于生命活动的过程，两者使机体对环境因素的变化具有发生反应和产生适应的能力。同时，使机体发育成熟后获得创造新生命的能力。生命是一个单向运动的过程，衰老和死亡是生命活动的最后阶段，是生命活动发展的必然结果。

第三节　生理功能的调节

人体生理功能的调节是指对内、外环境的变化所产生的适应性反应。其目的是维持人体生理活动的正常进行。人体生理功能的调节主要是维持内环境的稳态和使人体多项生理功能随机体活动的需要而发生相应变化。

内环境的相对稳定是维持人体正常生理功能的必要条件。人体的绝大部分细胞一般不与外界环境发生接触，而是浸浴在细胞外液（血浆、淋巴液和组织液）中。细胞外液是人体细胞所处的内环境（internal environment）。人体内环境的理化性质是始终维持相对稳定的。在正常情况下，细胞外液中的氧和二氧化碳分压、渗透压、pH等，是处在一种相对稳定的状态，称之为稳态（homeostasis）。稳态是细胞行使正常生理功能和机体维持正常生命活动的必要条件。细胞、组织、器官和系统的正常功能又是内环境稳态的重要保证。

内环境理化性质的稳定是相对稳定，是通过神经调节、体液调节和自身调节而实现的。

一、神经调节

神经调节（nervous regulation）是指在神经系统的参与下机体通过反射活动而实现的一

种调节方式。所谓反射（reflex）是指在中枢神经系统参与下，机体对内、外环境变化所做出的规律性应答。完成反射所必需的结构基础称为反射弧（reflex arc）。它由感受器、传入神经纤维、神经中枢、传出神经纤维和效应器五部分组成。神经调节的特点是迅速、精确而短暂。

二、体液调节

体液调节（hormonal regulation）是指内分泌细胞所分泌的激素或组织细胞所产生的某些化学物质或代谢产物，经体液（血液或组织液）运输至全身或某些局部的组织细胞，调节其活动。

体液调节有多种方式。由内分泌细胞分泌的激素通过血液循环运送至全身，调节细胞的活动，称为远距分泌（telecrine）；有些内分泌细胞分泌的激素只通过局部组织液的扩散，作用于邻近的细胞，称为旁分泌（paracrine）；下丘脑内的一些神经内分泌细胞合成的激素，随神经轴突的轴浆流至末梢，再释放入血，调节着相应组织细胞的活动，称为神经分泌（neurocrine）。除激素外，组织细胞的代谢产物，对组织细胞的功能也有调节作用，可认为是局部体液调节。与神经调节相比，体液调节的特点是作用缓慢，历时持久，影响广泛，精确度差。

大多数内分泌腺或内分泌细胞是直接或间接受中枢神经系统控制的。在这种情况下，体液调节就成为神经调节的一个环节，相当于传出通路的延伸部分，因而又称之为神经-体液调节。神经组织本身的代谢过程，同样也需要依赖于体液系统的调节，离开体液调节，神经系统将失去实现其功能活动的基础。近年来发现，免疫细胞分泌的一些化学物质，如细胞因子也参与体液调节，神经系统、内分泌系统和免疫系统间存在复杂的反馈联系。因此，人们更倾向认为，人体功能的调节是神经系统、内分泌系统和免疫系统相互作用的结果。

三、自身调节

自身调节（auto-regulation）是指机体的器官、组织、细胞在内外环境发生变化时，所产生的适应性反应。这种反应不依赖于神经或体液调节。例如，在一定范围内，动脉血压降低，脑血管就舒张，血流阻力减小，使脑血流量不致过少；若动脉血压升高，则脑血管收缩，增加血流阻力，使脑血流量不致过多。这种反应在去除神经支配和体液因素的影响以后仍然存在，故称之为自身调节。它是一种比较简单的、局限的原始调节方式。其特点是调节准确、稳定，调节范围有限，但对生理功能的调节仍有一定的意义。

第四节　生理学的发展史和研究展望

今天的生理学知识，若以1628年Harvey发现血液循环并把生理学确立为科学计算，有近400年的历史。尽管生理学已经历了漫长的发展史，但机体功能活动的发生和机制等尚有许多问题没有阐明。本节仅就生理学发展中的某些历史事件予以简述，并根据目前的研究趋势对其进行展望。

一、生理学的发展史

（一）古代对生理学的认识

1. 我国对生理学的认识

《内经》是我国在2000多年前（前403—前221年）的医学经典。该著作在对人体的功能活动进行的描述中，指出心主血脉，肺主气司呼吸，肾主水、主骨等；有关“心主血脉”，气血循行体内“如环之无端，莫知其继，周而复始”的叙述，提示了血液循环的概念；在“心为君主之官”和“怒伤肝，喜伤心，思伤脾，忧伤肺，恐伤肾”等的解释中，表明神经系统在整体中的主导地位，以及人的情感和意志等对体内多种功能活动的影响；尤其认为“经络”遍布全身，统率脏腑，联络肢体，通表达里，沟通上下，是机体同环境之间的联系通路。若经络失常、气血不和，则导致机体功能紊乱，表明了人体是一个统一的整体，人体与环境间有着密切的联系。通过进一步的发展，建立了独特而完整的传统医学理论体系。传统医学认为，精气是构成人体和维持生命功能的物质基础。维持生命活动的精气分为阴、阳两个方面，两者既对立又统一，相互消长转化是体内各种功能发生变化的根本原因。阴阳平衡时，整体生命活动正常；阴阳失调则表现为疾病。

2. 国外对生理学的认识

古代希腊医学家Hippocrates（前459—前377年）提出人体中存在着水、火、土和气四种元素，与之对应的有黑胆汁、血液、黏液和黄胆汁四种液体，这些液体的比例正常，人体处于健康状态，否则导致疾病。Galen（130—201年）继承了Hippocrates的主要理论并加以发展，提出的“三元气”学说，认为生命的基本要素是元气。他把人体的生长、运动和思维三大功能归之于自然灵气、活力灵气和理性灵气这三种非物质的“灵气”作用，疾病则是因灵气的改变所致。

（二）近代生理学的发展

1. 实验生理学的发展

以实验为特征的近代生理学始于17世纪。1628年，英国医生Harvey（Wil1iam Harvey，1578—1657年）发表了有关血液循环的名著《心与血的运动》一书，这是人类历史上第一次通过对多种动物进行活体解剖和生理实验，结合在人体内的观察和分析。以实验的方法证实了人和高级动物的血液是从左心室射出，通过体循环的动脉血管流向全身组织，然后汇集于静脉血管回到右心房，再经过肺循环进入左心房。因此，心脏被认为是血液循环的中心。Harvey的功绩不仅在于证明了血液循环的基本规律，更重要的是开创了“活体解剖”的研究方法，为生理学开辟了实验研究的道路。因为，只有通过实验研究，才可能阐明人体生命活动的发生过程和影响因素，才可能对各种生理功能的发生机制进行深刻的分析。恩格斯曾高度评价Harvey的工作，他说：“血液循环的发现把生理学确立为科学。”但当时关于动脉与静脉之间的连接只能依靠臆测，他认为动脉血是穿过组织的空隙通往静脉的。直至1661年，即在Htarvey逝世后第四年，意大利解剖学家Malpighi（Marcello Malpighi，1628—1694年）将GalileO（Galileo Galilei，1564—1642年）发明的望远镜改制成显微镜，并用它发现了毛细血管，这才真正将血液循环的全部路径搞清楚，并确立了循环生理的基本规律。因此，研究工具的进步和许多新的技术应用，使生理学的研究日益深入。

2. 分析和整合生理学的发展

“内环境恒定”的概念的提出是分析和综合生理学发展的重要里程碑。法国生理学家Bernard（Claude&rnard，1813—1878年）在他晚年经过逻辑推理而概括出这一概念。在分析和归纳人体内复杂的生化反应时，Bemard提出了内环境的概念，指出机体各部分功能活动是相互联系和彼此制约的整体作用过程。他认为，机体生存在两个环境中，一个是不断变化着的外环境，另一个是比较稳定的内环境。因而机体在外环境不断变化的情况下仍能很好地生存。例如，人可在空气干燥时120℃室温下停留15分钟，并无不良反应，体温仍可保持相对稳定。但在此温度下，只需13分钟即可将一盘牛肉烤熟，可见人维持体温的能力是极强的。但若在湿度饱和的空气中，空气温度虽然只有48℃～50℃，人也只能很短时间耐受，这是因为汗液不能有效蒸发的缘故。他还观察到，高等动物机体许多特性保持恒定的程度高于低等动物，因而认为这种差异是由于在进化中发展了内环境的缘故。所以，他总结为一句话：内环境的相对稳定是机体能自由和独立生存的首要条件。这句话被认为是Bernard对生命现象高度概括的具有丰富内涵的一句名言。美国生理学家Cannon（Walter B. Cannorl，1871—1945年）在Bemard工作的基础上，提出了内稳态的概念。在Bernard提出的内环境和Cannon提出的内稳态概念的基础上，数学家Wiener（Norbert Wiener，1894—1964年）于1947年创立了控制论，随即反馈自动控制理论用于阐述机体功能活动的调节及内稳态的维持机制。俄罗斯生理学家巴甫洛夫（1849—1936年）创立了保持机体完整性的慢性实验方法，为动态、综合地研究动物整体功能活动开辟了新的途径。他对消化、循环和脑的高级神经活动进行了研究，尤其是提出了条件反射和大脑皮质的两个信号系统的学说，表明大脑皮质是神经调节的最高级中枢。1902年，Bayliss和Starling发现促胰液素，建立了激素对机体功能调节的新概念。德国生理学家Ludwig在1847年设计制造的记纹鼓，其作用发挥了一个多世纪。记纹鼓的出现，使一些生理活动及变化（如肌的收缩、血压和呼吸运动等）得以记录和保存。Ling在1948年研制出尖端直径小于1μm的玻璃微电极，Hodgkin等随即将其用于细胞内记录并发现神经纤维的动作电位和超射，同时提出膜电位的钠离子学说。Neher等在1976年建立了测定单通道离子流的膜片钳技术，为不同离子通道的开、闭特征和作用等的研究提供了条件。20世纪以来，科学技术的飞速发展和各自然学科知识的相互交叉和渗透，为生理学的研究提供了新的理论和技术。分子生物学和计算机等技术在生理学研究中的应用，阐明了生命的物质基础是以核酸和蛋白质等生物大分子物质为主构成的复合体系。1990年，美国进入“脑的十年”，各国神经科学家把工作的重心投入对脑的研究。2000年，历时10年的人类基因组测序工作完成，生命科学进入了后基因组时代，使人们能从DNA链及其变化中去探索生命活动发生的信息和疾病的产生机制。在20世纪末，国内外的一些资深生理学家认为，在对生命活动进行微观分析研究的同时．必须重视整体功能活动的发生及其调节机制的研究，由此提出现代生理学应走整合生理学研究的道路，这就为生理学的发展指明了方向。

3. 我国生理学的发展

我国近代生理学的研究自20世纪20年代才开始发展。中国生理学会成立于1926年，是由当时的北京协和医学院生理学系系主任林可胜教授发起创建的，至今已走过了85年的历程。翌年创刊《中国生理学杂志》，1949年后，改称为《生理学报》。中国生理学家在这个刊物上发表了不少很有价值的研究论文，受到国际同行的重视。1926年至今，我国科学家在神经、细胞、血液、循环、呼吸、消化、内分泌和生殖生理的研究中，均获得许多创新性的成果，为生理学的发展了做出重要贡献。在我国对生理学发展做出的贡献中，许多都是老一辈生理学家的开创性工作。老一辈生理学家是一个优秀的群体，如林可胜教授不但发起组织了中国生理学会，而且还系统地研究了胃黏膜的组织结构和功能的相互关系，首先发现组胺具有刺激胃酸分泌的作用和肠抑胃素及其作用。蔡翘教授在研究视神经和视觉中枢结构时，发现在间脑和中脑之间有一个未被描述过的以小细胞为主的神经核团，这一核团具有参与视觉和其他功能活动的作用，被国际文献称为“蔡氏区”。张锡钧教授在20世纪30年代和同事合作首创用蛙腹直肌进行乙酰胆碱生物测定的方法，为证明乙酰胆碱是神经递质起到了重大作用，他还与同事们创立了“迷走神经–神经垂体后叶反射”理论，开辟了神经对垂体内分泌调节作用研究的新途径。冯德培教授发现静息骨骼肌在拉长时代谢增加的现象，被国际生理学术界称为“冯氏效应”；他还证明Ca^{2+}对神经肌接头兴奋传递具有重要作用。张香桐教授首先研究树突的功能，提出中枢神经系统有细胞体和树突上的两种突触兴奋的理论；他发现光线照射视网膜可提高大脑兴奋性的现象，被国际学术界称为“张氏效应”。杨雄理教授对视信息在视网膜神经回路中传递、调节及机制等方面进行了系统的研究，首先报道视杆细胞–视锥细胞间的电耦合因背景光而增强，发现视觉信息在暗处受压抑等现象。但是，我国生理学研究的总体水平，同国际先进水平比较还存在较大的差距，我国生命科学研究中还没有理论和方法学方面的重大突破和创新。

二、生理学研究的展望

生理学的研究已进入整体、系统和器官、细胞和分子三个水平以及功能基因组学的时代。在不同水平以及各个基因和蛋白质之间，都存在着复杂的相互作用和有机的联系，构成多层次的统一整体。人体是一个复杂的巨大系统，即使作为人体生命活动最基本单元的细胞也是一个复杂系统。医学界和生理学越来越重视不同水平研究之间的交叉、转化和结合，即研究如何把细胞、分子水平的研究成果更快地用于解决医学和改善人类健康方面的问题，同时也把在医学和人类健康方面发现的问题从器官、细胞、分子等各个水平上进行深入的基础研究。目前，这类研究被称为转化性研究（translational research），转化或转换医学（translational medicine）是近几年国际医学建素领域出现的新概念，同个性化医学、可预测性医学等一同构成系统医学体系。例如，在药物的研发过程中，转化医学的典型含义是将生理学等基础研究的成果转化成为实际患者提供的真正治疗手段，看重的是从实验室到病床旁的过程。在21世纪，整合生理学就是在分子生物学、细胞生物学等基础学科和健康学科、临床学科之间构成连接，把目前属于不同学科和不同研究水平的知识和技术整合起来，从而实现对人体的各种功能整体的认识，更好地解决医学和人类健康中的问题。生理学最终要阐明各种感觉和运动、语言、计算、学习和记忆、情绪和意识等人脑的高级活动。脑的重要功能是多层次的整合。脑的研究虽然已取得某些进展，但基本上还是一个黑箱。1997年开始的国际性科研计划——人类脑计划（human brain projiect），将在21世纪得到进一步的实施和发展。对于有志于从事神经科学研究的青年学生而言，最具有挑战性的工作就是探索脑功能活动的奥秘所在。目前使用的无创性脑成像技术，如正电子发射断层扫描技术（PET）和功能性磁共振成像（fMRI）等技术，对了解1～4mm的脑区在不同状态下的血流和代谢等功能活动的变化提供了条件。随着研究脑功能的新技术的不断问世和发展完善，期望21世纪能在脑功能的研究方面取得新的突破。

第五节 中医学的整体观念与机体稳态的调控机制

一、中医学对人体生理的主要认识

中医学对人体生理功能的认识是在生活和医疗实践中逐步积累而形成、发展起来的。首先，是对尸体的解剖分析，不仅能观测内脏的形态大小，还能推测它们的部分生理功能，如肺主气司呼吸、肠胃主受纳水谷等知识。其次，人们在日常生活过程中，逐步观察到某些组织器官的生理现象，如目能视物、耳能听音。此外，通过临床实践中对某些生理活动的病理改变反复观察、探讨，逐渐认识到一些较复杂的生理机制。如肉眼见不到人体的气，但当患者出现某些症状时，可以诊断为气虚证，运用补气法治疗可获痊愈，从而确认在生理情况下，人体存在着“气”这种物质。由此可知，在解剖学的基础上，通过病理、临床实践反证生理，经过一个长期而反复的认识过程，最终形成了中医学特有的生理系统知识。

中医学理论体系的一个基本特点就是整体观念，其内涵包括人体本身在结构和功能上的整体性以及人与自然、社会的整体性。整体观念是古代唯物论和辩证法的哲学思想在中医学中的体现，贯穿于中医学生理、病理、诊断、辨证、治疗等各个方面，宏观地阐释了人体的各种生命现象和调控机制。人体由许多组织器官组成，各有其不同的生理功能，但它们之间不是孤立的，而是相互联系的。中医学以五脏为中心，通过经络系统“内属于脏腑，外络于肢节”的沟通和联系，将六腑、五体、五官、九窍以及四肢百骸等全身各种组织器官紧密地联结成一个有机的整体，并通过运行于周身的气血、津液等，充分地发挥其生理功能。人体本身的整体性不仅体现在组织结构的整体性，而且在生理功能活动中，也是相互依存、相互制约和相互为用的，构成协调平衡的一个整体，如食物的消化、吸收与排泄，要依靠胃的腐熟、脾的运化和大肠的传化。而脾的运化，还有赖于心血的濡养、肾气及肾阴和肾阳的资助调节、肝气的疏泄；大肠的传化糟粕，与小肠的泌别清浊、胃气的通降、肺气的肃降、脾气的运化、肾气的推动和固摄作用有关。即饮食入胃，经胃腐熟而成食糜，下传小肠；小肠泌别清浊，清者（水谷精微）由脾传输以养全身，浊者（食物残渣）下传大肠以排泄。此外，人类生活在自然与社会中，自然与社会环境相当于人体的外环境，它们的变化必然直接或间接地影响着人体的生理活动。《灵枢·邪客》说：“此人与天地相应者也。”人体的生理活动，必须随着外界环境的变迁而进行不断的调节，以适应环境并维持体内生理活动的协调平衡。如《素问·四气调神大论》说：“所以圣人春夏养阳，秋冬养阴，以从其根，故与万物沉浮于生长之门。逆其根，则伐其本，坏其真矣。”由此可知，中医学的整体观念与西医生理学的整合概念是一致的。维持人体各生理功能协调平衡的整体性，在中医学理论中表现为人体阴阳之间通过对立制约、互根互用、消长转化等实现阴阳之间的动态平衡。中医学的阴阳学说认为，人体的组织结构、生理功能、病理变化以及疾病的诊断防治等都具有阴阳这一既对立又统一的属性，阴阳之间的动态平衡，是阴阳双方相互对立、相互制约的结果。阳气能推动和促进机体的生命活动，阴气能调控和抑制机体的代谢和生命活动，阴阳双方既对立又统一，两者相互制约、协调平衡才能维持人体正常的生命活动。如《素问·生气通天论》所说：“阴平阳秘，精神乃治。”如果人体的阴阳失去了这种平衡关系，就称为“阴阳失衡”或

“阴阳失调”，便属于病理状态。“阴阳平衡”理论与现代生理学的内环境稳态概念，都是对人体生命活动过程中协调平衡规律的表述，有着异曲同工之妙。

生命体是由多种结构和功能组成的复杂统一体，其特点是各个部分之间能高度协调。显然，这些高度协调和密切相关的功能活动只有通过交换信息才能实现。西医学在研究上较注重物质的实体，而中医学更注重它们之间的关系，即体内各种功能部分之间的相关性和相对性及协调作用，通过调节人体各种功能的关系和平衡，使机体恢复稳态。

二、对阴阳学说的现代研究

当代中西医结合研究的一个热点是通过现代生物学的实验研究证明中医学对人体生命活动与调控机制的理论，并发现其客观的物质基础。阴阳学说是中医学理论的核心之一，精辟地描述了人体生理功能活动的规律。阴阳学说被用来阐述各种生理功能调节和病理变化的规律，以及生物体内稳态的维持，已被运用到神经、内分泌、免疫、细胞、蛋白与基因等方面。

1. 阴阳学说与神经系统

有学者认为，脏腑之阴阳平衡，即交感神经和副交感神经之间的动态平衡关系，这种平衡关系是脏腑阴阳学说的解剖生理学基础。与阴阳相似，交感和副交感神经系统也存在着相互对立、相对消长、相互转换等关系。对于脑退行性病变中发病率最高的两种疾病——阿尔茨海默病和帕金森病，有学者提出，可基于阴阳学说和系统论，对兴奋性递质谷氨酸和抑制性递质γ-氨基丁酸功能上的对立制约属性和代谢上的互根互用属性进行研究，或可为中医药防治脑老化疾病的异病同证理论提供实验室依据。在阿尔茨海默病的发生发展过程中，补体也具有阴阳两方面的作用。一方面，可诱导和促进局部免疫炎症形成，产生大量具有生物学活性的蛋白质和神经元损伤变形；另一方面，又可以通过促进神经元毒性清除及神经生长因子分泌，防治炎症反应扩大和促进神经再生。

2. 阴阳学说与内分泌系统

人体内大量的激素具有对立统一的关系，并通过多种调控机制维持动态平衡。如瘦素和脑肠肽在保持体重稳态中各自发挥“阳”和“阴”的作用。瘦素能促进能量消耗，抑制摄食；而脑肠肽是很有效的进食刺激剂，是能量不足的分子信号。两者如同阴阳一样相互依存，彼此协调，通过相应的调控来平衡能量和摄取食物，维持体重的稳态。

3. 阴阳学说与免疫系统

人体免疫系统组成复杂，各成分彼此协调才能达成免疫功能的动态平衡。研究发现，T细胞的阴阳调节作用在维持机体免疫平衡方面发挥重要的作用。在抗原识别过程中，T细胞表面的抗原受体既有高度特异性的一面，可以敏锐地区分其中的特异性抗体；又表现出T细胞识别的简并性一面，可和许多不同的多肽组织相容性复合体起反应。又如干扰素（IFN-γ）在炎症反应和免疫应答过程中表现出的阴阳对立转化的双重性。当炎症发生时，IFN-γ诱导出一些促炎症细胞因子，但过量时又会诱导产生一些消炎症的基因。因此，IFN-γ对免疫系统平衡起了重要的作用。

4. 阴阳学说与细胞功能的调节

美国生物学家Goldberg于1973年提出“阴阳学说与环磷酸腺苷（cAMP）和环磷酸鸟苷（cGMP）双向调节关系”的假说，根据这一对环核苷酸对生物细胞调节功能的相互对抗、相互制约，推论cAMP与cGMP的双向控制系统能统一许多不同生物调节现象的原理，就是中医学阴阳学说的物质基础。Goldberg认为，一般情况下，cAMP升高为阳；而在特殊情况下，则以cGMP升高为阳。1975年，Ellott更直接提出cAMP即“阳”，cGMP即“阴”。此外，又如细胞内*p53*和c-*Myc*这一对基因，两者作用相反，相互依存，在细胞体内保持着动态平衡，调控细胞的生长、增殖。有学者将*p53*的肿瘤抑制作用比作“阴”，致癌基因c-*Myc*的肿瘤发生作用比作“阳”。譬如果这种阴阳平衡被逐渐破坏，将导致肿瘤的发生。研究还发现，*p53*对癌细胞具有双向调控作用，即*p53*自身又兼具阴阳属性。当DNA受损时，*p53*表达急剧增加，阻止DNA复制，以提供足够的时间使损伤DNA修复；当修复失败时，*p53*引发细胞凋亡；如果*p53*基因发生突变，对细胞的增殖失去控制，将导致细胞癌变。现代研究已证实，人体从整体、系统到器官、组织、细胞，甚至基因，各层水平都存在着阴与阳这样一种对立制约又相互关联、保持动态平衡的关系。

第六节 体育教学

一、可训练性原则与可逆性原则

可训练性原则指人体的形态结构、生理机能和身体素质等可通过体育锻炼或运动训练获得某些积极的适应性改变。生物机体能对外界环境刺激产生适应的能力是可训练性原则的生物学基础。体育课和业余训练增强机体各器官功能的过程，本质上就是这种积极的生理适应过程。在适宜生理负荷的刺激作用下，人体各器官生理功能可产生一系列适应性变化。从器官水平看，优秀运动员最大吸氧量、最大每搏量、动静脉氧差等均大于常人；从细胞、分子水平看，训练能引起线粒体数目及代谢过程等产生良好的适应性变化。

可逆性原则指通过训练使机体获得的良好的适应性变化，在训练中止后会逐步消失。赛尔廷等对一些40～69岁的中老年人进行纵向观察，他们年轻时都是越野赛跑的运动员，当年的最大吸氧量没有明显差别。进入中老年后，一部分人仍坚持运动和比赛，另一部分人则几乎终止了运动，比较发现，终止运动者最大吸氧量、心脏容积等均明显下降，说明因锻炼而获得的机能适应性增强可因终止训练而发生可逆性变化。研究表明，这种可逆性变化即使在短时间停止运动后也会有明显表现。同时，运动技能的可消退性也提示训练的可逆性。

二、全面身体锻炼原则

儿童少年时期是生长发育的旺盛时期，中学体育教学和业余训练的主要任务，在于促进学生的生长发育及全面增强学生各器官功能。然而，任何一种运动对身体的影响都有一定的局限性。如速度练习对神经肌肉的影响较大，耐力性练习则重在发展心肺功能等。所以应采用多种训练内容来进行练习，以达到身体全面发展的目的。

全面身体练习有利于建立多种运动条件反射。从生长发育的规律看，各器官系统中以神经系统发育最快，中、小学阶段是学习运动技术、发展能力、掌握技能的最好时期。运动技能是在中枢神经系统的统一支配下所建立的一种“暂时性神经联系”。现已证明，各运动技能具有相互转移的作用，即大脑皮层所建立的“暂时性神经联系”越多越巩固，建立新的“暂时性神经联系”就越容易。

全面身体锻炼还能使学生的运动能力获得全面提高，因为各种运动能力的发展是相互影响和相互促进的。如力量差的运动员速度很难提高；速度差的运动员，力量和爆发力就不可能很好；一般耐力差，专项耐力就难以达到高水平。近年来的研究表明，综合训练在生理功能及生物化学方面较单一训练好，对各项肌肉工作能力的提高效果显著。

三、循序渐进和超负荷原则

循序渐进原则是指在体育教学与训练中应从易到难、由简到繁、从小到大地进行。既不能急于求成，又不能停滞不前。循序渐进原则的生理学基础是生物机体对刺激的适应规律及运动条件反射的建立和巩固规律。生物机体对外界刺激所产生的适应过程是渐进性的，是在多次重复刺激下产生的。多级的、复杂的运动条件反射是建立在简单的运动条件反射基础之上的，运动技能的建立，也必须遵循从易到难、由简到繁的循序渐进原则。

超负荷原则指运动训练的负荷应超过以往的常量负荷，其生理学基础是能量代谢的超量恢复规律、神经生理学的刺激强度规律等。研究表明，超量恢复的大小和持续时间等取决于消耗过程的强度。在一定范围内，肌肉活动量愈大，消耗过程愈剧烈，随之而来的超量恢复过程愈明显。运动技能的生理本质是运动条件反射，条件反射建立的快慢和神经系统活动的“强度法则”有关。对强度小的刺激，条件反射建立慢；在生理范围内较强的刺激，则条件反射建立快，对运动技能的形成有加速作用。

四、区别对待原则和专门性原则

区别对待原则指在教学或训练过程中，根据学生的年龄、性别、身体条件和训练程度等特点，有针对性地确定教学训练的任务、方法、手段，并合理安排运动负荷。同样的负荷可因机体差异而产生不同的训练效果，为使教学与训练收到良好效果，必须遵循区别对待原则。中小学体育教学与训练的对象是少年儿童，贯彻区别对待原则不仅关系到教学和训练的效果，而且直接关系到学生的体质与健康。

专门性原则指训练内容与运动项目的特点要保持一致性。训练的专门性包括两个因素。即学习专项技术和发展专项所需的代谢机制。专项动作技能的专门性包括活动部位肢体与动作结构的专门性。为使训练和运动时能量代谢相吻合，特别需要对练习强度、持续时间、练习手段进行科学的选择。例如，项目性质为无氧供能的，应选择强度大、持续时间短的练习手段；反之，对需要有氧供能的练习，则应选择时间长而强度中等的手段。

第二章　细胞的基本功能

第一节　细胞膜的结构和物质转运功能

一、细胞膜的结构概述

机体的每个细胞都被一层薄膜所包被，称为细胞膜（cell membrane）或质膜（plasma membrane），它把细胞内容物与周围环境（主要是细胞外液）分隔开来，使细胞能相对地独立存在。构成细胞膜的化学成分基本相同，主要由脂质、蛋白质组成，此外还有少量的糖类物质。虽然目前还没有一种技术可以直接观察各种化学成分在膜中的排列形式，但Singer和Nicholson在1972年提出的液态镶嵌模型（fluid mosaic model）学说一直得到多方面研究结果的支持。这一模型学说的基本内容是：膜以液态的脂质双分子层为基架，其间镶嵌着许多具有不同结构和功能的蛋白质（如图2-1）。

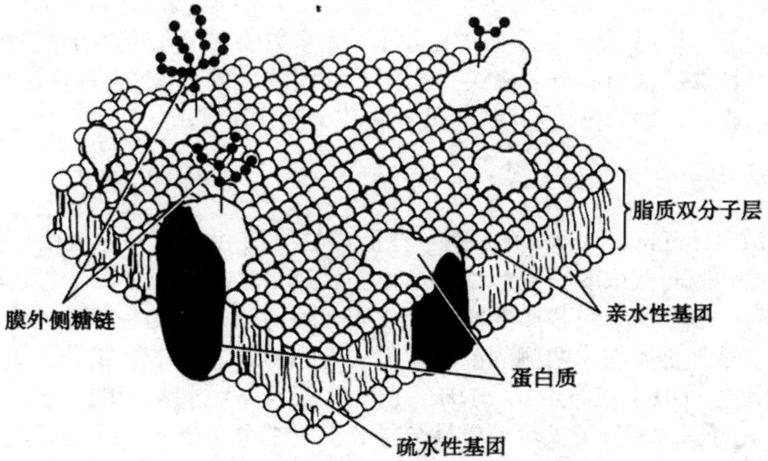

图2-1　细胞膜的液态镶嵌模型

（一）脂质双分子层

膜脂质主要由磷脂和胆固醇构成。其中以磷脂类为主，约占膜脂质总量的70%以上，其次是胆固醇，约占膜脂质总量的30%。磷脂和胆国醇都是双嗜性分子（amphiphilic molecule），它们在膜中以双分子形式排列。一端是由磷酸和碱基构成的亲水性极性基团，另一端两条脂肪酸烃链则属疏水性非极性基团。亲水的头端分别朝向膜内和膜外，而疏水的尾端则与此相对，形成膜内部的疏水区。在正常体温条件下，膜脂质呈液态，因而膜具有流动性。

（二）细胞膜蛋白质

细胞膜的功能主要是通过膜蛋白来实现的：根据膜蛋白在膜上的存在形式，可分为表面蛋白（peripheral protein）和整合蛋白（integral protein）两大类。表面蛋白约占膜蛋白的20%~30%，它们通过肽链中的带电氨基酸残基与脂质的极性基团以静电引力相结合，附着于膜表面，主要是膜的内表面。例如，红细胞膜内表面的骨架蛋白就是一种表面蛋白。整合蛋白约占膜蛋白的70%~80%，它们以其肽链一次或反复多次穿越膜的脂质双分子层为特征。与物质跨膜转运功能有关的功能蛋白有载体、通道和离子泵等。

（三）细胞膜糖类

细胞膜所含糖类甚少，主要是一些寡糖和多糖链，它们以共价键的形式和膜脂质或蛋白质结合，形成糖脂和糖蛋白。糖链绝大多数是裸露在膜的外表面。由于这些糖链在化学结构上具有特异性，因而可以作为细胞或所结合蛋白质的特异性的“标志”。例如，人的红细胞ABO血型系统中，红细胞的不同抗原特性就是由结合在膜脂质的鞘氨醇分子上的寡糖链所决定的。

二、细胞膜的物质转运功能

细胞膜主要由脂质双分子层构成，理论上只有脂溶性的物质才能通过细胞膜。但一个进行着新陈代谢的细胞，不断和细胞周围环境进行物质交换，包括各种供能物质、合成细胞新物质的原料、中间代谢产物和终产物、维生素、O_2和CO_2，以及Na^+、K^+、Ca^{2+}等。这些物质中，除少数能够直接通过脂质层进出细胞外，大多数物质分子或离子的跨膜转运，都与镶嵌在膜上的各种特殊的蛋白质分子有关。至于一些团块性固态或液态物质的进出细胞（如细胞对异物的吞噬或分泌物的排出），则通过入胞和出胞作用完成。

（一）单纯扩散

单纯扩散（simple diffusion）是指一些脂溶性物质和少数分子量很小的水溶性物质从细胞膜的高浓度一侧向低浓度一侧移动的过程。该过程是一种简单的物理扩散，没有生物学的转运机制参与。扩散的方向和速度取决于物质在膜两侧的浓度差和膜对该物质的通透性，扩散的最终结果是该物质在膜两侧的浓度差消失。细胞膜的基本组成是脂质双分子层，只有脂溶性小分子物质（如O_2、CO_2、N_2、NH_3、乙醇、尿素等）才能以单纯扩散的形式通过细胞膜。

值得指出的是，水分子虽然是极性分子，但它的分子极小、又不带电荷，所以膜对它仍是高度通透的。水分子除了以单纯扩散透过细胞膜之外，还可通过水通道（water channel）跨膜转运。

（二）易化扩散

易化扩散（facilitated diffusion）是指一些不溶于脂质或在脂质中溶解度很小的物质，在细胞膜结构中特殊蛋白质的协助下，从膜的高浓度一侧向低浓度一侧扩散过程。根据参与蛋白质的不同，易化扩散可分为由载体介导和通道介导两种不同类型。

1. **载体介导的易化扩散**

这种易化扩散又称为载体转运，是由细胞膜中的特殊载体蛋白协助完成的：载体蛋白上存在与某物质的结合位点，当在膜的一侧与某物质结合后，可通过载体蛋白构象变化，使结合位点转向膜的另一侧，从而完成某物质的跨膜转运（如图2-2）。葡萄糖、氨基酸顺浓度差的跨膜转运就属于这种类型的易化扩散。这种跨膜转运的特征如下。①结构特异性：即每种载体蛋白只能转运某种特定的物质。例如，在同样浓度差的情况下，右旋葡萄糖的跨膜通量大大超过左旋葡萄糖（人体内可利用的糖类都是右旋的)。②饱和现象：在一定范围内，载体转运量一般与膜两侧被转运物质的浓度差成正比。随着膜一侧物质浓度的增加，物质的转运量随之增加。但如果膜一侧的物质浓度增加超过一定限度时，该物质的转运量就不再增加，称为饱和现象。这是由于载体蛋白数目或每一载体分子上的结合位点的数目是有限的，超过了这个限度，载运量不再随溶质浓度增加而增大。③竞争性抑制：如果某一载体对结构类似的A、B两种物质都有转运能力，那么A物质增加会减弱它对B物质的转运能力，这是因为有一定数量的结合位点竞争性地被A所占据的结果。

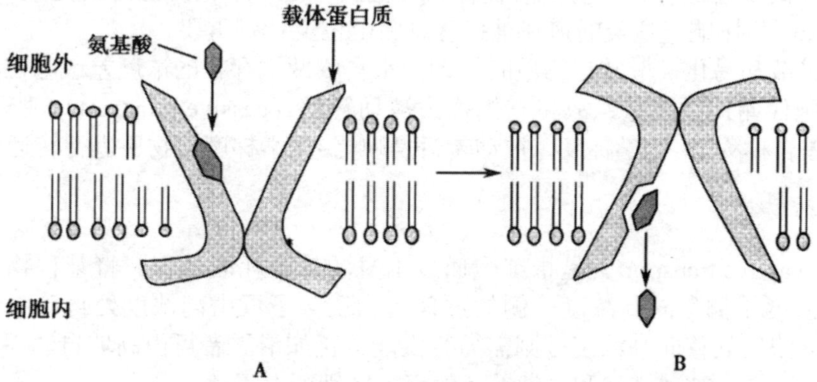

图2-2　载体转运示意图

A.载体蛋白质与被转运物结合；B.载体蛋白质与被转运物分离

2. **通道介导的易化扩散**

这种转运又称通道转运。体液中的带电离子，如Na^+、K^+、Ca^{2+}、$C1^-$等跨膜转运须通过纵贯脂质双分子层的、中央带有亲水性孔道的膜蛋白来实现。这种能使离子跨过膜屏障进行转运的蛋白质孔道称为离子通道（ion channel）（如图2-3）。离子通道的共同特征如下。①离子选择性：是指每种通道都对一种或几种离子具有较高的通透能力，而对其他的离子的通透性很小或不通透。通道对离子的选择取决于通道开放时该水性孔道的几何大小和孔道壁的带电状况。由于通道有各自的离子选择性，故分别被命名为Na^+通道、K^+通道、Ca^{2+}通道等。②离子转运速度快：每秒钟通过的离子可达10^6～10^8个。③离子通道的门控性：在不同的条件下，通道蛋白可处于不同的构型或功能状态，表现为开放或关闭，这种通道的开放或关闭现象称为门控。根据通道门控的控制因素不同，通道可分为3类：第一类是电压门控通道（voltage-gated channel），它们在膜去极化到一定电位时开放，因此也称为电压依从性离子通道，如神经元上的Na^+通道；第二类是化学门控通道（chemically gated channel），受膜环境中某些化学物质的影响而开放，这类化学物质主要来自细胞外液，如激素、递质等。例如，肌细胞膜上的各种离子通道；第三类是机械门控通道（mechanically-gated channel），当膜的局部受牵拉变形时被激活，如触觉的神经末梢、听觉的毛细胞、血管壁上的内皮细胞以及骨骼肌细胞等都存在这类通道。

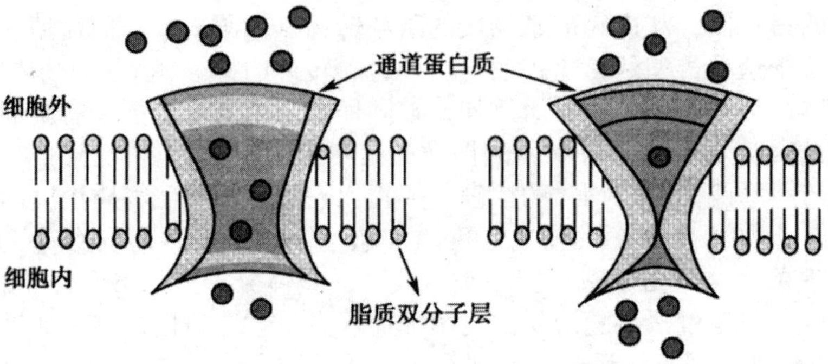

图2-3　通道转运示意图

除上述门控离子通道外，还有一类被称为非门控通道。非门控通道总是处于开放状态，外在因素对其无明显影响。这类通道在维持静息膜电位上特别重要。

由于单纯扩散和易化扩散转运物质时，动力来自膜两侧存在的浓度差或电位差所含的势能，不需要细胞代谢提供能量，故将它们称为被动转运（passive transport）。膜两侧存在的浓度差、电位差合称为电–化学梯度，被动转运是顺电–化学梯度将物质进行转运的。

（三）主动转运

主动转运（active transport）是指细胞通过本身的某种耗能过程，将某种物质的分子或离子由膜的低浓度一侧移向高浓度一侧的过程。物质分子可由高浓度处自动向低浓度处扩散，而分子由低浓度处移向高浓度处则需另行供能，正如滑雪者可由高坡自动下滑，而上坡却需要耗费体力一样。被动转运和主动转运的根本区别即在于此。

主动转运分为两种：原发性主动转运和继发性主动转运，一般所说的主动转运是指原发性主动转运。

1. 原发性主动转运（primary active transport）

细胞直接利用代谢产生的能量将物质逆浓度差或逆电位差转运的过程称为原发性主动转运。介导这一过程的膜蛋白称为离子泵（ion pump）。离子泵可将细胞内的ATP水解为ADP，并利用高能磷酸键储存的能量完成离子的跨膜运动。离子泵由于具有水解ATP的能力，所以也称为ATP酶。在细胞膜的主动转运中研究得最充分，而且对细胞的生存和活动最重要的，是膜对钠和钾离子的主动转运过程。各种细胞的细胞膜上普遍存在着一种钠–钾泵（sodium-potassium pump）的结构，简称钠泵，也称Na^+–K^+依赖式ATP酶（Na^+-K^+-ATPase）。其作用是在消耗代谢能的情况下，逆浓度差将细胞内的3个Na^+移出膜外，同时把细胞外的2个K^+移入膜内，因而保持了膜内高K^+和膜外高Na^+的不均衡离子分布（如图2–4）。Na^+、K^+等离子在膜两侧的不均衡分布，是神经和肌肉等组织具有兴奋性的基础。

钠泵消耗的能量占人体细胞新陈代谢所释放的能量的20%～30%，某些细胞甚至高达70%的能量用于钠泵的转运，可见钠泵的活动对维持细胞功能的重要性。钠泵活动的生理意义是：①钠泵活动造成的细胞内高K^+是许多代谢过程的必需条件；②钠泵将Na^+排出细胞将减少水分子进入细胞内，对维持细胞的正常体积、渗透压和离子平衡有一定意义；③钠泵活动最重要的在于它能逆浓度差和电位差进行转运，因而建立起一种势能贮备。这种势能是细胞内外Na^+和K^+等顺着浓度差和电位差移动的能量来源。

主动转运是人体重要的物质转运形式，除钠泵外，目前，了解较多的还有钙泵（calcium pump），也称Ca^{2+}依赖式ATP酶，以及H^+–K^+泵（H^+–K^+依赖式ATP酶）等，这些泵蛋白在分子结构上和钠泵类似，都以直接分解ATP为能量来源，将有关离子进行逆浓度差的转运。

2. 继发性主动转运或联合（或协同）转运（secondary active transport）

是指许多物质在进行主动转运过程中，并不直接消耗能量，而是利用原发性主动转运所形成的离子浓度差而进行的物质逆浓度梯度或电位梯度的跨膜转运方式。继发性主动转运是通过一种称为转运体的膜蛋白进行的。

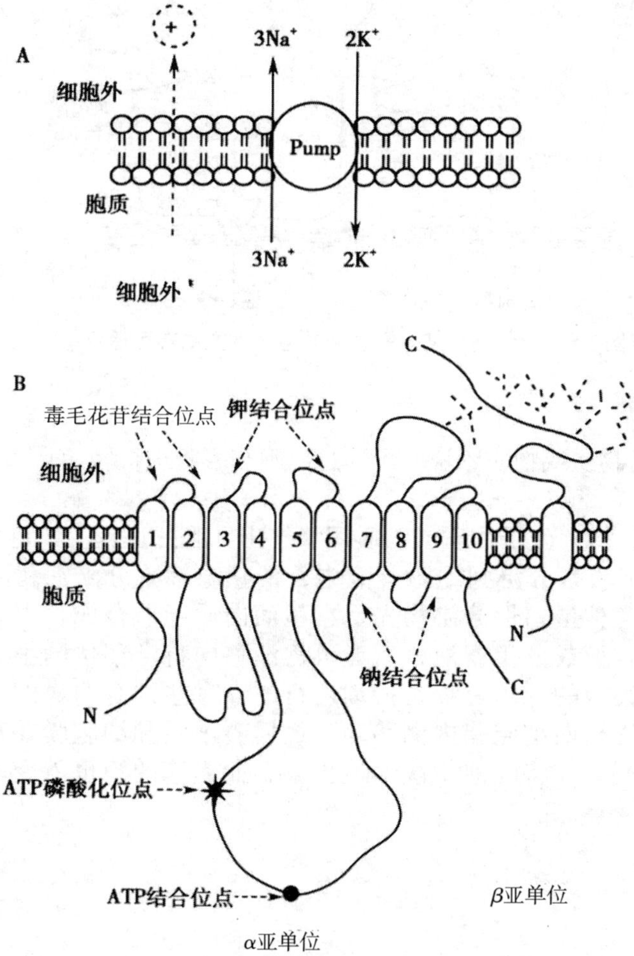

图2-4　钠泵功能活动及分子结构示意图

A.钠泵以2个K^+内入、3个Na^+外排的方式进行主动转运，产生正电荷的外向净移动。B.钠泵分子二级结构，仅亚单位10次跨膜，N端和C端都在胞质侧；N端第4、5跨膜段之间形成1个大的胞内环，上面有ATP磷酸化位点和ATP结合位点；Na^+结合位点位于胞内环；K^+和毒毛花苷（钠泵的特异性阻断剂）的结合位点分别位于不同的胞外环；β亚单位1次跨膜

例如，完整的在体肾小管和肠黏膜上皮细胞，由于在细胞的基底——外侧膜（或基侧膜，即靠近毛细血管和相邻上皮细胞侧的膜）上有钠泵存在，因而能造成细胞内Na^{+}浓度经常低于小管液和肠腔液中Na^{+}浓度的情况，于是Na^{+}不断由小管液和肠腔液顺浓度差进入细胞，由此释放的势能则用于葡萄糖分子的逆浓度差进入细胞。葡萄糖主动转运所需的能量不是直接来自ATP的分解，而是来自膜外Na^{+}的高势能。但造成这种高势能的钠泵活动是需要分解ATP的，因而葡萄糖的主动转运所需的能量还是间接地来自ATP（如图2-5）。

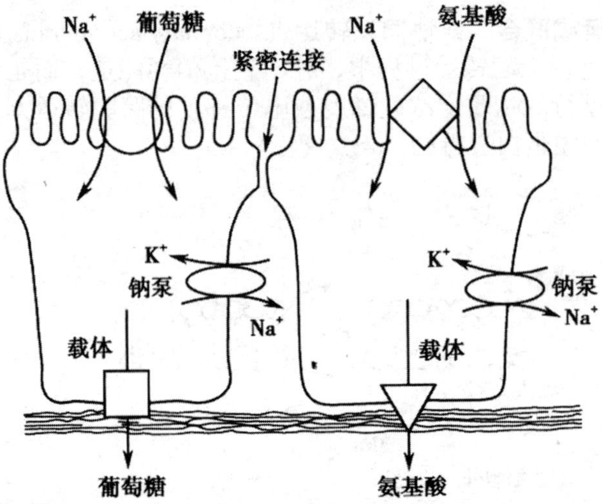

图2-5　葡萄糖和某些氨基酸的继发性主动转运示意图

（四）出胞和入胞

细胞对一些大分子物质或物质团块，可通过出胞和人胞进行转运。

1. 出胞

出胞（exooytosis）指大分子物质或物质团块排出细胞的过程。出胞主要见于细胞的分泌活动，如内分泌腺把激素分泌到细胞外液中，消化腺细胞分泌消化酶、神经末梢释放神经递质等。细胞的各种蛋白性分泌物先是在粗面内质网上合成，再到高尔基复合体被一层膜性结构所包被，形成分泌囊泡，后者再逐渐移向特定部位的细胞膜内侧，准备分泌或暂时储存。有些细胞的分泌过程是持续进行的，有些则有明显的间断性。分泌过程的最后阶段是：囊泡逐渐向细胞膜内侧移动，最后囊泡膜和细胞膜在某点接触和相互融合，并在融合处出现裂口，将囊泡一次性地排空，而囊泡的膜也就变成了细胞膜的组成部分（如图2-6）。

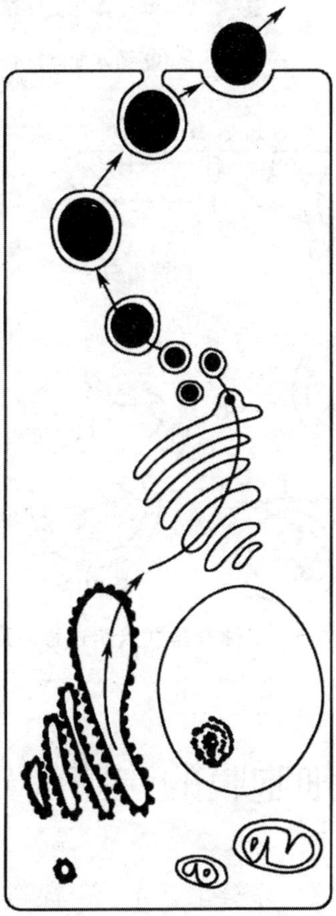

图2-6　分泌物的出胞过程

2. 入胞

入胞（endocytosis）是指大分子物质或某些物质团块进入细胞的过程，如侵入体内的细菌、病毒、异物或血浆中脂蛋白颗粒、大分子营养物质等进入细胞。如果进入细胞的物质是固体物质，称为吞噬（phagoeytosis）；如果进入细胞的物质是液体，称为吞饮或胞饮（pinocytosis）。吞噬只发生在一些特殊的细胞，如单核细胞、巨噬细胞、中性粒细胞等；吞饮过程可发生在所有细胞。入胞时，首先是细胞外液中的某些物质与细胞膜接触，引起该处的质膜发生内陷，或伸出伪足包绕异物，再出现膜结构的断离，最后是异物连同包被它的那一部分膜整个进入细胞质中。液相入胞过程中，有一种通过被转运物质与膜表面的特殊受体蛋白质相互作用而引起的入胞现象，称为受体介导式胞饮。受体介导式胞饮是人体内一种重要的入胞形式，许多大分子物质都是通过这种方式进入细胞的。如以胆固醇为主要成分的血浆低密度脂蛋白颗粒、结合铁离子的运铁蛋白、结合维生素B_{12}的运输蛋白、多种生长调节因子和胰岛素等一部分多肽类激素、抗体和某些细菌毒素，以及一些病毒（.流感和小儿麻痹病毒）等（如图2-7）。

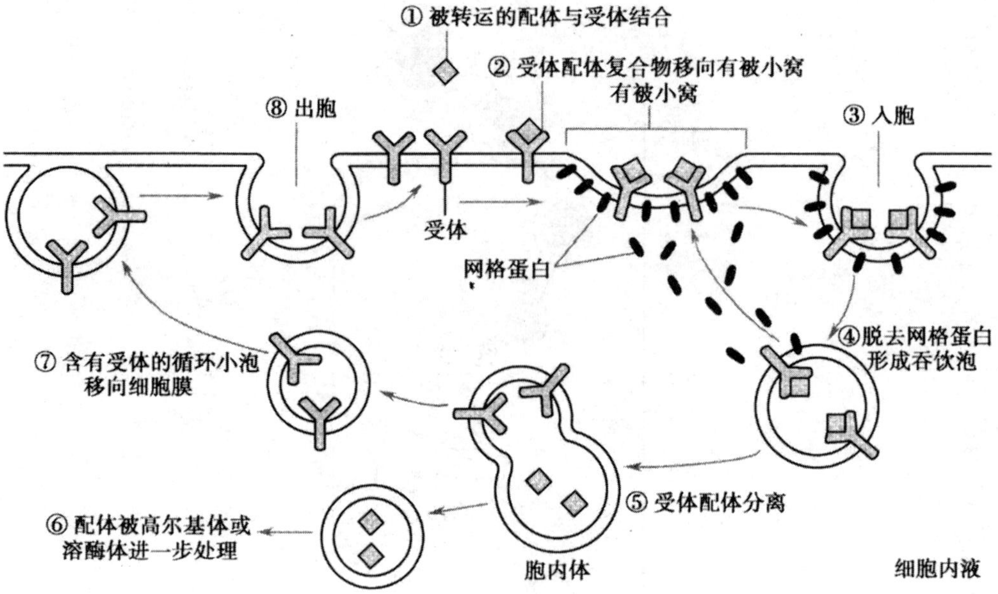

图2-7　受体介导式入胞过程示意图

第二节　细胞膜的跨膜信号转导功能

跨膜信号转导是指外界信号（化学分子、光、声音等）作用于细胞膜表面的受体，引起膜结构中一种或多种特殊蛋白质构型改变，将外界环境变化的信息以新的信号形式传递到膜内，再引发靶细胞功能改变。受体（receptor）是指能与配体特异性结合的蛋白质。配体是指细胞外的信号物质，如各种神经递质、激素、细胞因子、气体分子等物质。

一、G-蛋白耦联受体介导的信号转导

G-蛋白耦联受体是存在于细胞膜上的蛋白质，当它与信号分子结合后可激活细胞膜上的G-蛋白，G-蛋白被激活后可激活G蛋白效应器酶（如腺苷酸环化酶），G-蛋白效应器酶激活后可催化某些物质（如ATP）产生第二信使，第二信使通过蛋白激酶发挥生理作用。G-蛋白是细胞内鸟苷酸调节蛋白的简称。由于这类膜受体是通过G-蛋白发挥作用的，故称为G-蛋白耦联受体。这种通过G-蛋白耦联受体进行的信号转导称为G-蛋白耦联受体介导的信号转导。在人体功能调节中，含氮类激素的作用机制大多是通过这种途径来发挥作用的。

二、离子通道受体介导的信号转导

细胞膜上的蛋白质有些起到通道作用，被称为通道蛋白，而有些通道又具有受体功能，能直接控制这些通道的开放或关闭，进而引起相应的离子跨膜流动，实现信号的跨膜转导，这种信号转导途径被称为离子通道受体介导的信号转导。典型的离子通道受体介导的信号转导的例子是神经-骨骼肌接头处的兴奋传递过程。骨骼肌细胞膜的运动终板膜上存在乙酰胆

碱N_2型受体，该受体即为一种离子通道受体，当乙酰胆碱N_2型受体与运动神经末梢释放的神经递质乙酰胆碱结合后，骨骼肌细胞膜的运动终板膜上的Na^+通道开放，Na^+内流，从而实现跨膜信号转导。

三、酶耦联受体介导的信号转导

细胞膜上的蛋白质种类很多，其中一种蛋白质既有酶的作用，又有受体的作用，这种蛋白质称为酶耦联受体。通过酶耦联受体的双重作用完成的信号转导称为酶耦联受体介导的信号转导。在人体内重要的酶耦联受体有酪氨酸激酶受体和鸟苷酸环化酶受体。体内的胰岛素等肽类激素就是通过酶耦联受体进行信号转导的。

第三节　细胞的生物电及其活动的本质

一、细胞的生物电活动及其产生机制

（一）静息电位

结构和功能完整无损的细胞，未受到刺激而处于相对静息状态时，细胞膜内外存在着内负外正的电位差，称之为跨膜静息电位，简称静息电位（resting potential，RR）。

静息电位是一切活细胞所共有的生物电现象，各种细胞的静息电位数值不同，如哺乳动物的神经、骨骼肌、心室肌和心房肌细胞为–70 ~ –90 mV，而人的红细胞只有–10 mV。

静息电位的产生机制，以神经纤维的静息电位为例说明（如图2-8）。

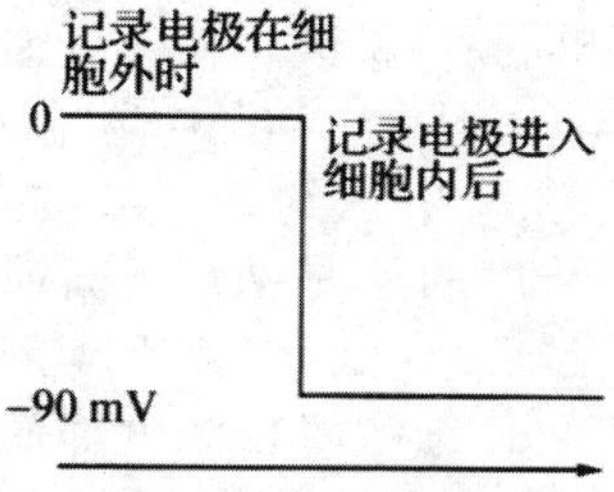

图2-8　神经纤维的静息电位

注：①细胞外的电位并不是零，只是由于测量时将细胞外电极与接地相连而作为零电位；②负号表示方向，即只表示细胞内电位低于细胞外，并不表示大小，在进行静息电位大小比较时，与负号无关

（1）静息电位主要是K^+的平衡电位（如图2-9）。正常情况下，细胞膜对K^+通透性较大，细胞膜内的K^+浓度高（是细胞膜外的35倍），K^+顺浓度差外流，使膜外表面形成一层正电荷，而有机负离子由于不能透过细胞膜而聚积在膜内表面，形成一层负电荷，出现所谓“内负外正”的跨膜电位差。这种跨膜电位差是K^+外流的阻力。当K^+跨膜扩散的动力和阻力两者达到平衡时，K^+停止外流，跨膜电位差不再发生变化，而稳定于某一数值，即所谓K^+的电–化学平衡电位，简称K^+平衡电位。K^+平衡电位大小可以用Nernst公式计算，即

$$E_k = \frac{RT}{ZF}\ln\frac{[K^+]_0}{[K^+]_i}$$

式中，$[K^+]_o$和$[K^+]_i$分别是细胞外和细胞内的K^+浓度，R、T、Z、F分别是气体常数、绝对温度、离子价、Farady常数，单位是伏（V）。将这些常数的值代入该公式，可得到简化$E_k = 60\ \ln\frac{[K^+]_o}{[K^+]_i}(mV)$或$E_k = -60\ \ln\frac{[K^+]_i}{[K^+]_o}(mV)$，后者的负号即表示了细胞内电位低于膜外，而且由于$[K^+]_i > [K^+]_o$，$E_k$的大小与$[K^+]_o$成反比。

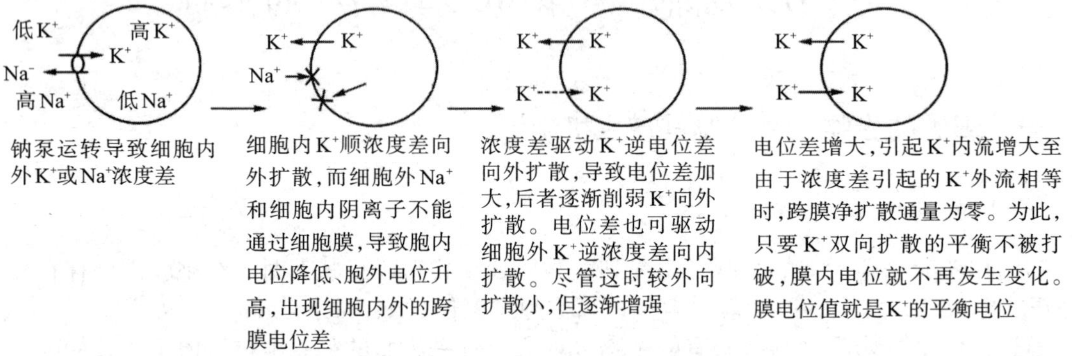

图2-9　K^+平衡电位的产生机制示意图

（2）其他离子扩散的参与。尽管静息状态下其他一些离子很难通过细胞膜，但也有少量的跨膜扩散。如细胞膜对Na^+也有一定程度的通透性（为K^+通透性的1/50～1/100），在10～15倍的浓度差作用下，Na^+可由膜外向膜内扩散。在一般细胞中，这种扩散使静息电位比K^+平衡电位略低（E_k=–95 mV，静息电位实际为–90 mV左右），而心脏窦房结细胞中的这种扩散使最大舒张期电位比K^+平衡电位低得多，大约只有–0 mV。

如前所述，细胞内液能保持高浓度的K^+是钠泵不断消耗ATP主动转运的结果，而ATP的产生要靠细胞的正常新陈代谢。凡缺氧、低温、使用某种代谢抑制剂或者使用直接抑制钠泵的毒毛花苷G（别名哇巴因），均可使细胞内K^+浓度降低而使静息电位降低。值得注意的是，并不是所有的细胞都有静息电位，如心脏窦房结和心脏的特殊传导系统等，由于其自律性的存在，静息电位被最大舒张期电位所取代。

（二）动作电位

动作电位（action potential，AP）是指细胞在受到刺激后，由于膜对一些离子的通透性发生短暂的和可逆性的改变，引起一次快速而短暂的膜内电位倒转和随后复原的一系列变化过程。

1. 变化过程及其产生机制

以神经纤维和骨骼肌细胞为例说明。当两者受到刺激时，膜内的负电位迅速减小、消失，进而变为正电位，即在极短的时间内由静息电位水平（–70～–90 mV）转变成+20～+40 mV，变化幅度达90～130 mV，然后又恢复到静息电位水平。

（1）几个常用的术语。①极化（polarization）：是指静息电位存在时膜两侧所保持的内负外正的状态；②去极化（depolarization）：是指膜内电位值向减小方向的变化过程，又称除极化；③反极化（inverted polarization）：是指膜内电位发生了极化的倒转，由膜内负电位转变成为膜内正电位（由内负外正转变为内正外负）的过程；④复极化（repolarization）：是指膜电位向静息电位水平方向恢复的过程；⑤超极化（hyperpolarization）：是指膜电位差超过静息电位水平的过程。

（2）动作电位的产生机制。

①去极化：动作电位的产生是由于有效刺激（见本节“动作电位产生的条件”部分）引起电压门控Na^+通道开放，Na^+通透性增大（膜对Na^+通透性增加500～5000倍），Na^+在膜两侧浓度差和电位差的驱动下内流，并超过了K^+外流，使膜发生去极化。Na^+内流导致的膜去极化，使K^+外流也增大，但小于Na^+内流，膜不断发生去极化。当去极化到某个临界膜电位水平时，发生Na^+通道开放的再生性循环。这个临界膜电位称之为阈电位（threshold potential）。其原因是这个临界电位值犹如动作电位产生的门槛，只要膜电位减小到阈电位水平，就能产生动作电位。如去极化达不到这个电位水平，动作电位就不能产生，转而发生复极化，形成局部电位。

所谓的Na^+通道开放的再生性循环，是指电压门控Na^+通道开放所导致Na^+内流和膜去极化，而膜去极化又增大Na^+通道开放的概率，发生电压门控Na^+通道开放的正反馈过程。在上述去极化过程中，膜电压门控K^+通道也开放，K^+电导缓慢增大，形成一种缓慢增大的K^+外流。因此，细胞膜的去极化过程实际上是以Na^+内流为主和相对少量的K^+外流引起的综合结果。正由于Na^+通道开放的再生性循环，几乎可导致膜电压门控Na^+通道全部开放，可使去极化特别快，以致形成非常陡峭的动作电位上升支，如图2-10所示。

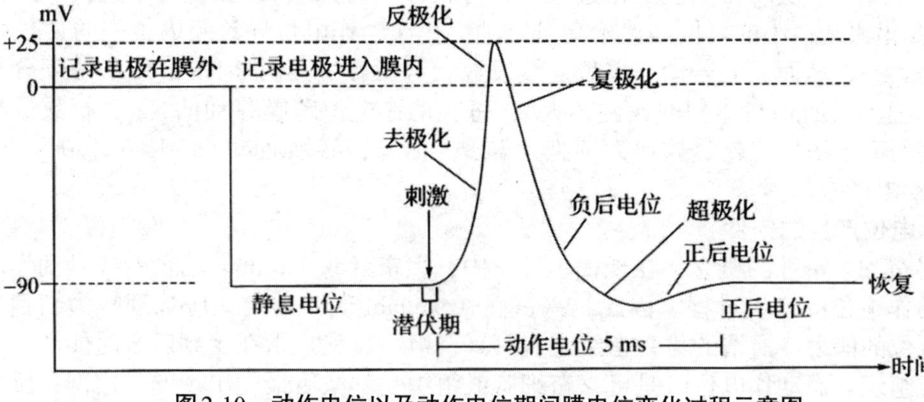

图2-10　动作电位以及动作电位期间膜电位变化过程示意图

②反极化：当细胞膜完全去极化，即膜内电位为零时，Na^+在膜两侧浓度差的驱动下继续内流，导致膜内正电荷超过膜外，而出现反极化。随着膜内电位的增大，Na^+内流的阻力逐渐增大，Na^+跨膜净移动逐渐减少，直至为零，这时的膜内电位为Na^+平衡电位（E_{Na}）。这个值相当于动作电位的超射（overshoot）。因此，动作电位上升支的幅度等于$E_{Na}-E_K$，而所用时间为0.5～1ms。

③复极化：当膜内电位达到Na^+平衡电位时，K^+电导仍在增大，K^+外流超过Na^+内流而出现复极化。在复极化过程的后阶段（完成复极化的70%），K^+电导缓慢和逐渐降低，同时

聚集在膜外局部的K^+，影响K^+外流的进行。因此，复极化进行缓慢而可持续一段时间，这段时间称为去极化后电位（负后电位）。

④超极化：当动作电位复极化达到静息电位水平后所产生的超极化后电位（正后电位），这是由于细胞膜Na^+–K^+泵（生电性钠泵）运行而导致膜内电位朝更负的方向进行的结果，随着该过程的减弱，膜内电位恢复至静息电位水平。

动作电位期间不论是上升支还是下降支都是因Na^+内流和K^+外流的综合结果。但从机制方面分析，上升支是由于去极化达到阈电位后，因Na^+电导的急剧增大引起的。Na^+内流导致膜去极化，而K^+电导的增大是继发于膜电位的变化，而且其变化相对缓慢。下降支开始以及其后的过程是因K^+外流超过Na^+内流所致（如图2-11）。

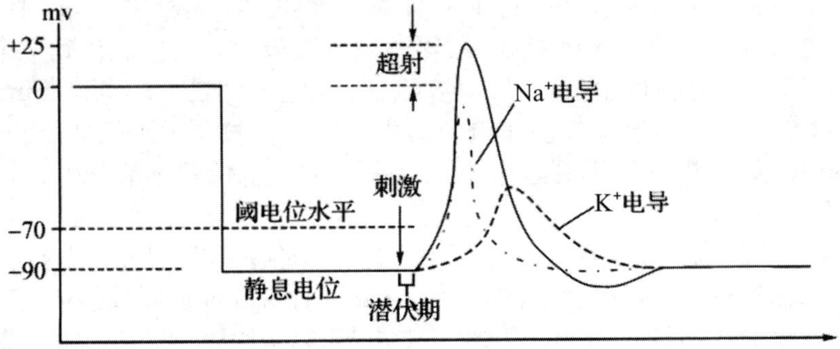

图2-11　动作电位期间膜电位与Na^+和K^+电导的变化关系

在上述动作电位变化过程中，动作电位的上升支和下降支的前部分（复极化完成70%），表现为一个短暂而尖锐的波形，称为锋电位。去极化后电位和超极化后电位，统称为后电位。此外，一次动作电位变化过程中，跨膜移动的Na^+、K^+数量与细胞内、外原有的Na^+、K^+浓变相比是很小的。例如，枪乌贼巨轴突一次动作电位导致膜内丧失的K^+仅仅是原有的十万分之一，然而，倘若动作电位连续发放，势必影响膜内外Na^+、K^+的浓度分布，特别是较小的细胞（面积与体积的比例较大），每次动作电位跨膜移动的Na^+、K^+数量与细胞内、外原有的离子浓度之比，要比大细胞大得多。因此，必须通过Na^+–K^+泵重新建立膜内、外的Na^+、K^+浓度差。

2. 动作电位产生的条件

（1）兴奋和兴奋性的概念。在现代生理学中，兴奋（excitation）已被看作是动作电位的同义词或动作电位的产生过程。因此，兴奋性（excitability）的定义应该理解为细胞受刺激产生动作电位的能力。所谓的可兴奋细胞或可兴奋组织，就是指在受到刺激时能产生动作电位的细胞或组织。而动作电位既是可兴奋细胞或组织受刺激后最先出现的“内部”反应，也是细胞的各种“外部”功能表现（如肌肉收缩、腺细胞分泌、巨噬细胞的吞噬作用等）的前提或触发因素。

（2）动作电位或兴奋产生的条件。一是细胞必须具有兴奋性。引起膜去极化的膜离子通道，必须处于可激活状态。当有刺激作用时，这种通道才能打开。二是刺激必须是有效刺激。在这个刺激下才能达到使膜去极化到动作电位产生的阈电位，导致通道开放的再生性循环。也就是说，能否引起动作电位的关键在于所给的刺激能否使静息电位减小至阈电位水平，而与刺激本身的理化性质和方式无关。能使静息电位减小到刚好能达到阈电位水平并爆发动作电位的刺激，称为阈刺激或阈值。大于阈刺激的刺激，称为阈上刺激；反之，称为阈下刺激。显然阈刺激和阈上刺激都能引起细胞兴奋，都属于有效刺激。能使静息电位减小到刚好能达到阈电位水平的刺激强度，称为阈强度（threshold intensity），生理学上常用阈强度来衡量组织兴奋性。

3. 细胞兴奋后细胞膜兴奋性的规律性变化

细胞发生一次兴奋后，兴奋性会发生一系列有规律的变化。

（1）兴奋性变化规律：绝对不应期→相对不应期→超常期→低常期→恢复正常。

①绝对不应期：相当于动作电位开始后的上升支和复极化的前1/3时期内，在接受一次阈刺激后产生动作电位的即时和以后的一段很短的时间，若再次给予刺激，无论此刺激多么大，都不能再次爆发动作电位，即其兴奋性已降到零，称此为绝对不应期（absolute refractory period）。

②相对不应期：相当于绝对不应期之后至负后电位前期之间。其兴奋性随着复极化的进行而逐渐恢复，尽管这时用原来的阈强度再次刺激细胞也不能再次产生动作电位，但若用较大的刺激即阈上刺激，就可以引起细胞兴奋，也就是说细胞这时的阈强度增大，兴奋性有所恢复。这段时间称为相对不应期（relative refractory period）。这是由于此时尚有部分Na^+通道处于失活状态，而且K^+通透性较大。

③超常期：相当于负后电位的后期，这时细胞再次受到一个小于原来的阈强度即阈下刺激时，就可以再次爆发动作电位，即阈强度降低，兴奋性高于正常，此期称为超常期（supranormal period）。这是由于此时膜的Na^+通道已经复活，尽管膜电位尚未恢复到静息电位水平，但距离阈电位水平较近，因而具有较高的兴奋性。

④低常期：相当于正后电位期间，又必须给予阈上刺激才能引起兴奋，即阈强度增大，兴奋性又低于动作电位产生之前的水平，称为低常期。这是由于此时膜超极化导致膜电位距离阈电位水平较远，使用原来的阈刺激并不能使膜电位达到阈电位水平。随着膜电位的恢复，最后兴奋性恢复正常。

（2）细胞兴奋时兴奋性规律性变化的意义。

①绝对不应期的持续时间，相当于其动作电位持续时间主要部分，即使受到连续的高频刺激也不可能在该期内再次产生动作电位，即同一部位不可能出现两次动作电位在该期内叠加重合的现象。因此，在单位时间内细胞兴奋的次数受到绝对不应期长短的限制，即绝对不应期短，单位时间内产生动作电位的次数多，反之亦然。神经纤维的绝对不应期若按2ms计算，每秒产生的最大兴奋频率不可能超过500次，这种限制相对于神经–肌肉接头和突触处相对较慢的信号转导而言，有着重要的生理意义。

②绝对不应期的存在与肌肉的机械收缩功能有关。骨骼肌细胞收缩舒张过程所持续的时间，远大于动作电位的绝对不应期。后者位于细胞开始收缩的前后极短的时间内，因而动作电位的绝对不应期不会影响肌肉机械收缩的叠加，有利于骨骼肌进一步收缩。然而心室肌和心房肌动作电位的绝对不应期或有效不应期持续到肌肉舒张早期，因此，限制细胞在该期不能发生机械收缩的叠加，可保护心肌和保证心脏功能的正常发挥。

③超常期的出现使得细胞有可能在该期内接受另一个刺激而发生兴奋，这对于心室肌和心房肌来说，可能会接受额外的刺激而兴奋，导致“期前收缩”，甚至丧失正常节律，发生心律失常。然而在某些心律失常情况下，也可能有利于恢复至正常节律。

二、动作电位的传导

（一）动作电位在同一细胞上的传导

动作电位产生后，它会相继引起邻近部位也发生动作电位，从而沿细胞膜扩布，称为动作电位的传导（conduction）。

由于产生动作电位部位的膜内、外电位差减小，甚至发生膜电位逆转（反极化），而其邻近未兴奋部位仍处于静息状态，于是在兴奋部位的膜内与静息部位的膜内之间有了电位差，而膜外也是如此。由于膜内、外两侧都含有电解质溶液，并允许电荷的移动，已兴奋部位膜内正电荷流向邻近未兴奋部位，邻近未兴奋部位膜外正电荷流向已兴奋部位，故兴奋部位与邻近未兴奋部位之间发生电荷移动，形成所谓的局部电流，导致邻近未兴奋部位膜两侧去极化。去极化达到阈电位水平时，动作电位就会爆发，此时原兴奋部位已复极化。而此后产生的动作电位部位又与其邻接膜之间形成局部电流，再产生动作电位，形成动作电位在同一细胞上的传导（如图2-12）。除了首先产生的动作电位外，其他一系列动作电位的产生，都是由前一个动作电位产生的刺激效应引起的，而且这种刺激效应是相当有效的。这是因为动作电位产生期间电位变化的幅度大、速度快、膜两铡液体有良好的导电性能等原因，常可使局部电流所对壹的强复超过引起邻近膜兴奋所需的阈强度数倍以上。因此，以局部电流为基础的传导过程较快，而且一般不容易发生传导阻滞。

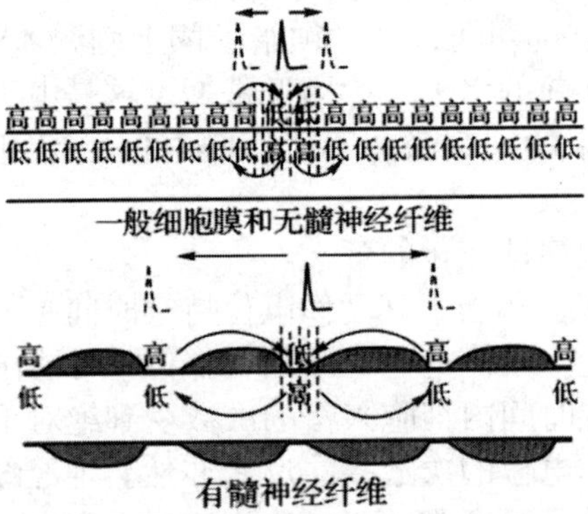

图2-12　动作电位传导的示意图

有髓神经纤维动作电位的传导比较特殊（如图2-12）。由于髓鞘不导电或不允许带电离子通过，因而动作电位只能在朗飞氏结处产生，相应地，局部电流也只能发生在相邻的朗飞结之间。因此，动作电位在相邻的朗飞氏结部位相继出现，跳过每一段髓鞘进行，称之为跳跃式传导（saltatory conduction）。毫无疑问，这种传导的速度快，而且由于所需产生动作电位的次数减少，Na^{+}–K^{+}泵的活动次数也减少，因此，这是一种更“节能”的传导方式。

（二）动作电位在相邻细胞之间的传导

细胞之间的动作电位的传导机制，涉及较为复杂的化学传递机制和非常简单的电传递机制两种。化学传递机制如神经–肌肉接头、神经元之间的突触；电传递机制可发生在心肌（闰盘）、肠平滑肌、脊髓、海马、下丘脑和视网膜等细胞与细胞之间的细胞间通道。其结构基础是相邻细胞之间的缝隙连接（jap junction）。此处细胞与细胞之间仅隔2～3 nm，并且有小管相通，构成了相邻细胞之间的可直接进行胞质内物质交换的低电阻通路，使动作电位从一个细胞直接传导至另一个细胞，称为电突触。这种传导的意义是通过直接的电传导有利于功能相同的一组细胞之间进行同步活动。

动作电位的特点如下。

（1）“全或无”（all or none）现象。不论何种性质的刺激，阈下强度不可能引起动作电位，只要是阈刺激或阈上刺激，不论其强度多大，它们在同一细胞均可引起幅度相同和持续时间相等的动作电位，即动作电位的形态、大小与刺激强度无关，这是动作电位产生的“全或无”现象。此外，动作电位在同一细胞的传导过程中，其形态和大小不会因为细胞的直径和传导距离的远近而改变，这就是动作电位传导的“全或无”现象。这两种“全或无”现象的发生，是由于阈电位只是动作电位产生的触发因素，至于产生动作电位的速度和幅度，则是由当时膜内、外有关离子的浓度差和膜对有关离子的通透性即通道状态所决定的。因此，刺激强度的大小、传导距离的远近以及细胞的直径均与动作电位的形态和大小无关。

（2）阈电位。一般比静息电位或最大舒张期电位小10～20 mV。这个电位值的大小是由细胞膜上电压门控通道特性所决定的。

（3）可传导性。动作电位可传向细胞远端（如神经纤维末梢）或其他细胞（如电突触传递）。动作电位本身的形态、大小和持续时间等具有“全或无”性质，这就决定了它本身不能携带特定信号，而特定信号是由动作电位频率的不同组合，进行所谓的编码并通过传导完成的。

三、局部电位

当给予阈下刺激时，受刺激的膜局部出现一个较小的电位波，称为局部电位（localpotential），如图2-13所示。

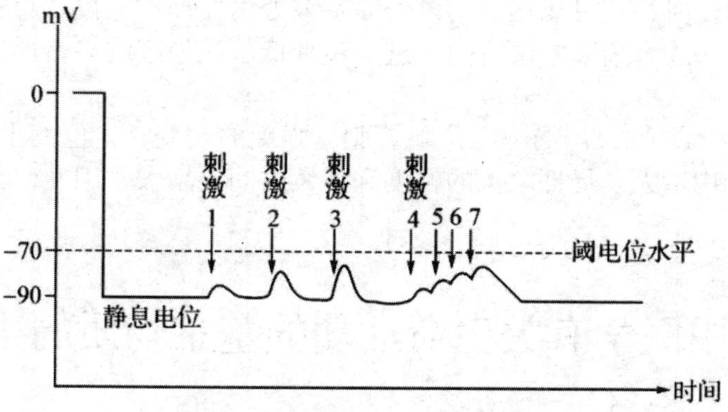

图2-13　局部兴奋(电位)示意图

注：刺激1～3为不同的阈下刺激（刺激3>刺激2>刺激1）引起的局部电位；刺激4～7为相同的阈下刺激，但刺激间隔较小引起的局部电位的叠加。

局部电位的特点如下。

（1）有去极化和超极化两种类型。去极化型是指受刺激的膜局部出现一个较小的去极化反应，又称为局部兴奋或局部反应。神经细胞和肌细胞膜受到阈下刺激时，虽不能引起可传导的动作电位，但能产生局部兴奋，这是因阈下刺激导致部分Na^+通道开放，Na^+通透性轻度增加引起的。阈下刺激引起的局部去极化，使膜电位向阈电位方向改变，提高了该处膜的兴奋性，容易发生动作电位。有些细胞膜的特殊区域，如在与神经末梢连接处的肌细胞膜即运动终板处的细胞膜（终板电位）、神经元之间突触的后膜（兴奋性突触后电位）、感受器细胞的膜（感受器电位）以及感觉神经末梢膜（发生器电位）等，由于膜特性和通道性决定了该区域受刺激时，去极化只能产生局部兴奋而不能产生动作电位。超极化型局部电位是指细胞受刺激时，受刺激的膜局部出现了超极化反应性电位，引起局部膜电位向背离阈电位方向进行，降低了该处膜的兴奋性，使动作电位不容易产生。例如，有些神经元之间突触的后膜可产生抑制性突触后电位。超极化型局部电位是体内实现功能抑制的重要基础。

（2）不能传导。局部电位不像动作电位那样能发生远距离传导。超极化型局部电位将通过局部电流使邻近膜电位发生超极化而不能爆发动作电位。去极化型局部电位波可以引起局部电流的产生，但并不能足够刺激邻近膜产生动作电位。不论是哪种类型的局部电位，尽管不能发生远距离传导，但它的产生已经通过局部电流改变了一个较小的区域（直径在数十到数百微米）的膜电位，称为电紧张扩布（electrotonic propagation）。

（3）没有不应期。局部电位是由于细胞受到刺激时，受刺激的膜局部与产生局部电位有关的离子通道出现的一过性开放和关闭的过程。由于这种活动引起膜电位只有较小幅度的波动，对膜局部有关离子通道的影响不大，产生过程中受到另一个刺激时膜局部有关离子通道可以进一步或再次开放，因此，局部电位没有不应期。这是局部电位产生总和现象的重要基础。

（4）总和现象。不论是哪种类型的局部电位，在其产生过程中，由于局部电位没有不应期，若该处又受到刺激，这个刺激引起的电位变化可在原先的局部电位基础上相加；若在距离很近的两个膜区域都有局部电位产生时，由于电紧张扩布，使这两个区域的局部电位可能相遇而发生相加。这两种现象，统称为总和现象。前者是由两个刺激之间的时间决定的，称为时间性总和（temporal summation），而后者是由两个局部电位之间的距离决定的，称为空间性总和（spatial summation）。去极化型局部电位的总和，将会使膜局部的电位进一步减小。当减小到一定程度时，有可能达到阈电位而在该处爆发动作电位。超极化型局部电位的总和，将使膜电位进一步背离阈电位方向，进一步降低了该处膜的兴奋性，使动作电位更不容易产生。

（5）没有“全或无”现象。局部电位随着刺激强度的改变，电位大小也相应发生改变；刺激强度在一定范围内增大。局部电位的幅度和持续时间也增大。因此，无动作电位产生的“全或无”特点。

第四节　中医学有关生命活动的基本物质的生理功能

一、气血精津液的基本功能

中医学认为，气、血、精、津液是构成人体和维持人体生命活动的基本物质。气，是人体内活力很强、运行不息、无形可见的极细微物质；血，是红色的液态物质；精，泛指人体内一切有用的精微物质；津液，是人体内一切正常水液的总称。气、血、精、津液是脏腑、经络等进行生理活动的物质基础，其运动变化也是人体生命活动的规律。其生成和代谢有赖于脏腑经络等组织器官的生理活动，而脏腑、经络等组织器官的生理活动，又必须依靠气的推动、温煦等作用，血、精、津液的滋养和濡润作用。因此，气、血、精、津液与脏腑经络等组织器官的生理和病理有着密切关系。

人体的气来源于禀受父母的先天之精气、后天水谷之精气和存在于自然界的清气，通过肺、脾胃、肾等脏器生理功能的综合作用，将三者结合起来而生成，并通过升、降、出、入运动，充沛于全身而无所不到。气是构成生命初始的基本物质，其生理功能主要有六个方面。①推动作用：气对人体的生长发育，各脏腑、经络等的生理活动，血的生成和运行，津液的生成、输布和排泄等，都有推动和激发的作用。②温煦作用。人体的体温及维持恒定，各脏腑、经络的生理活动，血和津液的循环运行等，有赖于气的温煦熏蒸。③防御作用。体现于护卫全身的肌表，防御外邪的入侵。如《素问·评热病论》说："邪之所凑，其气必虚。"④固摄作用。气对血、津液等液态物质具有防止其无故流失的作用：固摄血液，可使血液循脉而行，防止其溢出脉外；固摄汗液、尿液、唾液、胃液、肠液和精液等，控制其分泌排泄量，以防止其无故流失。⑤营养作用。气为机体脏腑功能活动提供营养物质。如营气，由水谷之气与自然界清气所组成，通过经络输布全身，以营养各组织器官。⑥气化作用。是指气、血、津液各自的新陈代谢及相互转化。根据来源、分布和功能特点，将气分为元气、宗气、营气、卫气四类。

血即血液，是循行于脉管之中的红色液体。水谷精微、营气、精髓和津液为生成血液的物质基础，但营气和津液都是来自饮食物、经脾和胃的消化吸收而生成的水谷精微，所以，就物质来源而言，水谷精微和精髓是血液生成的主要物质基础。血液的生成与循行过程与心、肺、肝、脾等脏腑的功能密切相关。血具有营养和滋润全身的生理功能，也是机体神志活动的物质基础。

精的生成，禀受于父母（先天之精），充实于水谷（后天之精）。先天之精一方面禀受于父母以构成脏腑组织的原始生命物质，从父母生殖之精结合，形成胚胎之时，就转化成为胚胎自身之精；另一方面又依赖于从母体吸取的水谷之精以养育胎儿发育成熟。先天之精主要秘藏于肾，后天之精来源于水谷。胎儿出生后赖水谷精微以养，通过后天之根本——脾胃运化水谷之精微，输布五脏六腑而成为五脏六腑之精，以维持脏腑的生理活动。其盛者藏于肾中。先天之精为后天之精的摄取准备了条件，后天之精为先天之精的充实提供了养料。两者相互依存，相互促进，以保持人体之精气充盈。精的生理功能主要有繁衍生殖，促进生长发育，生髓化血，濡养脏腑等。

津液的生成，涉及多个脏腑的一系列生理活动。具体来说，津液来源于饮食物，尤以水饮流质食物为主，经过胃的受纳腐熟、脾的运化、肝的疏泄、小肠的受盛化物与分清别浊、大肠的传导变化等生理活动，其中主要是消化吸收的协同作用，完成津液的生成过程。而其输布与排泄是在脾、心、肺、肾、三焦等脏腑的共同作用下进行的。津液具有滋润和濡养的生理功能，又可化生血液，代谢过程中还能运输废物。

二、有关气、血、精、津液的现代研究

气、血、精、津液学说，以气血为要，而气血之中，尤以气为最。所以，气、血、精、津液的现代研究以气的科学研究最关键。关于人体之气的本质，近年来国内外学者对其进行了大量的研究。如利用辐射场摄影技术，观察到在高频高压电场下，被摄对象周围有电晕放电的发光图像，所摄的人体光点与741个穴位的位置相符。中医学认为这些部位是气的会聚

点，因而认为电晕辉光是体内“气”客观存在的表现。蛋白质是生命的物质基础，核酸决定了不同组织细胞合成蛋白质的特异性，DNA代谢正常与否影响着蛋白质的生物合成，从而影响各脏腑组织发挥各自的功能。据此有人认为，DNA、蛋白质相当中医学的元气。也有学者认为气的实质为人体活动提供的能量。气来源于各种营养物质中蕴存的化学能，经电子激发活化之后，逐步释放出能量为脏腑组织所利用，从而表现出机体的功能活动，故气的实质与机体能量的产生、转移、贮存和利用过程相吻合。此外，亦有人认为气的实质是新陈代谢，有人认为气是一种场，有人认为气是带有正负电荷的微粒流。虽然对气的现代研究较多，但是将气全面阐释为西医学的概念非常困难，目前仅能从部分现象出发进行探讨。

元气和营气、卫气分布于某一脏腑或经络，即成为某脏腑或某经络之气，它是构成各脏腑、经络的最基本物质，又是推动和维持各脏腑经络进行生理活动的物质基础。探讨脏腑之气的本质，也是研究气血理论的重要途径。西医学研究中，常通过制造某脏腑气虚证的病理动物模型，观测并分析其若干相关指标的变化，以病理反证生理。中医学认为肾为先天之本，与气、血、精、津液都有十分密切的关系，开展了大量的现代研究。中医学认为脾为后天之本，主要功能是主运化、主生血和统血、主升。有学者应用基因芯片技术研究利血平脾虚证大鼠模型大脑皮质基因表达谱的变化。结果显示，脾虚证模型组表达异常的基因分别与能量代谢、蛋白质合成、免疫、应激、炎症反应、细胞骨架、DNA合成和修复、离子通道与转运体、信号转导、细胞生长和分化、神经退行性变、递质传递和释放等功能相关。这提示中医学“脾”的功能与西医学的消化、神经、内分泌、免疫、运动等系统生理密切相关。现以脾虚证与细胞信号转导、能量代谢、免疫、肌肉运动关系的研究为例。

1. 脾虚证与细胞信号转导

研究显示，脾虚证小鼠血浆cAMP含量明显升高，cGMP含量明显降低，cAMP/cGMP比值显著增高，经健脾方药治疗后，cAMP与cGMP水平接近正常对照组。采用底物磷酸化法检测脾气虚证大鼠肝脾组织蛋白激酶C（PKC）活性，结果显示：脾组织细胞膜PKC活性明显降低，肝组织细胞质PKC活性明显升高。脾虚患者及利血平致脾虚小鼠淋巴细胞内蛋白酪氨酸激酶（PTK）检测显示其活性下降。用免疫沉淀法检测丝裂原激活蛋白激酶（MAPK）活性，结果是脾气虚证大鼠心脏、脑组织中MAPK无明显变化，而肝组织中MAPK活性明显高于正常对照组，补脾气方药能明显升高脾气虚证大鼠脑组织MAPK活性。对细胞内Ca^{2+}浓度、CaM活性的研究表明，脾虚证大鼠空肠平滑肌细胞内Ca^{2+}浓度、CaM活性明显升高，健脾益气方药四君子汤可以降低平滑肌细胞内的Ca^{2+}浓度、CaM活性。细胞内Ca^{2+}-CaM信号通路活动的增强，可增加肌球蛋白轻链激酶活性，促进肌球蛋白轻链磷酸化，导致平滑肌收缩加强，肠蠕动加快，吸收不利，机体失养。进一步研究显示脾气虚证与小肠平滑肌VIP/NO信号通路之间具有显著的相关性。脾气虚证大鼠小肠VIP免疫活性肽、NO含量和NOS活性均较正常对照组显著降低，这可能是脾虚证时小肠运动异常、平滑肌细胞内Ca^{2+}浓度增加和CaM活性增强的主要原因之一。

2. 脾虚证与物质能量代谢

中医学“脾主运化”学说提示脾与物质能量代谢密切相关，脾虚则不可避免地导致机体营养与能量代谢障碍。研究显示，脾虚证患者在糖、脂肪、蛋白质、核酸、微量元素以及能量代谢方面都存在不同程度的异常。通过对慢性浅表性胃炎脾虚证患者胃黏膜进行DNA芯片实验，经分类对比分析，获得15个与物质能量代谢相关的差异基因，提示患者体内脂类、蛋白质、糖类和核酸代谢水平明显降低，并且主要表现为酶基因表达下调，推测此可能是导致脾虚证营养代谢障碍的重要机制之一。从西医学角度看，线粒体是一种将物质代谢、能量代谢和遗传变异三大生命活动形式融于一体的半自主性细胞器。早在20世纪80年代，就有学者提出“中医脾–线粒体相关”学说。脾虚证的线粒体研究结果可以体现中医学脾的生理病理功能。研究发现，脾虚证患者和动物出现线粒体数目减少、形态变化、膜结构遭到破坏，ATP生成障碍；除了线粒体结构、功能变化之外，能量代谢相关酶的活性也发现有改变，如线粒体细胞色素a、b、c、c_1均降低以及细胞色素氧化酶活性降低，Na^{2+}-K^+-ATP酶、Ca^{2+}-Mg^{2+}-ATP酶、琥珀酸脱氢酶、磷酸肌酸激酶等的活性明显降低，经健脾治疗后可改善。

3. 脾虚证与免疫

中医学认为，脾为气血生化之源，功能正常则气血充足，体健无病；反之则气血生化乏源，百病由生。据此认为脾与机体免疫功能密切相关。在脾虚动物模型上，可以观察到免疫器官胸腺、脾脏的指数显著降低，细胞免疫、体液免疫、局部免疫功能、膜免疫应答均呈低下状态。应用免疫遗传技术发现，脾虚证与人类白细胞抗原有显著关联，提示脾虚的本质可能与免疫遗传因素有关。而补脾法可提升脾虚动物模型T、B淋巴细胞增殖能力，调节小肠上皮细胞的增殖功能，提高IgM、IgG、C3、C4水平，调整IFN-γ与IL-4的水平，从而发挥免疫调节作用。

4. 脾虚证与肌肉运动

《素问·痿论》曰：“脾主身之肌肉。”脾为气血生化之源，全身的肌肉都依赖于脾所运化的水谷精微才能壮实丰满，并发挥其收缩运动的功能。有学者利用“脾气虚证”动物模型，探讨脾与肌肉的关系。实验观察到：脾气虚证大鼠骨骼肌肌纤维明显变细。Ⅰ型纤维和Ⅱ型纤维的平均截面积减少，分别较对照组下降了33%和67%。超微结构可见Z线增宽，肌浆网扩张，肌原纤维间线粒体的密度减少；线粒体的体密度增加，线粒体数量减少，大小不一，肿胀（可为正常的数倍），嵴部分或全部消失，基质透明，甚或溢出线粒体外，线粒体外膜结构破坏等。骨骼肌能源物质含量检测的结果显示，脾气虚证大鼠肌糖原、脂肪含量明显低于正常对照组，且ATP含量和能荷值也明显降低。进一步研究显示，脾气虚证大鼠骨骼肌中催化糖酵解的乳酸脱氢酶（LDH）、磷酸果糖激酶的反应较对照组增强，尤以Ⅱ型纤维明显；骨骼肌中参与LDH构成和激活的微量元素锌和铁的含量也相应增加；与有氧代谢有关的琥珀酸脱氢酶、细胞色素氧化酶的相对活性下降，两型纤维的辅酶Ⅰ-四氮唑还原酶含量降低。上述的研究初步揭示，脾气虚证的病理机制与骨骼肌纤维和线粒体结构的异常改变、能源物质储备的减少、有氧代谢酶活性的下降、能量产生不足及代偿性出现无氧酵解酶活性的增强等密切相关，部分阐明了脾与肌肉之间密切联系的物质基础。

第三章 血 液

第一节 血液的基本组成与理化特性

一、血液的组成

血液由血浆和悬浮于其中的血细胞组成。取一定量的血液与抗凝剂混匀后，置刻度管中，以3000转/min的离心速度离心30 min，使血细胞下沉压紧而分层。上层浅黄色的液体为血浆，下层是深红色不透明的红细胞，中间是一薄层白色不透明的白细胞和血小板。在血细胞中，红细胞数量最多，约占总数的99%，白细胞最少。红细胞在血液中所占的容积百分比，称为红细胞比容。由于白细胞和血小板仅占血液总量的1%，故红细胞比容又称为血细胞比容（hematocrit）。正常成年男性血细胞比容为40% ~ 50%，女性为37% ~ 48%。血浆中含有水分、电解质、小分子有机化合物（营养物质、代谢产物和激素等）、气体、蛋白质。人体内血浆和血细胞量的总和，也就是血液的总量，称之为血量（blood volume）。正常成年人，其血量为体重的7% ~ 8%，即每千克体重有70 ~ 80 mL的血液，其中血浆量为40 ~ 50 mL。幼儿血液总量约为体重的9%。

二、血浆的主要成分及功能

（一）血浆蛋白

血浆蛋白是血浆中多种蛋白质的总称。用盐析法可以将血浆蛋白分为清蛋白、球蛋白和纤维蛋白原三类。其中清蛋白含量最多，球蛋白次之，纤维蛋白原含量最少。用电泳法又可将球蛋白分为α_1、α_2、α_3、β、γ球蛋白等组分。血浆蛋白质的主要生理功能有：

1. 运输功能

血浆蛋白质是多种物质的运输载体，参与激素、脂类、维生素及代谢产物等的运输。

2. 缓冲功能

血浆中的蛋白质及其钠盐组成的缓冲对和血浆中的其他缓冲对（主要是$NaHCO_3$/H_2CO_3）一起，可缓冲血浆中可能出现的酸碱度的过度变化。

3. 参与机体的免疫功能

血浆中的特异性抗体和补体是血浆蛋白。因此，抵抗病原微生物的防御功能部分是通过它们实现的。

4. 参与凝血-纤溶的生理性止血

绝大多数血浆中的凝血因子、抗凝物质和溶解纤维蛋白的物质都是血浆蛋白质。

5. 形成与维持血浆胶体渗透压

血浆蛋白主要是清蛋白参与血浆胶体渗透压的形成。血浆胶体渗透压在调节血管内、外水平衡中起重要作用。

（二）无机盐

绝大部分无机盐以离子形式存在，其中的主要离子有Na^+、K^+、Ca^{2+}、Mg^{2+}等正离子，以及$C1^-$、HCO_3^-、HPO_4^{2-}、SO_4^{2-}等负离子。正常情况下，血浆中各种离子浓度在一定范围内保持动态平衡，这对于生命活动的正常进行有重要意义。在细胞外液中，Na^+是维持血浆量和晶体渗透压的主要离子；在细胞内液中，K^+是维持细胞内液量和渗透压的主要离子。血浆中Na^+、K^+、Ca^{2+}保持适当比例，是维持组织细胞正常兴奋性的前提。

三、血液的理化特性

（一）比密

正常人全血的比密（比重）为1.050 ~ 1.060，血浆的比密为1.025 ~ 1.030，红细胞的比密（比重）为1.090 ~ 1.092。血浆的比密主要取决于血浆蛋白的含量，红细胞的比密与其所含血红蛋白量成正比，全血的比密主要与红细胞的数量有关。

（二）黏度

血液的黏度或黏滞性比水大。在各种体液中，血液的黏度最大。全血黏度的大小主要取决于所含红细胞的数量，血浆黏度主要取决于血浆蛋白的浓度。如水的黏度为1，则全血的相对黏度为4 ~ 5，血浆为1.6 ~ 2.4。在血流速度很快时，血液黏度不随流速而变化；但当血液流速小于一定限度时，黏度与流速呈反变关系。这主要是由于血流缓慢时，红细胞可叠连或聚集成团，而使血液黏度增大，这可影响血液循环的正常进行。

（三）血浆渗透压

血浆中晶体物质（主要是NaCl）所形成的渗透压，称为血浆晶体渗透压（crystal osmoticpressure）；由血浆中蛋白质（主要是清蛋白）所形成的渗透压，称为血浆胶体渗透压（colloid osrnotic pressure）。血浆总渗透压是这两者之和，约为770 kPa（300 mOsm/L）。血浆蛋白分子量大，颗粒少，所产生的胶体渗透压很小，约相当于3.3 kPa（1.3 mOsm/L）。

血浆晶体渗透压和血浆胶体渗透压两者所起的生理作用是不同的。毛细血管壁很薄，水分和晶体物质可自由透过，血浆和组织间液中的晶体物浓度几乎相等，两者的晶体渗透压没有差异。因此，血浆晶体渗透压数值虽大，却对水分进出毛细血管不起作用。在正常情况下，血浆蛋白不能透过毛细血管壁，组织间液中的蛋白质含量少，其胶体渗透压低于血浆。因此，血浆胶体渗透压可吸引水进入血管，在保持血量、调节血管内外水的移动、维持血管内外水平衡中起重要作用。组织细胞对血浆中晶体物（各种离子）具有选择性通透，当圈离子移动而导致细胞膜两侧离子浓度不均分布，出现渗透压差时，便引起水由低渗透压倒向高渗透压侧移动。因此，血浆晶体渗透压在调节细胞内外的水交换和维持细胞正常体积、形态中起重要作用。

（四）立浆pH值

正常人血浆的pH值为7.35 ~ 7.45。血浆pH能保持相对恒定，是因血浆和红细胞中含有多种缓冲对的结果：血浆pH主要取决于血浆中$NaHCO_3/H_2CO_3$的比值，通常这一比值为20。此外，血浆中的蛋白质钠盐/蛋白质、Na_2HPO_4/NaH_2PO_4；红细胞中的血红蛋白钾盐血红蛋白、氧合血红蛋白钾盐/氧合血红蛋白、Na_2HPO_4/NaH_2PO_4等，均是很有效的缓冲系统。另一方面，肺与肾不断排出体内过多的酸和碱，对血浆pH的稳定具有重要作用。

第二节　血　细　胞

一、红细胞

（一）红细胞的形态、数量和功能

1. 形态

红细胞（red blood cell，RBC）是血液中数量最多的细胞。正常成熟红细胞呈双凹圆碟形，直径为7 ~ 8 μm，中央较薄，周边较厚，无核（如图3-1）。

图3-1　电镜下的红细胞

2. 数量

我国成年男性红细胞的数量为（4.0 ~ 5.5）$\times 10^{12}$/L，平均为5.0$\times 10^{12}$/L；女性为（3.5 ~ 5.0）$\times 10^{12}$/L，平均为4.2$\times 10^{12}$/L；新生儿为（6.0 ~ 7.0）$\times 10^{12}$/L或以上。红细胞内的蛋白质主要是血红蛋白（hemoglobin，Hb）。我国成年男性血红蛋白的浓度为120 ~ 160 g/L，成年女性为110 ~ 150 g/L，新生儿血红蛋白浓度可达170 ~ 200 g/L或以上。在末梢血液中，单位容积内的红细胞数或血红蛋白含量低于正常值，称为贫血。

生理情况下，红细胞的数量和血红蛋白的含量，随年龄、性别、体质条件、生活环境不同而存在一定的差异。例如：孕妇妊娠后期由于血浆量相对增多，血红蛋白浓度相对减少；

高原居民红细胞数量和血红蛋白浓度均高于海平面居民。

3. **功能**

红细胞的主要功能是运输O_2和CO_2，这一功能主要由血红蛋白实现。血红蛋白只有存在于红细胞内时，才具有携带O_2和CO_2的功能，一旦红细胞破裂溶血，血红蛋白逸出，即丧失运输气体的功能。当血红蛋白与CO结合形成一氧化碳血红蛋白，或血红蛋白分子中所含的Fe^{2+}被氧化为Fe^{3+}形成高铁血红蛋白时，也丧失运输气体的功能。此外，红细胞内有多种缓冲对，能缓冲血液的酸碱度。

（二）红细胞的生理特性

1. **可塑变形性**

红细胞在全身血管中循环运行时，常要挤过直径比它小的毛细血管和血窦孔隙，这时红细胞将发生变形，通过之后再恢复原状，这种特性称为可塑变形性（如图3-2）。红细胞的可塑变形能力与红细胞膜的弹性、流动性、表面积成正比关系，与红细胞黏度成反比关系。因此，衰老的红细胞、球形红细胞、血红蛋白异常均可降低红细胞的可塑变形能力。

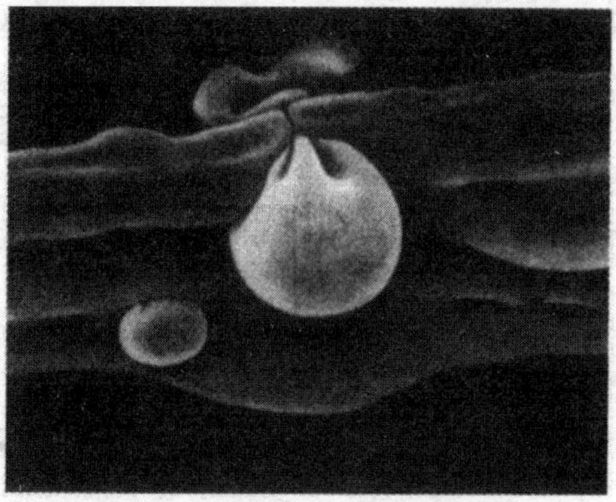

图3-2 红细胞的可塑变形性

2. **悬浮稳定性**

生理状态下，红细胞在血浆中保持悬浮状态而不易下沉的特性称为红细胞的悬浮稳定性(suspension stability)。将经过抗凝处理的血液置于垂直放置的血沉管中，红细胞由于比重大而下沉，但正常时下沉的速度十分缓慢。通常以第1小时末红细胞在血沉管中下沉的距离表示红细胞沉降速度，称为红细胞沉降率，简称血沉（erythrocyte sedimentation rate，ESR）。用魏氏法检测的正常值，成年男性为0～15 mm/h，女性为0～20 mm/h。血沉越快，红细胞的悬浮稳定性越小。

红细胞能相对稳定地悬浮于血浆中，是由于红细胞与血浆之间的摩擦阻碍了红细胞的下沉。双凹圆碟形的红细胞其表面积与体积的比值较大，产生的摩擦也较大，故红细胞下沉缓慢。在某些疾病，如活动性肺结核、风湿热、晚期癌症等，多个红细胞易发生凹面相贴，形成红细胞叠连，其表面积与体积的比值减小，摩擦力也降低，因而血沉加快。红细胞发生叠连的原因在于血浆成分的变化，而不在于红细胞本身。通常血浆中球蛋白、纤维蛋白原及胆固醇含量增多，血沉加快；而白蛋白、卵磷脂含量增加时，则血沉减慢。

3. **渗透脆性**

红细胞在低渗溶液中发生吸水、膨胀、破裂的特性，称为红细胞渗透脆性（osmotic fragility），简称红细胞脆性。红细胞在等渗溶液（如0.9% NaCl溶液）中才能维持其正常形态和大小。若将红细胞置于0.6% ~ 0.8% NaCl溶液中，红细胞会吸水、膨胀而变形；若置于0.40% ~ 0.45% NaCl溶液中，有部分红细胞出现破裂溶血；若置于0.30% ~ 0.35% NaCl低渗溶液中，则出现完全溶血。渗透脆性越大，说明红细胞对低渗溶液的抵抗力越小；反之，渗透脆性越小，抵抗力越大。衰老的红细胞及遗传性球形红细胞增多症患者，其脆性增大。

（三）红细胞的生成与破坏

1. 红细胞的生成

（1）红细胞的生成部位。胚胎时期，红细胞在卵黄囊、肝、脾和骨髓生成；出生以后，主要在红骨髓生成；成年人的红细胞主要在胸骨、髂骨、肋骨和长骨近端的骨骺处生成。当骨髓造血功能增强时，释放入血的网织红细胞大量增加。临床上常通过循环血液中网织红细胞的计数来了解骨髓造血功能。某些理化因素，如放射性物质、药物（氯霉素和抗癌药）等能够抑制骨髓造血功能而引起贫血，这种由于骨髓造血功能受抑制造成的贫血称为再生障碍性贫血。

（2）原料。红细胞的主要成分是血红蛋白，合成血红蛋白的基本原料是铁和蛋白质。正常成人每天需要20 ~ 30 mg铁，用于红细胞生成。铁的来源有两部分。一部分是从食物中摄取的“外源性铁”，主要来源于食物中的蛋黄、肝脏、豆类、菠菜以及铁制炊具游离出来的少量铁，但多为Fe^{3+}，必须在胃酸作用下转变为Fe^{2+}才能被吸收；另一部分是体内的红细胞破坏后释放出来的“内源性铁”的再利用。每日约25 mg，绝大部分以铁蛋白形式贮存于肝、骨髓和巨噬细胞系统，供造血需要时重复应用，很少丢失。内源性铁丢失增多或铁经消化道的吸收量减少以及机体对铁的需要量相对增多，是引起缺铁性贫血的原因。如慢性失血性疾病、孕妇、哺乳期妇女以及胃酸缺乏或食物中缺铁者，均可造成缺铁性贫血。由于血红蛋白合成减少，因此这种贫血的特征是红细胞体积较小，数量可正常，又称小细胞低色素性贫血。

（3）成熟因子。在幼红细胞的发育和成熟过程中，叶酸和维生素B_{12}是合成DNA所需的重要辅酶。叶酸是合成DNA过程中必需的辅酶，若叶酸缺乏，骨髓中有核红细胞核内DNA合成障碍，细胞的分裂增殖速度减慢，因而使红细胞的生长停止在初始状态而不能成熟，形成巨幼红细胞性贫血。维生素B_{12}有增加叶酸在体内利用的作用，从而间接地促使DNA的合成，但是维生素B_{12}需要与胃黏膜壁细胞分泌的“内因子”结合形成复合物才能被吸收进入血液。因此，患萎缩性胃炎、胃癌等疾病或部分胃切除的患者，因为内因子的缺乏，可引起维生素B_{12}吸收障碍而发生巨幼红细胞性贫血。

（4）红细胞生成的调节。正常情况下，人体内红细胞数量保持相对恒定。当人体所处的环境或功能状态发生改变时，红细胞的生成数量和生成速度也会发生适当的调整。红细胞的生成主要受促红细胞生成素和雄激素等因素的调节。

①促红细胞生成素（erythropoietin，EPO）：是一种由肾脏合成的糖蛋白，肝细胞和巨噬细胞也能少量合成，其主要作用是促进红系祖细胞的增殖、分化及骨髓释放网织红细胞。这主要是由于晚期红系祖细胞上促红细胞生成素受体密度最高。正常时促红细胞生成素在血浆中维持一定浓度，使红细胞数量保持相对稳定。各种引起肾供氧不足（如贫血、缺氧或肾血流量减少）的因素，都可刺激促红细胞生成素释放增加，使骨髓造血增强，以提高血液运氧能力，改善肾组织的缺氧状况。因此，肾实质被严重破坏的患者，因促红细胞生成素合成减少

常伴有贫血，称为肾性贫血。目前，促红细胞生成素已被提纯和生产，并试用于某些贫血的治疗。

②雄激素：作用于肾脏，可促进促红细胞生成素的合成，使骨髓造血功能增强，血液中红细胞数量增多；雄激素还可直接刺激红骨髓，使红细胞生成增多。这是成年男性红细胞数量多于女性的重要原因。

此外，甲状腺激素、生长激素、糖皮质激素对红细胞的生成也有一定的促进作用。

2. 红细胞的破坏

红细胞的平均寿命大约为120天，每天约有0.8%的红细胞更新。衰老的红细胞可塑变形性差，脆性增加，很容易滞留在小血管或血窦孔隙内，或在血流湍急时可因机械冲撞而破裂。衰老破裂的红细胞在肝、脾被巨噬细胞吞噬消化后，释放出铁和胆红素等，铁可被再利用，胆红素随粪或尿排出体外。若脾功能亢进，使红细胞破坏大于生成，可导致脾性贫血。在血管内破坏的红细胞释放出的血红蛋白，与血浆中的触珠蛋白结合被肝摄取，经处理后，铁以铁黄素形式沉着于肝细胞中，而转铁蛋白也转变为胆色素排出。因此，严重溶血时，当血红蛋白释放量大于1.0g/L，超过了触珠蛋白结合能力，血红蛋白可直接经过肾脏由尿液排出体外，称为“血红蛋白尿”。

二、白细胞

（一）白细胞的分类和正常值

白细胞（white blood cell，WBC）是一个不均一的有核细胞群，正常成年人白细胞总数为（4.0～10.0）$\times10^9$/L，新生儿白细胞总数大于成年人，为（12.0～20.0）$\times10^9$/L。白细胞的总数存在较大范围的生理变动，如女性在月经期、妊娠期和分娩时，白细胞数量有所增加。每天下午14时左右白细胞总数较多，凌晨较低。此外，餐后、剧烈运动时白细胞数量亦有所增加。白细胞可根据其胞质中有无特殊染色颗粒分为粒细胞和无粒细胞两大类。粒细胞又可根据其嗜色特性的不同区分为中性粒细胞、嗜酸性粒细胞和嗜碱性粒细胞；无粒细胞包括单核细胞和淋巴细胞。在临床工作中，于显微镜下分别计数各类白细胞的百分比，称为白细胞分类计数。在各种急慢性炎症、组织损伤或白血病等疾病情况下，白细胞总数和分类计数可发生特征性变化，在临床诊断中具有重要参考价值。

（二）白细胞的功能

白细胞的主要功能是通过吞噬及免疫反应，实现对机体的保护和防御。白细胞具有变形、渗出、趋化及吞噬等生理特性，这是它们执行防御功能的生理学基础。

1. 粒细胞

（1）中性粒细胞：体内主要的吞噬细胞，其变形运动和吞噬能力很强，它能够吞噬病原微生物、组织碎片、坏死组织、抗原–抗体复合物及其他异物。因此，中性粒细胞有防御病菌和清除坏死组织的作用。它是机体发生急性炎症时的主要反应细胞，故当机体发生急性感染时，血液中的中性粒细胞数量明显增多。而当血液中的中性粒细胞减少到1×10^9/L时，机体抵抗力明显降低，很容易感染。

（2）嗜酸性粒细胞：内含有溶酶体和颗粒，但缺乏溶菌酶，因此，它只具有吞噬作用而无杀菌能力。嗜酸性粒细胞可限制嗜碱性粒细胞和肥大细胞引起的过敏反应，还参与对蠕虫的免疫反应。嗜酸性粒细胞可黏附于蠕虫表面，并释放某些化学物质杀伤蠕虫。机体在发生过敏反应、蠕虫感染时，常伴有嗜酸性粒细胞数量增多。

（3）嗜碱性粒细胞：其颗粒内含有多种生物活性物质，例如肝素、组胺、过敏性慢反应物质和嗜酸性粒细胞趋化因子等。肝素具有抗凝血作用，有利于保持血管的通畅；组胺和过敏性反应物质可使毛细血管壁通透性增加，局部充血水肿，并可使支气管平滑肌收缩，从而引起哮喘、荨麻疹等过敏反应的症状；嗜酸性粒细胞趋化因子的作用是把嗜酸性粒细胞吸引过来，聚集于局部，从而限制嗜碱性粒细胞在过敏反应中的作用。因此，某些过敏性疾病可引起嗜碱性粒细胞数量的增多。

2. 无粒细胞

（1）单核细胞：从骨髓进入血液的单核细胞是尚未成熟的细胞，在血液中停留2～3天后迁移入组织中，细胞的体积增大，细胞内溶酶体颗粒和线粒体的数目增多，发育成成熟的巨噬细胞，具有比中性粒细胞更强的吞噬能力，可吞噬更多、更大的细菌和颗粒。此外，还能识别和杀伤肿瘤细胞，参与激活淋巴细胞的特异性免疫功能。

（2）淋巴细胞：在免疫应答反应过程中具有重要作用。淋巴细胞包括多种形态相似、功能不同的细胞群，主要有三类：①T淋巴细胞，占血液中淋巴细胞总数的70%～80%，它的功能是执行细胞免疫；②B淋巴细胞，在抗原的刺激下，B淋巴细胞转化为浆细胞，浆细胞能产生抗体，它的功能是执行体液免疫；③自然杀伤细胞，它是机体天然免疫的重要执行者。

（三）白细胞的生成与破坏

粒细胞由骨髓造血干细胞分化而来，淋巴细胞和单核细胞有的在骨髓中生成，有的在淋巴结、脾、胸腺、消化管壁内的淋巴组织中发育成熟。目前，对淋巴细胞生成的调节机制尚不完全清楚；粒细胞的生成受集落刺激因子的调节，主要包括粒-巨噬细胞集落因子、粒细胞集落刺激因子、巨噬细胞集落刺激因子等。此外，乳铁蛋白和转化生长因子-β等，可直接抑制白细胞的生成。

白细胞主要在组织中发挥作用，淋巴细胞还可往返于血液、组织液和淋巴之间，并能增殖分化，故白细胞的寿命较难准确判断。一般来说，中性粒细胞在循环血液中停留4～8 h进入组织，在4～5天后衰老死亡或经消化道排出。正常情况下，衰老的中性粒细胞的死亡方式是凋亡，凋亡后的白细胞随即被巨噬细胞清除。但是若有细菌入侵，在急性炎症部位，中性粒细胞的死亡方式是坏死，即中性粒细胞在吞噬细菌后发生溶解，与被破坏的细菌和组织碎片等共同构成脓液。单核细胞在血液中停留2～3天，然后进入组织，并发育成巨噬细胞，在组织中可生存3个月左右。

二、血小板

（一）血小板的形态

血小板（platelet）是由骨髓成熟的巨核细胞裂解、胞质脱落释放到外周血液的具有生物活性的细胞碎片。正常血液循环中，血小板呈双面微凸圆碟状，无色，无核。当血小板被激活时，可发生变形，伸出伪足。血小板的直径为2～3μm，平均为2.4μm，厚0.5～1.5μm。

（二）血小板的数量

正常成年人的血小板数量是（100 ~ 300）$\times 10^9$/L。正常人血小板计数可有6% ~ 10%的变动范围，通常午后较清晨高，冬季较春季高，剧烈运动后及妊娠中、晚期升高，静脉血的血小板数量较毛细血管血的高，女性月经期血小板数量减少。当血小板的数量超过1000$\times 10^9$/L时，称为血小板过多，易形成血栓；而当血小板数量减少到50$\times 10^9$/L以下时，微小创口或仅血压增高也能使皮肤和黏膜下出现瘀点，甚至出现大块紫癜，称为血小板减少性紫癜。

（三）血小板的生理特性

血小板具有黏附、聚集、释放、收缩和吸附等多种生理特性。

1. 黏附

血小板与非血小板表面的黏着称为血小板黏附。血小板并不能黏附于正常的血管内皮细胞的表面，只有当血管内皮受损后，在暴露出来的胶原纤维上可黏附一层血小板。血小板黏附是生理性止血过程中十分重要的起始步骤。

2. 聚集

血小板彼此集合的现象称为血小板聚集，引起血小板聚集的因素被称为致聚剂。生理性致聚剂包括二磷酸腺苷（ADP）、肾上腺素、5-羟色胺（5-HT）、组胺、胶原、凝血酶等；病理性致聚剂有细菌、病毒、免疫复合物、药物等。血小板的聚集可分为两个时相：第一时相发生迅速，为可逆性聚集，是由受损伤组织释放的ADP引起的，聚集后还可以解聚；第二时相发生缓慢，为不可逆性聚集，是由血小板释放的内源性ADP引起的，一旦发生聚集后就不能再解聚。血小板聚集是形成血小板血栓的基础。

3. 释放

血小板受刺激后，将贮存在颗粒中的物质排出的过程称为释放。释放的物质主要有ADP、ATP、5-HT、儿茶酚胺等。5-HT、儿茶酚胺可使小动脉收缩，有助于止血；ADP可使血小板聚集，形成血小板血栓，堵塞血管创口，因此，参与生理性止血和凝血过程。

4. 收缩

血小板含有收缩蛋白，收缩蛋白活化时，血小板收缩、血凝块硬化，有利于止血。

5. 吸附

血管破裂受损时，血小板黏附与聚集可吸附大量凝血因子，使破损部位凝血因子浓度增高，加快凝血过程。

（四）血小板的功能

1. 维持血管内皮的完整性

血小板可随时沉着于毛细血管壁，以填补血管内皮细胞脱落留下的空隙，并与内皮细胞融合，从而不断地修复和更新内皮细胞，保持内皮细胞的完整性，防止红细胞逸出。因此，血小板对毛细血管内皮有营养、支持和降低毛细血管壁脆性的重要作用。

2. 参与生理性止血

生理性止血是指小血管损伤，血液从血管内流出，数分钟后出血自行停止的现象。临床上常用采血针刺破耳垂或指尖，使血液自然流出，然后测定出血持续的时间，称为出血时间（bleeding time）。正常人不超过9 min（出血时间测定器法）。出血时间的长短可反映生理性止血功能的状态。若生理性止血功能减退可有出血倾向，而生理性止血功能过度激活可导致血栓形成。

3. 促进血液凝固

血小板可释放血小板因子，如纤维蛋白原激活因子（PF_2）、血小板磷脂表面因子（PF_3）、抗肝素因子（PF_4）、抗纤溶因子（PF_6）等，使凝血酶原的激活速度加快2万倍。另外，血小板还可以吸附多种凝血因子，促进凝血过程的发生。

（五）血小板的生成和破坏

血小板由骨髓成熟的巨核细胞裂解、脱落而形成。由肝脏合成的血小板生成素是体内调节血小板生成的最重要因子，其作用是促进造血干细胞的存活和增殖，刺激造血干细胞向巨核系祖细胞分化，并特异地促进巨核系祖细胞增殖和分化，以及巨核细胞的成熟与释放血小板。血小板的寿命为7～14天，但只有在最初的两天具有生理功能。衰老的血小板被肝、脾或骨髓的巨噬细胞吞噬或破坏。此外，血小板还可在发挥其生理功能时被消耗。如在生理性止血活动中，血小板聚集后，本身亦将解体，并释放出其内的全部活性物质。

第三节　生理性止血

一、生理性止血的基本过程

正常情况下，小血管损伤后，血液从小血管内流出引起出血，数分钟后出血自行停止的现象称为生理性止血（physilogical hemostasis）。临床上用针刺破耳垂或指尖使血液自然流出，测定出血延续的时间，称为出血时间（bleeding time），正常人为1～3分钟。出血时间的长短可以反映生理性止血功能的状态。生理性止血功能是机体重要的保护机制之一。若生理性止血功能降低，易产生出血现象，且出血时间延长；而生理性止血功能过度增强时，易形成血栓。因此，机体在多种因子及机制相互作用、精细调节下，使生理性止血功能处于平衡状态，从而当血管受损伤时，一方面能迅速止血，另一方面使止血反应限制在损伤局部，保持血流正常进行。

生理性止血过程是由血管、血小板和血浆中的凝血因子共同作用完成的，主要包括3个步骤。①血管收缩：受损伤血管受刺激，引起血管反射性收缩以及血管局部的平滑肌收缩，血小板释放缩血管物质，如5-羟色胺、肾上腺素等，使血管进一步收缩。②形成血小板止血栓：血管内膜损伤，暴露内膜下胶原组织，激活血小板，使血小板黏附、聚集于破损部位，局部受损红细胞释放的ADP和局部凝血过程中发生的凝血酶均可使血小板活化而释放内源性ADP和TxA_2，促使血小板发生不可逆聚集，受损血管内皮的PGI_2生成减少，有利于血小板的聚集，最后形成松软的血小板止血栓。③血液凝固：血管受损可启动凝血系统，局部迅速发生血液凝固，使血浆中可溶性的纤维蛋白原转变成不溶性的纤维蛋白，交织成网，加固止血栓，称二期止血（如图3-3）。最后，局部纤维组织增生，并长入血凝块，达到永久性止血。需要强调的是这3个过程是相继发生并相互重叠、相互促进的；由于血小板与生理性止血密切相关，因此，血小板生成减少、破坏增多或功能异常时，可引起止血障碍，使出血时间延长。

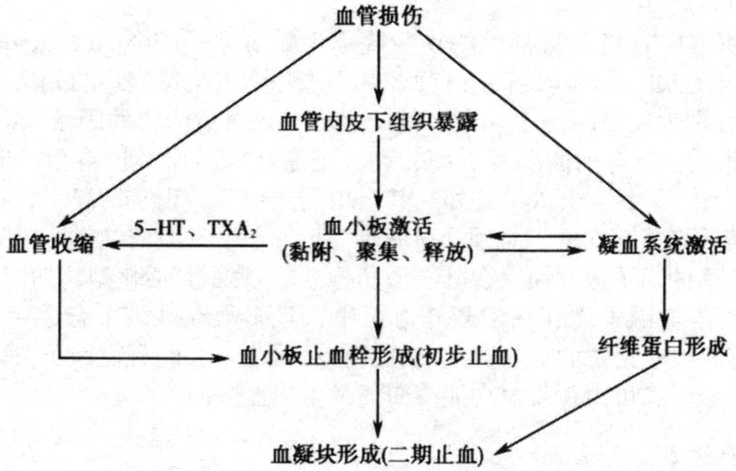

图3-3　生理性止血过程示意图

二、血液凝固

将正常人体内血管中的血液抽出后，如果不加抗凝剂，血液会由流动的流体状态变为不能流动的胶冻状态，这个过程称为血液凝固（blood coagulation），简称凝血。它是一系列顺序发生的酶促反应过程，其实质就是血浆中的可溶性纤维蛋白原转变成为不溶性的纤维蛋白的过程。纤维蛋白交织成网，把血细胞以及血液中的其他成分网罗在内，形成血凝块（如图3-4）。正常人血凝块形成的时间为5～15分钟（玻管法），称为凝血时间（blood coagulation time）。在血液凝固后，静止1～2小时，可见血凝块回缩，有淡黄色的液体析出，这种液体称为血清（blood serum）。由于在凝血过程中一些凝血因子被消耗，因此，血清和血浆的主要区别是血清中没有纤维蛋白原和部分凝血因子，但增加了少量凝血过程中由血小板释放的物质。

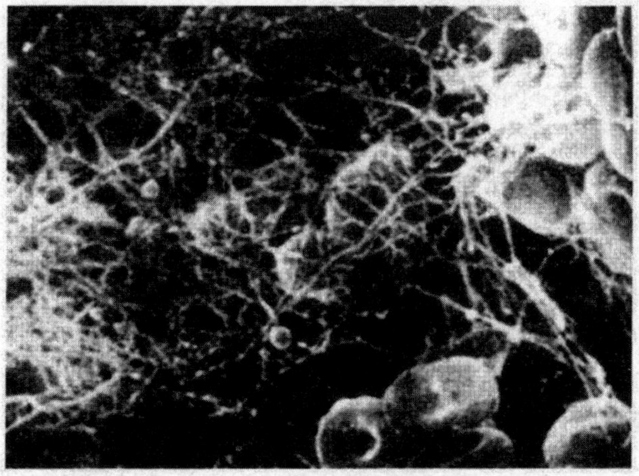

图3-4　血凝块扫描电镜图

（一）凝血因子

血液和组织液中直接参与凝血的物质统称为凝血因子（blood coagulation factor或clotting factor）。目前已知的凝血因子有14种，其中国际命名法按发现的先后顺序用罗马数字编号的有12种，分别为凝血因子Ⅰ ~ Ⅷ，其中因子Ⅵ是血清活化的因子Va，已不再视为独立的凝血因子。此外，还有前激肽释放酶、高分子激肽原、血小板磷脂等也直接参与凝血过程。在这些因子中，除因子Ⅳ是Ca^{2+}外，其余均为蛋白质，正常情况下，这些蛋白质大多数是以无活性的酶原形式存在的，必须通过其他酶的水解后才具有活性，这一过程称为凝血因子的激活。被激活的因子，习惯上在其右下角标“a”表示其活化型，如因子Ⅱa、Xa等。除因子Ⅲ外，其他凝血因子均存在于新鲜血浆中，且多数在肝脏中合成，其中因子Ⅱ、Ⅶ、Ⅸ、X的合成需要维生素K的参与，故又称为依赖维生素K的凝血因子。因此，当肝功能损害或维生素K缺乏时，可出现凝血功能障碍而发生出血倾向。

（二）凝血过程

l964年，由Macfarlane、Dayies和Ratnaff提出而逐步完善的“瀑布学说”可解释血液凝固的机制和过程，即认为凝血过程是一系列凝血因子相继酶解激活的级联反应，最终结果是纤维蛋白凝块的形成，而且每步反应均有放大效应。凝血过程可分为凝血酶原酶复合物（prothromL）inase eomplex）的形成、凝血酶的形成和纤维蛋白的生成三个基本阶段（如图3-5）。

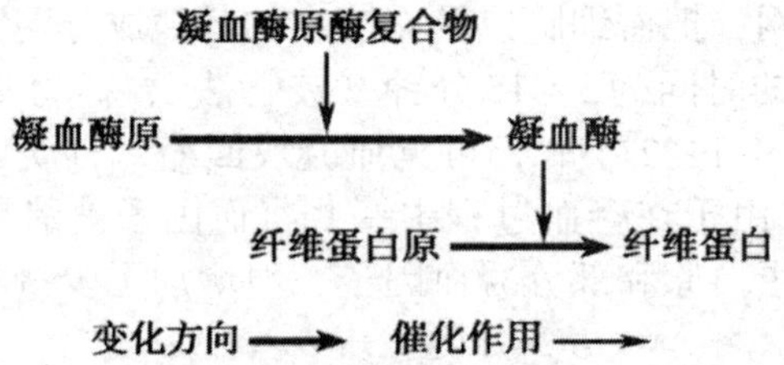

图3-5　血液凝固的基本步骤

1. 凝血酶原酶复合物的形成

凝血酶原酶复合物可通过内源性和外源性两条凝血途径形成。两条途径的主要区别在于启动方式和参与的凝血因子不同，但两条途径中的某些凝血因子可以相互激活、相互联系，并不完全独立。

（1）内源性凝血途径。内源性凝血途径（intrinsic patllway ofbloo coagulation）参与的凝血因子全部来自血液。通常当血液与带负电的异物表面（如胶原纤维、玻璃、白陶土、硫酸脂等）接触时会启动凝血过程。在机体内，当血管损伤时，血浆中因子Ⅻ与血管内膜下的胶原纤维接触而被激活为Ⅻa，随即Ⅻa激活因子Ⅺ形成Ⅺa。Ⅻa还可激活前激肽释放酶成为激肽释放酶，激肽释放酶反过来又能促进Ⅻa的激活，通过这一正反馈过程形成大量的Ⅻa。从因子Ⅻ接触异物表面到Ⅺ形成的过程称为表面激活，这阶段高分子激肽原也作为辅因子加速因子Ⅻa及Ⅻa对前激肽释放酶和因子Ⅺ的激活。表面激活阶段所形成的因子Ⅺa在Ca^{2+}存在下激活因子Ⅸ生成Ⅸa，因子Ⅸa在Ca^{2+}的参与下与活化的因子Ⅷa结合在血小板磷脂表面（PF_3）形成复合物为因子X酶复合物（tenase complex），使因子X激活为因子Xa，随即因子

Xa与活化的因子Va被Ca^{2+}连接在血小板磷脂表面（PF_3），形成Xa-Va-Ca-磷脂复合物，即凝血酶原复合物。

在凝血酶原复合物形成过程中，因子Ⅷ对因子X的激活有加速作用（可提高20万倍），因此，缺乏因子Ⅷ时患者凝血速度缓慢，微小的创伤也会出血不止，临床上称为甲型血友病（hemophilia）。而缺乏因子Ⅸ和因子Ⅺ的患者，分别称为乙型和丙型血友病。

（2）外源性凝血途径。外源性凝血途径（extrinsic pathway of blnod coagulation）是指由来自血液之外的组织因子（因子Ⅲ）进入血液而启动的凝血过程。因子Ⅲ存在于大多数组织细胞中，在组织损伤、血管破裂等情况下因子Ⅲ释放，与血浆中的因子Ⅶ结合并迅速激活之，形成因子Ⅶa-因子Ⅲ复合物，后者在血小板磷脂和Ca^{2+}存在下，迅速激活因子X为Xa，其后的反应与内源性凝血途径完全相同。因子Ⅲ作为辅因子可使Ⅶa激活因子X的效应提高1000倍，因子Xa可反过来激活因子Ⅶ，使更多的因子X被激活，形成外源性凝血的正反馈效应。另外，因子Ⅶa-因子Ⅲ复合物还可激活因子Ⅸ，而因子Ⅸa也能激活因子Ⅶa，从而将内源性与外源性凝血途径联系起来，相互促进，共同完成凝血过程。

在机体内，当组织损伤时，释放出的组织因子和暴露出的胶原可分别启动外源性和内源性凝血系统，即在生理性止血过程中，既有内源性凝血途径的激活，也有外源性凝血途径的参与。但临床观察发现，先天性缺乏因子Ⅻ及前激肽释放酶或高分子激肽原的患者，几乎没有出血症状，而因子Ⅶ缺乏的患者却会产生明显的出血症状。故目前认为，外源性凝血途径在体内生理性凝血反应的启动中起关键作用，通过外源性凝血形成的因子Ⅶa-因子Ⅲ复合物可有效地激活因子Ⅸ。此外，由外源性凝血途径生成的少量凝血酶可促进因子Ⅴ、Ⅷ、Ⅺ和血小板的激活并且会产生放大效应，从而激活内源性凝血途径而形成大量的因子X酶复合物，进而形成凝血酶原酶复合物，激活凝血酶和纤维蛋白而完成凝血过程。因此，组织因子是生理性凝血反应的启动因子，而内源性凝血途径对凝血反应开始后的维持和巩固起非常重要的作用。临床上缺乏因子Ⅷ和因子Ⅺ的患者可有明显的出血症状。

2. 凝血酶的形成

凝血酶原（因子Ⅱ）在凝血酶原酶复合物的作用下激活成为凝血酶（Ⅱa）。其中复合物中的因子Va作为辅因子，可使因子Xa激活凝血酶原的速度提高10 000倍。凝血酶是一种具有多种功能的凝血因子，其主要作用是分解纤维蛋白原成为纤维蛋白单体。凝血酶还可激活因子Ⅴ、Ⅷ、Ⅺ，同时可激活血小板提供有效的磷脂表面，成为凝血过程中的正反馈机制。

3. 纤维蛋白的形成

凝血酶催化纤维蛋白原（因子Ⅰ）成为纤维蛋白单体（Ⅰa）。同时在Ca^{2+}作用下，凝血酶激活因子ⅩⅢ成为ⅩⅢa，在Ca^{2+}参与下，Ⅷa使纤维蛋白单体相互聚合，形成不溶于水的纤维蛋白多聚体（纤维蛋白丝），这种纤维蛋白丝交织成网，并网罗血细胞，形成非常稳定的血凝块。

如图3-6所示，血液凝固是一个复杂的酶促反应过程，每一步酶促反应均有放大效应，某些环节还存在正反馈调节。因此，凝血过程一旦启动，就会迅速连续进行，形成“瀑布”样反应链，直到完成为止。若其中某个环节受阻，则整个凝血过程会终止。

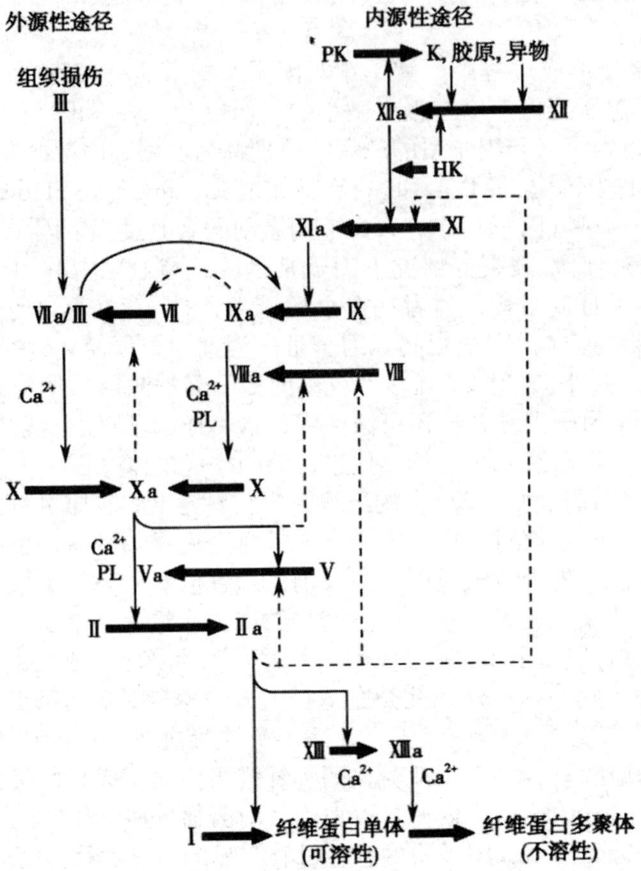

图3-6　血液凝固过程示意图

PL：磷脂；PK：前激肽释放酶；K：激肽释放酶；HK：高分子量激肽原

三、血液凝固的调控

（一）血浆中生理性抗凝因素

正常情况下，机体在活动中常会有轻微的血管损伤，体内会有低水平的凝血系统的激活，但循环血液并不会发生凝固，仍能保持流体状态。即使当组织损伤发生止血时，凝血现象也仅限于病变部位处的某一小段血管，并不延及未损部位。这主要是由于血液凝固受到多种因素的调控。血液循环流动而且速度较快，因此一些凝血因子不易被激活，即使激活后也易被血流冲走；血管内皮细胞可防止凝血因子、血小板与内皮下的成分接触，从而避免凝血系统的激活和血小板的活化，血管内皮细胞能合成、分泌抗凝物质，释放前列腺素I_2和NO等活性物质，抑制血小板活化、聚集等作用，从而产生抗凝作用；纤维蛋白吸附凝血酶以及其他凝血因子，单核巨噬细胞可吞噬活化的凝血因子。除了上述因素外，血液凝固的调控还与体内的生理性抗凝物质有关。血浆中重要的抗凝物质主要有丝氨酸蛋白酶抑制物、蛋白质C系统、组织因子途径抑制物和肝素等。

1. 丝氨酸蛋白酶抑制物

血浆中含有多种丝氨酸蛋白酶抑制物，主要有抗凝血酶、肝素辅因子Ⅱ、C_1抑制物、a_1抗胰蛋白酶、a_2抗纤溶酶、a_3巨球蛋白等，其中最重要的是抗凝血酶，可灭活60%~70%的凝血酶，其次是肝素辅因子Ⅱ，可灭活30%的凝血酶。抗凝血酶（antithrombin）是由肝细胞和血管内皮细胞分泌的一种丝氨酸蛋白酶抑制物，能与凝血酶及凝血因子Ⅸa、Xa、Ⅺa、Ⅻa等分子活性中心的丝氨酸残基结合而使其失去活性，进而阻断凝血过程。在正常情况下，抗凝血酶的直接作用弱而且慢，但它与肝素结合后，其抗凝作用可增强上千倍。但在正常机体内，循环血液的血浆中肝素的含量很少，因此，抗凝血酶主要与内皮细胞表面的硫酸乙酰肝素结合而增强内皮细胞的抗凝作用。

2. 蛋白质C系统

主要包括蛋白质C（protein C，PC）、凝血酶调节蛋白（thrombomodulin，TM）、蛋白质S和蛋白质C的抑制物。蛋白质C是由肝细胞合成的依赖于维生素K的因子，以酶原的形式存在于血浆中，当凝血酶与血管内皮细胞上的凝血酶调节蛋白结合后，可激活蛋白质C，后者可水解灭活因子Va和Ⅷa，抑制因子Xa的活性，促进纤维蛋白的降解。蛋白质S可促进蛋白质C的活性，使其作用大大增强。

3. 组织因子途径抑制物

组织因子途径抑制物（tissue factor pathwavinhibitor，TFPI）是一种主要由小血管内皮细胞产生的糖蛋白，是外源性凝血途径的特异性抑制剂。可抑制因子Xa的活性，并在Ca^{2+}作用下，与因子Ⅶa-Ⅲ复合物及因子Xa结合形成因子Ⅶa-Ⅲ-TFPI-因子Xa四聚体，从而灭活因子Ⅶa-Ⅲ复合物，抑制外源性凝血途径。目前认为，TFPI是体内主要的生理性抗凝物质。TFPI可与内皮细胞表面的硫酸乙酰肝素结合，注射肝素可引起内皮细胞结合的TFPI释放，血浆TFPI水平可升高几倍。

4. 肝素

肝素（heparin）主要由肥大细胞和嗜碱性粒细胞产生，是一种黏多糖，几乎存在于所有组织中，尤其是肝、肺等组织中含量最多。肝素是一种很强的抗凝物质，在体内及体外均能发挥抗凝作用。肝素除通过增强抗凝血酶的活性而间接发挥抗凝作用外，还能抑制凝血酶原的激活，阻止血小板黏附、聚集、释放，促使血管内皮细胞释放抗凝物质和纤溶酶原激活物，刺激血管内皮细胞释放TFPI，能增强蛋白质C的活性和刺激血管内皮细胞释放纤溶酶原激活物，增强纤维蛋白溶解。此外，肝素还能激活血浆中的酯酶，加速血浆中乳糜微粒的清除，有助于防止与血脂有关的血栓形成。

（二）加速或延缓血液凝固的方法

在临床实际工作中，常需要加速、延缓或防止血液凝固。由于血液凝固是一系列酶促反应的结果，因此，在一定范围内改变温度可加速或延缓血液凝固的过程。如在临床手术中常用温热的生理盐水纱布压迫伤口止血，就是利用提高局部温度，增加酶的活性，同时提供粗糙表面利于因子Ⅻ的激活以及血小板黏附、聚集从而加速血液凝固的过程。反之，若把血液置于低温环境中或增加异物表面的光滑度（如涂有硅胶或液状石蜡的表面），血液凝固的过程将减慢。Ca^{2+}作为一个重要的凝血因子，在多个环节上起促凝血作用，在临床上可用于添加Ca^{2+}或除去Ca^{2+}达到“促凝”或“抗凝”的目的。在临床化验或输血时常在血液中加入一定量的草酸盐或枸橼酸盐可以除去Ca^{2+}，从而阻断凝血过程，起到抗凝作用。

维生素K拮抗剂（如华法林）可抑制因子Ⅱ、Ⅶ、Ⅸ、Ⅹ等维生素K依赖性凝血因子的合成，因此在体内具有抗凝作用。肝素在体内、外均有较强的抗凝作用，在临床上广泛应用于体内或体外抗凝。

四、止血栓的溶解

在生理性止血过程中，凝血过程形成的止血栓会堵塞血管，使出血停止；伤口愈合后，形成止血栓的纤维蛋白被逐渐降解液化，使被堵塞的血管重新畅通。纤维蛋白在纤维蛋白溶酶的作用下被降解液化的过程称为纤维蛋白溶解（fibrinolvsis），简称纤溶。这一过程使血液由胶冻状态重新恢复为液态，因此，纤溶对防止血管内凝血过程蔓延及血栓形成，保障血管内的血流通畅具有重要意义。

纤维蛋白溶酶原（plasminogen，简称纤溶酶原，又称血浆素原）、纤维蛋白溶酶（plasmin，简称纤溶酶，又称血浆素）、纤溶酶原激活物（plasminogetl activator）与纤溶抑制物均参与纤溶过程。纤溶过程可分为纤溶酶原的激活与纤维蛋白（原）的降解两个阶段（如图3-7）。纤溶的激活物（纤溶酶原和纤溶酶）和抑制物以及纤溶的一系列酶促反应，总称为纤维蛋白溶解系统（仙rinolytic svstern），简称为纤溶系统。

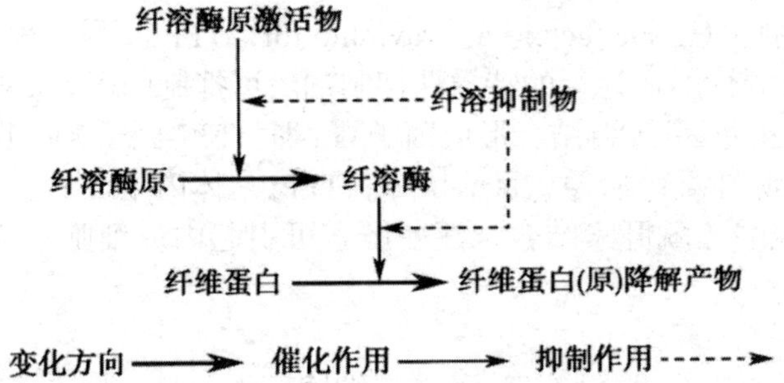

图3-7 纤维蛋白溶解系统激活与抑制示意图

（一）纤溶酶原的激活

纤溶酶原是一种蛋白质，主要由肝、肾等多种组织合成，血浆中含量最高，无活性，正常为100～200 mg/L，婴儿较少，妇女妊娠晚期增多。纤溶酶原在激活物的作用下发生有限的水解脱下一段肽链而激活成为纤溶酶。根据来源不同，可将纤溶酶原激活物分为3类：血管激活物、组织激活物和血浆激活物。①血管激活物，由小血管内皮细胞合成和释放。当血管中出现血凝块时，可刺激血管内皮细胞大量释放这类激活物，并吸附于血凝块上，也称为组织型纤溶酶原激活物（tissue plasminogen activator，t-PA）。②组织激活物，存在于许多组织中，尤其以子宫、前列腺、肺等组织较多，在组织损伤时可释放增多。因此，上述器官手术时易发生术后渗血。由于子宫含有这类激活物，因此月经血不凝固。肾脏合成和释放的尿激酶是一种活性很强的组织激活物，也称为尿激酶型纤溶酶原激活物（urine plasminogen activator，u-pA），已广泛应用于临床治疗血栓病。③血浆激活物，也称为依赖于凝血因子Ⅻ的激活物，如前激肽释放酶被因子Ⅻa激活后生成激肽释放酶可激活纤溶酶原。由于Ⅻa既是内源性凝血途径的启动因子，又可间接导致纤溶酶原的激活，结果使凝血与纤溶形成对立统一体，以保持血液的流体状态。

（二）纤维蛋白与纤维蛋白原的降解

纤溶酶属于丝氨酸蛋白酶，其最敏感的底物是纤维蛋白和纤维蛋白原。在纤溶酶作用下，将纤维蛋白和纤维蛋白原逐步分解成可溶性的小肽，称为纤维蛋白降解产物，这些产物一般不会再凝固，而且一部分还有抗凝作用。纤溶酶是血浆中活性最强的蛋白水解酶，对凝血因子Ⅱ、Ⅴ、Ⅷ、Ⅹ、Ⅻ等也有一定的降解作用。在正常情况下，血液中的抗纤溶酶的含量高于纤溶酶的含量，因而纤溶酶的作用不易发挥。但在血管受损发生血凝块或血栓后，由于纤维蛋白能吸附纤溶酶原和激活物而不吸附抑制物，因而纤溶酶大量形成和发挥作用，使血凝块或血栓发生溶解液化。纤溶活性异常增强，称为纤溶亢进（increased fibrinolvtic actiVity）。纤溶亢进又分为原发性和继发性两类。原发性纤溶亢进是由于纤溶酶原激活剂增多导致纤溶酶活性增强，后者降解血浆中纤维蛋白原和多种凝血因子，使它们的血浆水平和活性下降。临床表现常见于t-pA、u-PA增多的疾病。原发性纤溶亢进症时，纤维蛋白原在没有大量转化成纤维蛋白之前即被降解，D-二聚体为阴性或不升高。继发性纤溶亢进症，如血栓性疾病、弥漫性血管内I-凝血（DIC）等，由于疾病前期凝血机制增强，纤维蛋白大量生成，继而引起纤I-溶亢进，因此D二聚体阳性或显著升高。血浆D二聚体是纤维蛋白降解后的I-特异性产物，测定血浆D二聚体可以判断纤维蛋白是否已经生成，从而为鉴别原发性和继发性纤溶亢进症提供重要依据。

（三）纤溶抑制物

在体内还有多种物质可抑制纤溶系统的活性，称为纤溶抑制物。其中主要有两类：一类为α_2抗纤溶酶，是一种球蛋白，能与纤溶酶结合成为复合物，使其失去活性；另一类为纤溶酶原激活物的抑制物，如纤溶酶原激活物抑制物-1（plasminogen activator inhibitor type-1，PAI-1），主要由血管内皮细胞产生，能与组织型纤溶酶原激活物如尿激酶竞争而抑制纤溶酶的激活。

在正常安静状态下，由于血管内皮细胞分泌的纤溶酶原激活物的抑制物明显高于纤溶酶原激活物的量，加之抗纤溶酶对纤溶酶的灭活作用，因此，血液中的纤溶活性很低，而当血管壁上有纤维蛋白形成时，血管内皮分泌的纤溶酶原激活物会增多，从而增加纤溶系统的活性。因此，在生理水平时，机体内在纤溶与抗纤溶之间维持动态平衡状态，这样既可防止止血栓堵塞血管，保证血栓形成部位有适度的纤溶过程，又可防止全身性纤溶系统的亢进，血管破裂出血不止，从而维持血流正常运行。

凝血与纤溶是两个既对立又统一，同时又必须保持动态平衡的功能系统。在血管内，如果凝血系统的作用大于纤溶系统，将会发生血栓；反之则会导致出血倾向。凝血过程与纤溶系统均能由因子Ⅻa启动而激活，同时因子Ⅻa还能激活补体系统。因此，因子Ⅻa能将凝血、纤溶、激肽以及补体等系统有效地联系起来，从而维持血流正常运行，同时有效地保护机体、减轻创伤带来的危害。

第四章 循环系统

第一节 心脏的生物电活动

心脏有节律的收缩和舒张活动，是心脏实现泵血功能的基本保证，而心脏的节律性舒缩活动又是以心肌细胞的生物电活动为基础的。

一、心肌细胞的跨膜电位及其形成机制

根据生物电特点可将心肌细胞分为两大类：一类是普通心肌细胞，称为工作细胞（working cardiac cell），包括心房肌和心室肌，有收缩性、兴奋性和传导性，但没有自律性，因而属于非自律细胞；另一类是组成特殊传导系统的心肌细胞，如窦房结的P细胞和浦肯野细胞等，因有兴奋性、传导性和自律性，故称为自律细胞（rhythmic cell），但其收缩功能基本丧失。

（一）工作细胞的跨膜电位及其形成机制

下面以非自律细胞（心室肌）的静息电位和动作电位为例，说明心肌工作细胞的生物电现象及其形成机制（如图4-1）。

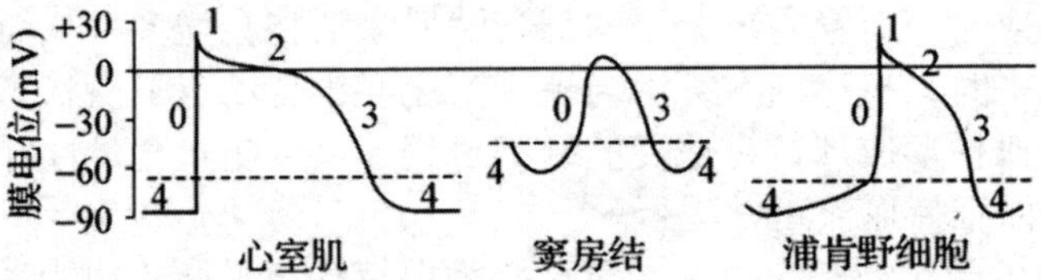

图4-1 心室肌细胞、窦房结起搏细胞和浦肯野细胞的动作电位

1. 静息电位

正常心室肌细胞的静息电位约–90mV，与骨骼肌和神经细胞静息电位形成的机制相似。安静情况下，心室肌细胞膜对K^+的通透性较高，K^+顺浓度差由膜内向膜外扩散，所达到的平衡电位即为心肌细胞的静息电位。由于在安静时细胞膜对钠离子也有很小的通透性，少量带正电荷的钠离子内流，因而导致静息电位的绝对值较Nernst公式计算值略小。

2. 动作电位

动作电位由去极化和复极化两个过程组成。去极化过程又称为0期，复极化过程分为1、2、3和4期。

（1）去极化过程（0期）：膜电位由静息状态时的–90 mV上升至+30 mV，即膜电位由极化状态转变成反极化状态，构成动作电位的上升支，其正电位部分称超射（overshootpotential）。心室肌动作电位0期除极幅度可达120 mV，但持续时间很短，仅1～2ms，电位变化的最大速率可达200～400 V/s。

心室肌细胞0期的形成机制与骨骼肌和神经细胞相似。刺激引起细胞膜上部分钠通道开放，少量钠内流导致膜部分除极，达到阈电位时，膜上钠通道开放概率和开放的数量明显增加，出现再生性钠内流，即Na^+顺浓度差和电位差由膜外快速进入膜内，使膜进一步除极，进而又使更多的钠通道开放，造成更快、更多的Na^+内流。膜内电位急剧上升，直至接近Na^+平衡电位。钠通道激活快，失活（关闭）也快，开放时间很短，因而又称为快通道。

（2）快速复极初期（1期）：是紧接0期之后的早期复极化过程。膜电位由+30 mV迅速下降到0 mV左右，约持续10 ms，0期和1期的快速膜电位变化为锋电位：钠通道虽已关闭，但K^+经钾通道快速外流，形成快速复极初期。

（3）平台期（2期）：膜电位下降很缓慢，几乎停滞于0 mV水平，形成平台，持续100～150ms。此期同时存在Ca^{2+}内流和K^+外流，且流入和流出的电荷量相等。因此，膜电位稳定在0 mV左右。钙通道激活慢，失活也慢，开放持续时间较长，因而又称慢通道。

2期是心室肌细胞动作电位持续较长的主要原因，也是心肌细胞区别于神经或骨骼肌细胞动作电位的主要特征。它与心肌细胞的兴奋–收缩耦联、有效不应期长、不会产生强直收缩等特性有关。

（4）快速复极末期（3期）：复极过程加速，膜电位由0 mV左右较快地下降至–90 mV，历时100～150ms。在平台期末，钙通道失活关闭，而膜对钾的通透性增高，钾外流进行性增加，引起快速复极。

（5）静息期（4期）：膜电位稳定于静息电位水平。钠钾泵和钙泵的主动转运机制加强，排出细胞内的Na^+和Ca^{2+}，摄回细胞外的K^+，使细胞内外各离子浓度差得以恢复。

（二）自律细胞的跨膜电位及其形成机制

非自律细胞如心室肌细胞4期膜电位稳定，在未受刺激时不会产生动作电位。然而自律细胞在动作电位复极化到达最大值（最大复极电位）时，膜电位就开始自动除极，达到阈电位水平时爆发新的动作电位。因此，4期自动去极化是自律细胞产生自动节律性兴奋的基础（如图4-1）。

1. 浦肯野细胞

该细胞动作电位与心室肌细胞相似，但4期膜电位并不静息，而是出现自动去极化现象。在浦肯野细胞动作电位4期，K^+外流进行性衰减，即导致膜复极化的外向电流（I_K）逐渐减弱，与此同时，一种被称为起搏电流的内向电流（I_f）进行性增强，进而导致4期自动去极化，达阈电位水平时爆发动作电位。

I_f电流主要是Na^+内流引起的，但也可能有K^+参与。负载这种内向电流的通道（I_f通道）不同于心室肌细胞0期去极化的快通道，它在动作电位3期复极电位达–60 mV左右开始被激活，至–100 mV左右被充分激活。

2. 窦房结细胞

窦房结细胞动作电位的幅度小，由0期、3期和4期组成，没有1期和2期，无超射现象或超射幅度小，动作电位幅值约70 mV，最大复极电位为–60～–65 mV，阈电位约为–40

mV。窦房结细胞动作电位最显著的特征是4期自动去极化和0期去极化缓慢。

(1) 4期自动去极化：K^+外流的进行性衰减与I_f的进行性增强（主要是钠内流）导致4期自动去极化，4期末T型钙通道被激活，钙内流进一步加快除极过程，达阈电位时，激活钙通道引起动作电位。

(2) 0期去极化缓慢：当4期自动除极达到阈电位时，激活膜上的钙通道，钙内流导致0期去极化。由于钙通道是慢通道，因而窦房结细胞动作电位0期除极幅度低，速度慢。0期以后，钙通道逐渐失活，而钾通道被激活，出现K^+外流，形成动作电位降支。

（三）心肌细胞的类型

根据4期是否自动去极化，心肌细胞分为自律细胞和非自律细胞。前者如窦房结细胞和浦肯野细胞等，后者如心房肌细胞和心室肌细胞。

根据心肌细胞动作电位0期去极化速率的快慢，心肌细胞又分为快反应细胞和慢反应细胞，心室肌细胞和浦肯野细胞0期去极化由Na^+快速内流引起，去极化速率快，属于快反应细胞。窦房结细胞0期去极化由Ca^{2+}缓慢内流引起，去极化速率慢，属于慢反应细胞。

二、心肌的生理特性

心肌的生理特性包括兴奋性（excitability）、自律性（autorhythmicity）、传导性（contractivity）和收缩性（contractility）。其中兴奋性、自律性、传导性是以心肌组织跨膜生物电活动为基础的电生理特性，而心肌的收缩性则是以收缩蛋白之间的生物化学和生物物理反应为基础的电–机械耦联特性。

（一）自律性

组织细胞能在没有外来刺激时，自动发生节律性兴奋的特性，称为自动节律性（autorhythmicity），简称自律性。各种心肌自律细胞产生自律性的电生理基础是4期自动去极化现象。自律性高低以单位时间内自动发生节律性兴奋的次数即兴奋的频率来衡量。由于4期自动去极化的速率不同，各种自律细胞的自律性存在差异。

1. 心脏起搏点和窦性心率

在心脏特殊传导系统中，窦房结、房室交界（结区除外）、希氏束和浦肯野纤维等均具有自律性。但各部分的自律性高低不一，窦房结P细胞为90～100次/min，房室结为40～60次/min，浦肯野纤维为15～40次/min。窦房结的自律性最高，为正常心脏活动的起搏点（pacemaker）。其他自律组织在正常情况下受窦房结控制，不表现其自身的节律性，只起着兴奋的传导作用，所以是潜在的起搏点。以窦房结为起搏点的心脏节律性活动，称为窦性心律，以窦房结以外的部位为起搏点的心脏活动，称为异位心律。

2. 影响自律性的因素

(1) 4期自动去极化速度。除极速度快，到达阈电位所需的时间缩短，自律性增高；反之，除极速度慢，到达阈电位所需的时间延长，自律性降低。交感神经兴奋通过释放去甲肾上腺素，使4期自动去极化速度加快，因而心率加快。

(2) 最大复极电位和阈电位间的差距。最大复极电位绝对值变小或阈电位下移，两者差距缩小，膜电位去极化到达阈电位所需的时间缩短，自律性增高；反之，则自律性降低。

（二）兴奋性

兴奋性指细胞对刺激产生兴奋的能力。阈值常用作衡量心肌细胞兴奋性高低的指标。阈值高，表示心肌的兴奋性低，阈值低，则表示兴奋性高。

1. 影响兴奋性的因素

（1）离子通道的状态。钠通道有备用、激活和失活三种状态，是电压依赖性和时间依赖性通道。当膜电位处于静息水平时，钠通道虽然关闭，但处于可被激活的备用状态。在外来刺激或传导而来的局部电流影响下而发生除极时，钠通道激活开放，引起Na^+快速内流和膜的进一步除极，紧接着钠通道很快失活关闭，使Na^+内流终止。此时钠通道处于失活状态，即不能立即被再次激活开放，只有恢复到备用状态后，方能再次被激活。细胞膜上大部分钠通道是否处于备用状态，是该心肌细胞是否具有兴奋性的前提。

（2）最大复极电位或静息电位与阈电位间的差距。最大复极电位或静息电位与阈电位的差距增大，引起兴奋所需的刺激增强，兴奋性降低。反之，两者的差距减小时，兴奋性增高。

2. 心肌兴奋时兴奋性的周期性变化

心肌细胞产生一次兴奋后，兴奋性会依次发生有效不应期、相对不应期和超常期（如图4-2）的周期性变化。这些变化与跨膜电位和离子通道的状态有关。

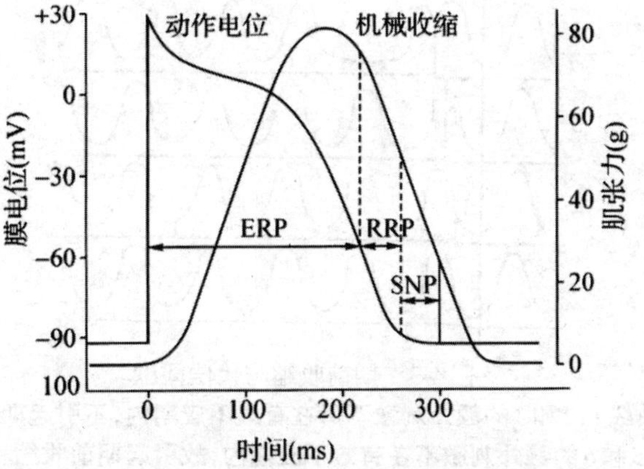

图4-2 心室肌细胞兴奋性的周期性变化及其与心肌机械收缩的关系
ERP：有效不应期；RRP：相对不应期；SNP：超常期

（1）有效不应期。从除极开始至复极达−60 mV期间，无论给予多强刺激，心肌细胞均不能产生动作电位，称为有效不应期（effective refractory period）。其中从除极开始到复极达−55 mV期间，无论给予多强刺激，心肌细胞均不产生任何反应，即兴奋性为零，称为绝对不应期（absolute refractory period）。此时，钠通道完全处于失活状态。从−55 mV复极到−60 mV这段时间内，给予强刺激可使膜发生部分除极或局部兴奋，但不能爆发动作电位。此时仅有少量钠通道刚开始复活，大部分钠通道仍处于失活状态。

（2）相对不应期。从复极−60 mV到−80 mV期间，用大于正常阈值的强刺激才能产生动作电位，称为相对不应期（relative refractory period）。此时，大部分钠通道已转为备用状态，心肌的兴奋性逐渐恢复，但仍低于正常。

（3）超常期：从复极的−80 mV到−90 mV期间，用低于正常阈值的刺激，就可引起动作电位，表明心肌的兴奋性超过正常，称为超常期（supranormal refractory period）。此时，由于膜电位靠近阈电位，所需的刺激阈值小于正常阈值。

3. 兴奋性的周期性变化与收缩活动的关系

心肌工作细胞有效不应期特别长，可达250 ~ 300 ms，相当于整个收缩期和舒张早期。在此期内，无论多强的刺激都不能使心肌发生兴奋和收缩（如图4-2）。因此，心肌不会发生强直收缩，从而保持节律性的收缩与舒张交替活动，实现泵血功能。

4. 期前收缩与代偿间歇

在心室的有效不应期之后，若受到窦房结以外的刺激，心室可产生一次正常节律以外的收缩。它发生在下一次窦房结兴奋所产生的正常收缩之前，故称为期前收缩（premature systole）。由于期前兴奋本身也存在有效不应期，紧接在期前收缩后的一次窦房结兴奋传到心室时，常落在期前兴奋的有效不应期内，因而不能引起心室兴奋和收缩，必须等到下次窦房结的兴奋传来，方能发生收缩（如图4-3）。所以，一次期前收缩之后，通常有一段较长的心脏舒张期，称为代偿间歇。

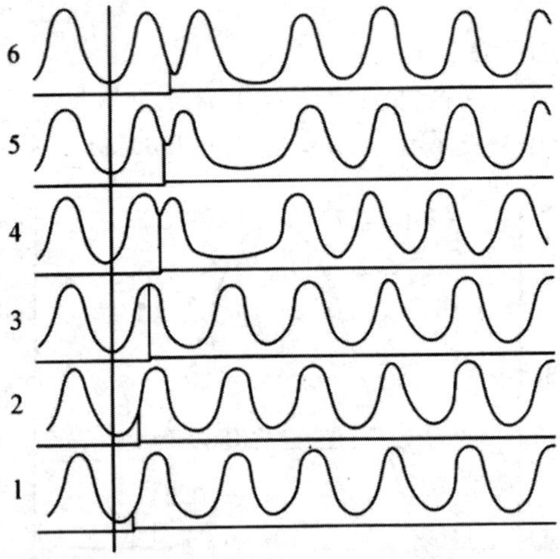

图4-3　期前收缩与代偿间歇

注：曲线1、2和3的额外刺激不落在有效不应期内，不引起期前收缩；
曲线4、5和6的额外刺激不在有效不应期内，故引起期前收缩和代偿间歇

（三）传导性

心肌的传导性是指心肌细胞之间传导兴奋的能力，通常用兴奋的传播速度来衡量传导性的高低。心肌细胞之间的闰盘为低电阻的缝隙连接（gap junction），兴奋很容易以局部电流通过缝隙连接，引起相邻细胞的兴奋，实现同步化活动，使心房和心室各自形成一个功能合胞体。

1. 心脏内兴奋传播的途径和速度

正常情况下，窦房结发出的兴奋通过心房肌传播至右心房和左心房，尤其是沿着心房肌组成的“优势传导通路”迅速传至房室交界，然后经过房室束和左、右束支传至浦肯野纤维，引起心室肌兴奋。

（1）兴奋在心脏的各个部位传导速度不同。心房肌传导速度为0.4 m/s，在窦房结与房室

交界之间有一些排列比较整齐的心房肌细胞，其传导速度较一般心房肌细胞快，约为10 m/s，称为优势传导通路。心室肌传导速度可达1 m/s。心室内传导组织的传导速度则更快，末梢浦肯野纤维传导速度可达4 m/s，而且它呈网状广泛分布于心室壁，这样房室交界传入心室的兴奋就沿着高速传导的浦肯野纤维网迅速而广泛地向左右两侧心室壁传导。很明显，这对于保持心室的同步收缩是十分重要的。房室交界区细胞的传导速度很慢，其中结区最慢，传导速度仅0.02 m/s。

（2）房室交界区兴奋传导缓慢，兴奋在这里延搁一段时间再向心室传播，使心室在心房收缩完毕之后方开始收缩，有利于心室的充盈和射血。这种房室交界区兴奋传导缓慢的现象，称为房–室延搁（atrio-ventricular delay）。

2. 影响传导性的因素

（1）心肌细胞的直径。心肌细胞兴奋的传导速度与细胞直径有关。细胞直径大，则对电流的阻力较小，局部电流传播的距离较远，兴奋传导较快。反之，细胞直径较小，则兴奋传导慢。结区细胞直径最小，传导速度最慢。

（2）0期去极化速度与幅度。一方面，0期去极化速度越快，局部电流的形成就越快，很快就促使邻近未兴奋部分膜去极化达阈电位水平，故兴奋传导快；另一方面，0期去极化的幅度越大，兴奋部位和未兴奋部位之间的电位差越大，形成的局部电流越强，兴奋传导也越快。

（3）邻近部位细胞膜的兴奋性：当邻近部位膜的膜电位和阈电位间的差距较小时，邻近部位细胞膜兴奋性较高，传导速度快；邻近未兴奋部位膜钠通道处于失活状态时（在有效不应期内），则传导阻滞；若在相对不应期或超常期内，则传导减慢。

（四）收缩性

心肌的收缩机制与骨骼肌基本相同，但因心肌的组织结构和电生理特性与骨骼肌不完全相同，因而其收缩性也具有一些自身的特点。

1.“全或无”式收缩

心房和心室各自形成一个功能合胞体，所有的心房肌细胞或心室肌细胞同步收缩，表现出“全或无”式收缩。因此，心房肌细胞或心室肌细胞要么完全不收缩，要么全部收缩。这种方式的收缩力量大，有利于心脏泵血。

2. 不发生完全性强直收缩

心肌发生一次兴奋后，有效不应期特别长，相当于整个收缩期和舒张早期。在此期间，刺激无论多大均不能引起心脏兴奋收缩，必须等有效不应期之后，方能再次兴奋。因此，心脏不会发生完全强直收缩，而始终保持着收缩与舒张交替的节律性活动，有利于心脏的充盈和射血的进行。

3. 依赖细胞外液的Ca^{2+}

心肌细胞肌浆网终末池不发达，容积小，贮Ca^{2+}量少。心肌细胞横管系统较骨骼肌发达，为细胞外Ca^{2+}进入细胞内增大了面积。因此，心肌兴奋时不仅终末池内Ca^{2+}释放入肌浆，而且依赖细胞外液中Ca^{2+}通过肌膜和横管膜进入肌浆，触发心肌收缩。细胞外液中Ca^{2+}浓度在一定范围内升高时，引起心肌收缩力增强；反之，细胞外液Ca^{2+}浓度降低，心肌收缩力减弱；细胞外液Ca^{2+}浓度很低时，心肌虽可产生动作电位，但收缩力微弱，甚至不收缩。

三、心电图

每个心动周期中，窦房结产生的兴奋依次传向心房和心室。心脏兴奋的产生和传播时所发生的电变化，通过周围组织和体液传至体表，将引导电极放于肢体或躯体一定部位，可记录到这些电变化的波形，称为心电图（elect rocardio-gram，ECG）。心电图是整个心脏在心动周期中各细胞电活动的综合向量变化。它反映了心脏兴奋的产生、传导和恢复过程中的生物电变化，与心脏的机械收缩活动无直接关系。引导电极安放的位置和连线的方式不同时，所记录到的心电图波形有所不同，但基本上都具有P波、QRS波群和T波（如图4-4）。

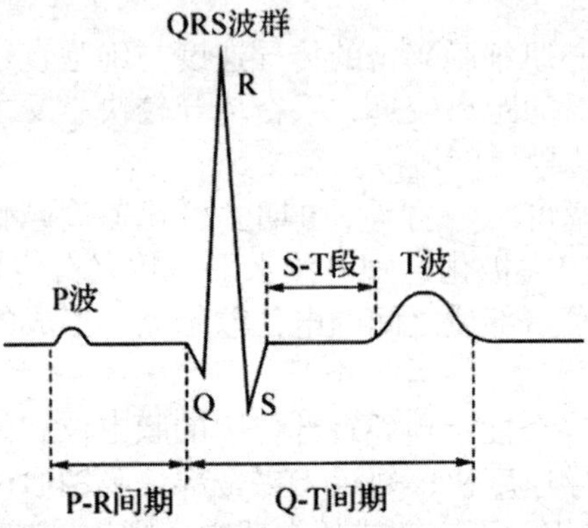

图4-4　正常人心电图的基本波形模式图

1. P波

此波代表左、右心房的去极化过程，波形小而圆钝，历时0.08 ~ 0.11 s，波幅不超过0.25 mV。

2. QRS波群

代表左、右心室去极化过程，由三个紧密相连的电位波组成，第一个是向下的Q波，随后是高而尖向上的R波，最后是向下的S波。QRS波群幅度远比P波大，这是因为心室肌组织的体积大于心房；QRS波群历时比P波短，仅0.06 ~ 0.10 s，这是因为去极化通过浦肯野纤维和心室肌的传播速度很快。

3. T波

心室的复极化产生T波，它相当于动作电位的2期末和3期。T波的波幅一般为0.1 ~ 0.8 mV。在R波较高的导联，T波不应低于R波的1/10。T波的时程明显长于QRS波。

4. P-R间期

是指从P波的起点到QRS波起点之间的时程，一般为0.12 ~ 0.20 s。它反映兴奋从窦房结产生经过特殊传导系统到达心室肌所需要的时间。P-R间期延长是房室传导阻滞的心电图特征。

5. S-T段

在QRS波群之后，电位回到或接近基线水平，直到T波开始。这段时间内心室各部分都处于去极化状态，故各引导电极之间不存在电位差。心肌损伤或心肌缺血时，常见S-T段抬高或压低。

6. Q-T 间期

是指从QRS波群开始到T波结束的一段时程。其时程与心率成反变关系，心率越快，Q-T间期越短。

7. U 波

是T波之后0.02 ~ 0.04 s可能出现的一个低而宽的波，宽0.1 ~ 0.3s，波幅大多在0.05 mV以下，其发生机制不详。

第二节　器官循环

体内各器官的血流量，一般与该器官的动、静脉压之间的压力差成正比，与该器官的血流阻力成反比。不同的器官有各自不同的生理特征和结构特点，因而调节机制也各具特色。下面主要讨论冠脉循环（coronary circulation）、肺循环（pulmonary circulation）和脑循环（cerebral circulation）的特征。

一、冠脉循环

（一）冠脉循环的解剖特点

（1）心脏的血液供应来自左、右冠状动脉。左、右冠状动脉及其分支的走向可有多种变异，6大多数人左心室前部接受左冠状动脉供血，左心室后部和右心室接受右冠状动脉供血。

（2）冠状动脉主干走行于心脏的表面，其小分支常以垂直于心脏表面的方向穿入心肌，并在心内膜下层分支成网。这种分支方式使冠脉血管容易在心肌收缩时受到压迫。

（3）心肌的毛细血管网极为丰富，毛细血管数和心肌纤维数的比例为1：1，有利于心肌与冠脉血液进行物质交换。如心肌肥厚，毛细血管数目不能相应增加，则容易导致心肌供血不足。

（4）吻合冠状动脉之间的侧支较细小，血流量很少，因而当冠脉突然阻塞时，不易很快建立侧支循环，可导致心肌梗死。但如为慢性阻塞，可有较好的侧支代偿。

（二）冠脉循环的血流特点

1. 途径短，血压高

冠状动脉直接开口于主动脉根部，且冠脉循环的途径短，故血压高，血流快，循环周期只需几秒钟即可完成。

2. 血流量大

在安静状态下，人冠脉血流量约为每100g心肌60 ~ 80mL/min，总的冠脉血流量约为225mL/min，占心输出量的4% ~ 5%。当心肌活动加强，冠脉达到最大舒张状态时，冠脉血流量可增加到静息时的5倍。

3. 心肌摄氧能力强

心肌摄氧率比骨骼肌摄氧率高约1倍。动脉血流经心脏后，其中65% ~ 70%的氧被心肌摄取。心肌靠提高从单位血液中摄取氧的潜力较小，故心肌需要更多的O_2时主要依赖增加血流量。

4. 血流量易受心肌收缩的影响

由于冠脉循环的阻力血管主要分布在心肌纤维之间，心肌收缩时，冠脉受压，血流量减少；心肌舒张时，冠脉受到的压迫解除，血流量增加。这样就形成了心舒期冠脉血流量大于心缩期冠脉血流量的特点。另外，由于左、右心室肌厚度的不同和压力的差异，左、右冠状动脉所受的挤压程度也不同。在左心室等容收缩期，由于心肌收缩的强烈压迫，左冠状动脉血流急剧减少，甚至出现血液倒流；在左心室射血时，主动脉压升高，冠脉血压随着升高，冠脉血流量增加；到减慢射血期，冠脉血流量又有下降；在等容舒张期，冠脉血流量突然增加，到舒张早期达到高峰，然后逐渐回降（如图4-5）。一般说来，左心室在收缩期血流量大约只有舒张期血流量的20%～30%。可见，主动脉舒张期血压的高低和心脏舒张期时间的长短是决定冠脉血流量的重要因素。

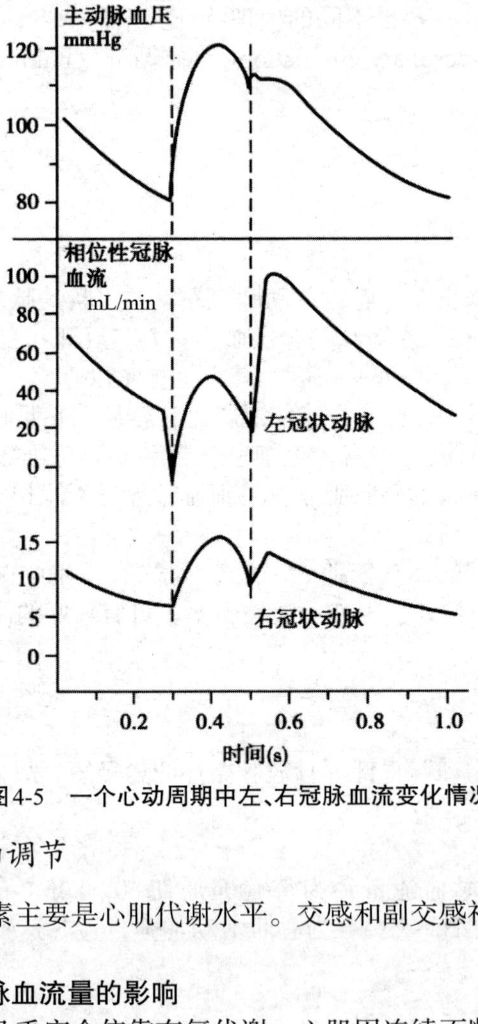

图4-5　一个心动周期中左、右冠脉血流变化情况

（三）冠脉血流量的调节

影响冠脉血流量的因素主要是心肌代谢水平。交感和副交感神经也支配冠脉，但它们的调节作用是次要的。

1. 心肌代谢水平对冠脉血流量的影响

心肌收缩的能量来源几乎完全依靠有氧代谢。心肌因连续不断地进行舒缩活动，故耗氧量较大。如前所述，心肌需要更多的O_2时主要依赖增加血流量。在肌肉运动、精神紧张等情况下，心肌代谢增强，耗氧量增加，局部组织中氧分压降低，ATP分解为ADP和AMP，后者在5'-核苷酸酶的作用下进一步分解产生腺苷。腺苷可强烈地舒张小动脉，它可能起到了最重要的作用。其他代谢产物如H^+、CO_2、乳酸、缓激肽和PGE等，也有舒张冠脉的作用。因此，冠脉血流量和心肌代谢水平成正比。

2. 神经调节

冠状动脉受迷走神经和交感神经支配。迷走神经兴奋引起冠脉舒张，但同时使心率减慢，心肌代谢减弱，抵消其直接舒张冠脉的作用。心交感神经兴奋，可激活冠脉平滑肌的α受体，但对β_2受体的激动一般不很明显，以血管收缩占优势；但此时心率加快—心肌收缩加强，耗氧量增加，故总作用表现为冠脉舒张，冠脉血流量增加。

3. 体液调节

肾上腺素、去甲肾上腺素和甲状腺激素等可增强心肌代谢，耗氧量增加，使冠脉舒张，冠脉血流量增加。肾上腺素和去甲肾上腺素也可直接作用于冠脉血管的α和β肾上腺素能受体，引起冠脉血管收缩或舒张。大剂量血管升压素可使冠脉收缩，冠脉血流量减少。血管紧张素Ⅱ也能使冠脉收缩，冠脉血流量减少。

二、肺循环

肺循环的功能是使血液在流经肺泡时与肺泡气之间进行气体交换。呼吸性小支气管以上的呼吸道由体循环的支气管动脉供血。肺循环与支气管动脉末梢之间有吻合支沟通，一部分支气管静脉血可经吻合支直接进入肺静脉和左心房，从而使主动脉血中混入1%～2%的未经气体交换的静脉血。

（一）肺循环的生理特点

1. 血流阻力小、血压低

肺动脉的分支短而粗，管壁薄，易于扩张，总横截面积大，且肺血管全部被胸内负压所包绕，故肺循环的血流阻力很小。右心室的收缩力远较左心室的弱，肺动脉压为主动脉压的1/6～1/5，平均肺动脉压约为13 mmHg。由于肺毛细血管的压力（7mmHg）低于血浆胶体渗透压，故肺组织基本上没有组织液。左心衰竭时，肺静脉压及肺毛细血管压升高，组织液生成增多而形成肺水肿。

2. 肺血容量变化大

肺部平静时的血容量约为450 mL，约占全身血量的9%。由于肺组织和肺血管的可扩张性大，故肺部血管容量变动较大，有“储血库”的作用。肺血容量在用力呼气时可减少至约200 mL，而在深吸气时可增加到约1000 mL。在每一个呼吸周期中，肺循环的血容量发生周期性变化，并对左心室输出量和动脉血压发生影响。

（二）肺循环血流量的调节

1. 神经调节

肺循环血管受交感神经和迷走神经控制。刺激交感神经直接引起肺血管收缩和血流阻力增大；但在整体情况下，因体循环的血管收缩，将一部分血液挤入肺循环，肺循环血容量增加。刺激迷走神经可使肺血管轻度舒张，肺血流阻力稍下降。

2. 肺泡气的氧分压

肺泡气氧分压可显著地影响肺血管的舒缩活动。当一部分肺泡气的氧分压降低时，肺泡周围的微动脉收缩，CO_2有协同作用。低氧的这种效应使肺泡血流量得到有效的分配，即通气不好的肺泡血流量减少，而通气好、氧分压高的肺泡血流量增加，提高肺换气效率。当吸入气中氧分压过低时，如在高海拔地区，可引起肺循环微动脉广泛收缩，肺血流阻力加大，肺动脉压明显升高，常引发肺动脉高压甚至右心肥厚。

3. 血管活性物质对血管的影响

肾上腺素、去甲肾上腺素、血管紧张素Ⅱ、血栓素A_2、组胺、5-羟色胺、前列腺素F_{2a}等能使肺循环的微动脉收缩；而前列环素、乙酰胆碱等可引起肺血管舒张。

三、脑循环

（一）脑循环的特点

1. 血流量大，耗氧量多

脑的重量虽仅占体重的2%，但其血流量却占心输出量的15%左右，约达750 mL/min，脑组织耗氧量占整个机体耗氧量的20%。脑组织代谢水平高，耗氧量大，但脑的能量储存极为有限，必须依赖血中的葡萄糖供能，因此对血流的依赖程度大。脑对缺氧或缺血极为敏感，脑血流中断10 s可导致意识丧失，中断5 min将引起不可逆性脑损伤。

2. 血流量变化较小

脑组织位于坚硬的颅腔内，容积较为固定。因脑组织的不可压缩性，脑血管的舒缩程度受到相当大的限制，血流量的变化较小。

3. 许多物质不易进入脑组织

这是由于血–脑脊液屏障和血–脑屏障存在的缘故。

（二）脑血流量的调节

1. 自身调节

脑血流量与脑动、静脉之间的压力差成正比，与脑血管阻力成反比。影响脑血流量的主要因素是颈动脉压。动脉血压降低或颅内占位性病变等引起的颅内压升高，都可引起脑血流量减少。通常，当平均动脉压变动于60 ~ 140 mmHg范围时，通过脑血管的自身调节即可保持脑血流量的相对恒定。平均动脉压低于60 mmHg时，脑血流量明显减少，引起脑功能障碍。平均动脉压高于140 mmHg时，脑血流量显著增加，容易导致脑水肿。

2. CO_2和O_2分压对脑血流量的影响

血液CO_2分压升高时，使细胞外液H^+浓度升高而引起脑血管扩张，血流量增加。过度通气时，CO_2呼出过多，动脉血CO_2分压过低，脑血流量减少，可引起头晕等症状。脑血管对O_2分压很敏感，低氧能使脑血管舒张，O_2分压升高可引起脑血管收缩。

3. 脑的代谢对脑血流的影响

在同一时间内，脑不同部位的血流量不尽相同。各部分的血流量与该部分组织的代谢活动成正比。如脑某一部位活动加强时，该部分的血流量就增多。这可能是通过代谢产物如H^+、K^+、腺苷的聚积以及O_2分压降低等，引起脑血管舒张。

4. 神经调节

脑血管接受去甲肾上腺素能神经、胆碱能神经和血管活性肠肽神经纤维的支配，但神经对脑血管活动的调节作用很小。在多种心血管反射中，脑血流量一般变化都很小。

（三）脑脊液的生成与吸收

在脑室和蛛网膜下隙中充满脑脊液，相当于脑和脊髓的组织液。正常成人脑脊液总量约有150 mL，主要是由脑室脉络丛上皮细胞和室管膜细胞分泌产生，亦有少量来自软脑膜血管和脑毛细血管滤出的液体。脑脊液主要通过蛛网膜绒毛吸收进入硬脑膜静脉窦的血液中，完成循环。正常成人每天生成与吸收的脑脊液量约为800 mL。正常人取卧位时，脑脊液压平均为10 mmHg。当脑脊液吸收发生障碍时，脑脊液压升高，可影响脑血流和脑的功能。

脑脊液的功能主要有：①保护作用，当脑受到外力冲击时，可因脑脊液的缓冲而大大减少脑的震荡；②作为脑和血液之间进行物质交换的媒介；③浸泡着脑，因浮力作用而使脑的重量减轻到仅50g左右，减轻脑对颅底部神经及血管的压迫；④回收蛋白质，由于脑组织中无淋巴管，毛细血管漏出的少量蛋白质可随脑脊液回流回血液。

（四）血–脑脊液屏障和血–脑屏障

1. 血–脑脊液屏障

脑脊液的成分不同于血浆，其蛋白质含量极少，葡萄糖、K^+、HCO_3^-和Ca^{2+}含量也较血浆低，Na^+、Mg^{2+}浓度则较血浆高。可见血液与脑脊液之间的物质交换不是被动转移过程，而是主动运输过程，即在血液和脑脊液之间存在着一种特殊屏障，称为血–脑脊液屏障（blood–cerebrospinal fluidi barrier）。这种屏障对不同物质通透性不同，如O_2和CO_2等脂溶性物质很易通过屏障，而许多离子的通透性则较低。血–脑脊液屏障的基础是无孔毛细血管壁和脉络丛细胞中运输各种物质的特殊载体系统。

2. 血–脑屏障

血液和脑组织之间也存在着类似的屏障，可限制物质在血液和脑组织之间的自由交换，称为血–脑屏障（blood-brain barrier）。脂溶性物质如O_2、CO_2、乙醇及某些麻醉药易于通过血–脑屏障，而青霉素、胆盐、H^+、HCO_3^-和非脂溶性物质则不易透入脑组织。其通透性大小并不完全与分子大小有关，如葡萄糖和氨基酸的通透性较高，而甘露醇、蔗糖和许多离子的通透性则很低，甚至不能通透，说明脑内毛细血管处的物质交换和身体其他部分的毛细血管并不相同，也是一种主动转运过程。毛细血管的内皮、基膜和星状胶质细胞伸出的血管周足等结构可能是血–脑屏障的形态学基础。此外，毛细血管壁对各种物质特殊的通透性也与这种屏障作用有重要关系。

血–脑脊液屏障和血–脑屏障的存在，可防止血液中有害物质侵入脑组织。对保持脑组织周围化学环境的稳定有重要意义，循环血液中的乙酰胆碱、去甲肾上腺素、多巴胺、甘氨酸等物质不易进入脑，有利于保证脑内神经元的正常活动。脑损伤、脑肿瘤等可导致毛细血管的通透性增高，引起脑脊液的理化性质、血清学和细胞学特性的改变。

在脑室系统，脑脊液和脑组织之间为室管膜所分隔；在脑的表面，脑脊液和脑组织之间为软脑膜所分隔。室管膜和软脑膜的通透性都很高，脑脊液中物质很容易通过室管膜或软脑膜进入脑组织。因此，临床用药时，应考虑这些屏障的存在，可将不易通过血–脑屏障的药物直接注入脑脊液，使之能较快地进入脑组织。

第五章　呼　　吸

第一节　肺　通　气

一、呼吸道的结构特征和功能

呼吸道也称气道，包括鼻、咽、喉、气管和支气管，是气体进出肺脏的管道，临床上通常以环状软骨下缘为界把鼻、咽、喉称为上呼吸道，气管、支气管及其在肺内的分支称为下呼吸道。通气功能是呼吸道的主要功能，呼吸道黏膜内壁有丰富的毛细血管网，并有黏液腺分泌黏液，这些结构特征使吸入的空气在到达肺泡之前就得到湿润和加温，并对吸入气体中的尘埃或以鼻毛阻挡其进入，或是通过黏膜上皮的纤毛运动将其排出，从而使肺泡获得较为洁净的空气。

气管由许多不完全的环状软骨、平滑肌和弹性纤维所组成。气管与支气管的结构很像一棵倒立的树，气管向下分为左右支气管。进入肺门后反复分支，若以气管为0级，可不断分支至23级，最后以呼吸性细支气管与肺泡管接通。随着气管的分支，软骨组织逐渐减少以至消失，而平滑肌组织却相对增多。故呼吸时，气管的管径变化很小，也不因平滑肌舒缩而有显著改变。但在支气管和细支气管处，却因软骨组织减少，平滑肌的舒缩对管径的影响较大，从而成为影响气道阻力的主要部位。

呼吸道管径接受神经和体液调节：呼吸道平滑肌受迷走神经和交感神经的双重支配。迷走神经兴奋时，其节后纤维末梢释放的递质是乙酰胆碱（ACh），与气管平滑肌上的M型胆碱能受体结合，使气管平滑肌收缩，支气管和细支气管管径变小，气道阻力随之增加；交感神经的作用与此相反，当交感神经兴奋时，其节后纤维末梢释放的递质是去甲肾上腺素（NE），与气管平滑肌上的β_2型肾上腺素能受体结合，使气管平滑肌舒张，支气管和细支气管管径增大，气道阻力随之下降。一些体液因素如组胺、5-羟色胺和缓激肽等，可以引起呼吸道平滑肌的强烈收缩。此外，某些过敏源在支气管黏膜上发生抗原抗体反应时，产生一种“慢反应物质”，能引起平滑肌的痉挛。支气管哮喘的发作与组胺或“慢反应物质”的释放有密切的关系。肾上腺髓质分泌的肾上腺素和去甲肾上腺素作用于呼吸道平滑肌上的β_2受体，有舒张呼吸道平滑肌的作用。因此，临床上常用拟交感药物，如β_2受体激动剂异丙肾上腺素使支气管平滑肌舒张，从而降低气道阻力，缓解支气管哮喘。

二、肺泡的结构和功能

肺泡是由上皮细胞构成的微小气泡，与肺泡管相连，是肺内进行气体交换的结构。

（一）肺泡的结构

肺泡直径为80～250μm。两肺约有3亿个肺泡。肺泡壁由肺泡单层上皮细胞及支持它的网织性基膜构成。肺泡上皮细胞分为两型：Ⅰ型细胞（又称扁平细胞），呈鳞状，相互连接成薄膜状，覆盖约95%的肺泡表面；Ⅱ型细胞（又称分泌上皮细胞），呈圆形或立方形，分散存在于Ⅰ型细胞之间，约占肺泡总面积的5%，具有分泌功能，能合成和分泌肺泡表面活性物质。肺泡与肺泡之间的结构称肺泡膈，膈内有丰富的毛细血管网、弹力纤维及少量的胶原纤维等，使肺具有一定的弹性，对维持肺泡气道的稳定开放具有重要意义。

（二）呼吸膜

肺泡气体与肺毛细血管血液之间进行气体交换时，气体扩散所通过的组织结构，即肺泡–毛细血管膜，称为呼吸膜（respiratorymembrane）。其平均厚度不到1 μm（0.2～0.6μm），具有很大的通透性。人两肺呼吸膜的总面积可达70m^2，在安静状态下，约有40m^{2}参与呼吸活动，即能充分满足在短时间内所必需的气体交换量。呼吸膜在电子显微镜下可分为6层，自肺泡内表面向外依次为：含肺泡表面活性物质的液体分子层、肺泡上皮细胞层、肺泡上皮基底膜层、由胶原纤维和弹性纤维交织成网的间质层、毛细血管基膜层和毛细血管内皮层（如图5-1）。

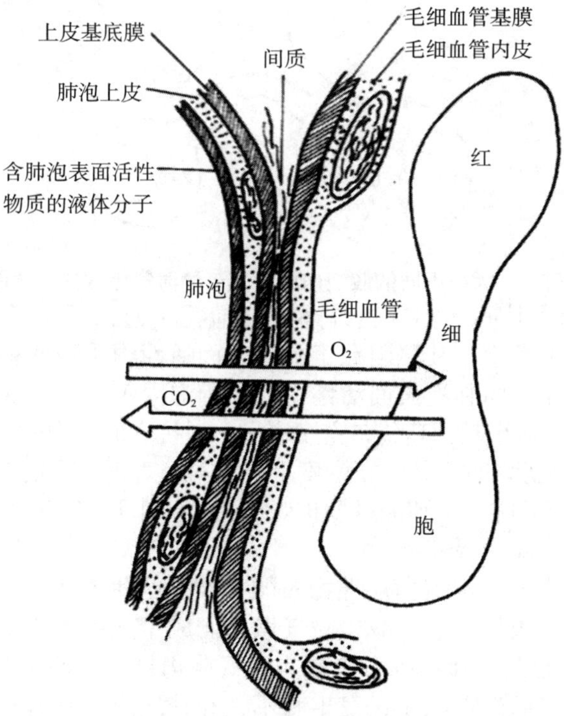

图5-1 呼吸膜结构示意图

（三）肺泡表面活性物质

肺泡壁上的Ⅱ型细胞分泌的肺泡表面活性物质（pulmonary surfactant）是一种复杂的脂蛋白混合物，其主要成分是二软脂酰卵磷脂（dipalmitoyl phosphatidyl choline，DPPC），它的极性端插入水中，非极性端伸入肺泡气中，以单分子层分布在液-气界面上，其分布密度可随肺泡的张缩而发生相应变化。

肺泡表面活性物质的作用是降低肺泡表面张力。肺泡内表面液体层与肺泡气之间形成液-气界面，由于界面液体分子间的吸引力大于液-气分子间的吸引力，因而产生表面张力。肺泡表面张力是使肺泡回缩的力量，肺扩张后的回缩力，除小部分来自肺弹性组织外，约2/3来自肺泡表面张力。单分子层的DPPC掩盖其下面的液体使其不与肺泡气接触，DPPC分子之间及与液体分子之间吸引力较小，因此能有效降低使肺泡回缩的肺泡表面张力。据测定，DPPC可使肺泡平静呼气末的表面张力降至1×10^{-4}N/cm以下，比血浆的5×10^{-4}N/cm低得多。

肺泡表面活性物质降低肺泡表面张力的生理意义有如下三点。

（1）维持肺泡容积的相对稳定。

据Laplace定律，吹胀的液泡的内缩压（P）与液泡表面张力（T）成正比，与液泡的半径（r）成反比，即：

$$P=\frac{2T}{r}$$

因此，吹胀的两个大小不等而有孔道相连的液泡，小液泡的内缩压较高，其中气体势必流入大液泡，最终致小液泡萎缩（如图5-2）。

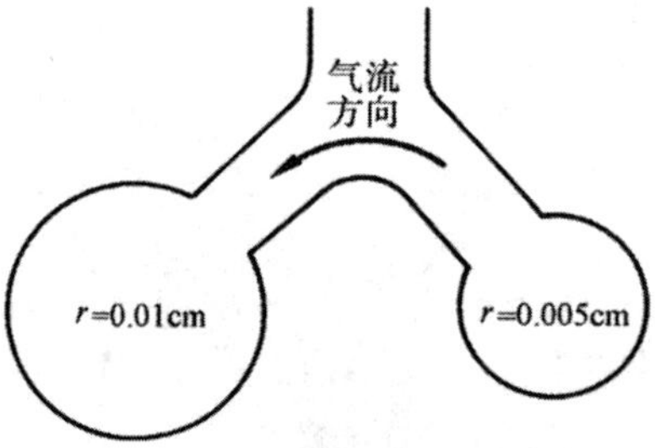

图5-2　大小不同的液泡内压及其连通时气流方向示意图

肺泡直径大小不同，其间除小气道外还有肺泡孔相通，呼气后的小肺泡也会倾向于萎陷，但通常这种情况并不发生，其原因在于肺泡表面活性物质降低表面张力的能力与其在表面的分子分布密度成正比，而肺泡表面活性物质在肺泡内表面分布的密度又随着肺泡张缩发生相应的改变。每当肺泡缩小时，其分布密度增大，对抗表面张力的能力也随之增大，可防止肺泡过度缩小；而当肺泡扩张时，其分布密度下降，对抗表面张力的能力也随之下降，结果肺泡表面张力相应增大，有效防止了肺泡过度扩张，而使大小肺泡容积各自保持相对稳定。

（2）降低吸气阻力，减少吸气做功。

吸气时肺泡扩张，由于肺泡表面活性物质能有效降低使肺泡回缩的肺泡表面张力，使肺泡易于扩张，从而降低了吸气阻力，减少吸气做功。成年人患肺炎、肺血栓等疾病时，可因肺泡表面活性物质减少而发生肺不张，表现为吸气阻力增加，吸气功增大，发生吸气困难。早产儿也可因缺乏肺泡表面活性物质，发生肺不张和肺泡内表面透明质膜形成，造成呼吸困难，称为呼吸窘迫综合征，可导致死亡。

（3）防止体液在肺泡积聚。

肺泡表面张力会使肺泡回缩，若肺泡表面张力较大时，肺泡隔组织间隙势必会随之扩大，将导致组织间隙静水压降低，使自毛细血管滤出的液体过多而形成肺水肿。但是，肺泡表面张力引起的这种液体自肺毛细血管滤出的压力，由于有肺泡表面活性物质的存在，可减少约20mmHg，使有效滤过压实际上为负值，从而有效地防止了液体在肺泡积聚，保证了肺换气的正常进行。

三、肺通气原理

（一）肺通气的动力

气体之所以能进出肺是靠压力差的推动。肺与外界的压力差是靠呼吸肌的舒缩引起胸廓与肺的张缩，改变了肺内压所致。因此，呼吸肌收缩与舒张产生的呼吸运动是肺通气的原动力。

1. 呼吸运动

呼吸肌收缩与舒张引起的胸廓扩大和缩小称为呼吸运动（respiratory movement），包括吸气运动和呼气运动。主要的吸气肌有膈肌和肋间外肌，主要的呼气肌有肋间内肌和腹肌。此外，还有吸气辅助肌，如斜角肌、胸锁乳突肌等参与吸气过程。

呼吸时，吸气运动主要是由膈肌和肋间外肌收缩完成的。膈肌介于胸腔和腹腔之间，形成了胸腔的底壁。膈肌状如钟罩，由于胸膜腔内负压和腹腔内器官的挤压，膈肌向上隆起，一般左侧隆起较低，右侧隆起较高。膈肌收缩时，隆起部分向下移位，膈肌收缩愈强，膈肌下移的位置也愈低，使胸廓的上下径延长，扩大了胸腔容积，产生吸气运动。人的肋骨共12对，在后面与脊柱形成关节，向前下方斜行环抱胸腔。肋骨之间有两层斜行肋间肌。肋间外肌从上一肋骨的后端斜向终止于下一肋骨的前上缘。当肋间外肌收缩时，肋骨沿肋脊关节旋转轴上举，胸骨也随之上移，使胸腔前后径增大；同时，肋骨向上移位时，其下缘也略向外侧偏转，从而使胸腔的左右径也增大，产生吸气运动（如图5-3）。

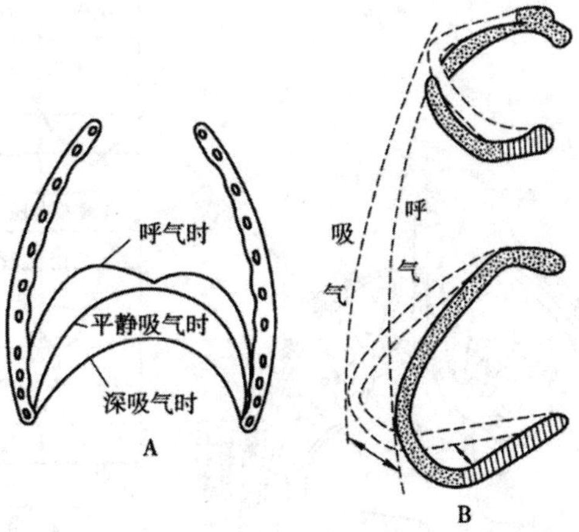

图5-3 胸腔容积随呼吸运动变化示意图

A.膈肌收缩引起胸腔上下径的变化；B.肋间内、外肌收缩引起胸腔的前后径和左右径的变化

人呼吸运动的频率和深度，经常随着机体活动而变化。在安静状态下呼吸运动平稳缓和，正常成年人的呼吸频率为12～18次/分，这种安静状态下的呼吸称为平静呼吸（eupnea）。在平静呼吸时，吸气动作主要是膈肌和肋间外肌收缩，使胸腔上下径、左右径和前后径增大；呼气动作则是膈肌与肋间外肌舒张，肋骨和胸骨借重力作用而恢复原位，膈肌也被腹腔器官的推挤和胸膜腔负压吸引而恢复原位，胸腔随之缩小，产生呼气。可见，在平静呼吸过程中，吸气运动有吸气肌收缩，是主动的；而呼气运动是吸气肌舒张，是被动的。

当人体活动增强、新陈代谢加快时，呼吸运动会相应加深、加快，这种呼吸称为用力呼吸（forced breathing）。在用力呼吸时，吸气动作不仅是膈肌和肋间外肌的收缩，还有吸气辅助肌（如斜角肌、胸锁乳突肌、胸肌及背肌等）也参与吸气运动，呼气时则有肋间内肌和腹肌等参与。肋间内肌的肌纤维是从前上到后下，当其收缩时，肋骨和胸骨则是下移并向前偏斜，使胸腔前后径和左右径缩小，以加强呼气运动；腹肌收缩推举腹腔脏器向上使膈肌上移，胸廓上下径缩小。可见，用力呼吸时，无论吸气还是呼气都是主动的过程。

呼吸时，以肋间肌舒缩、胸部起伏为主的呼吸运动称为胸式呼吸（thoracic breathing）。以膈肌舒缩伴随腹部起伏为主的呼吸运动称为腹式呼吸（abdominal breathing）。小儿及男性以腹式呼吸为主；女性在妊娠时，膈肌活动受限，以胸式呼吸为主。但一般情况下，人的呼吸方式是以腹式和胸式混合式呼吸为多见。

2. 肺内压

肺内压（intrapulmonary pressure）是指气道和肺泡内气体的压力。肺通过呼吸道与外界相通，在呼吸暂停、呼吸道通畅时，肺内压与大气压相等。在呼吸过程中，气体之所以能进出肺泡，是因肺泡与大气之间存在着一定的压力差，气体从压力高处流向压力低处。吸气之初，由于肺随着胸廓扩大而增大了容积，肺泡内原有气量未变，致使肺内压力下降而低于大气压，空气即借此压力差通过呼吸道从外界进入肺泡；到吸气末期，进入的空气已充满了扩大的肺容积，肺内压又与大气压相等。呼气时，肺容积缩小，气体被压缩，于是肺内压高于大气压，肺泡内气体通过呼吸道流向外界；至呼气末期，肺内压又与大气压相等。

肺内压的变化与呼吸运动的深浅、缓急和呼吸道的通畅程度有关。平静呼吸时，呼吸和缓，进出气量较少，肺内压的变化幅度也较小。吸气之初肺内压低于大气压 1 ~ 2 mmHg，即肺内压为 –1 ~ –2 mmHg。呼气之初，肺内压则高于大气压 1 ~ 2 mmHg（如图 5-4）。

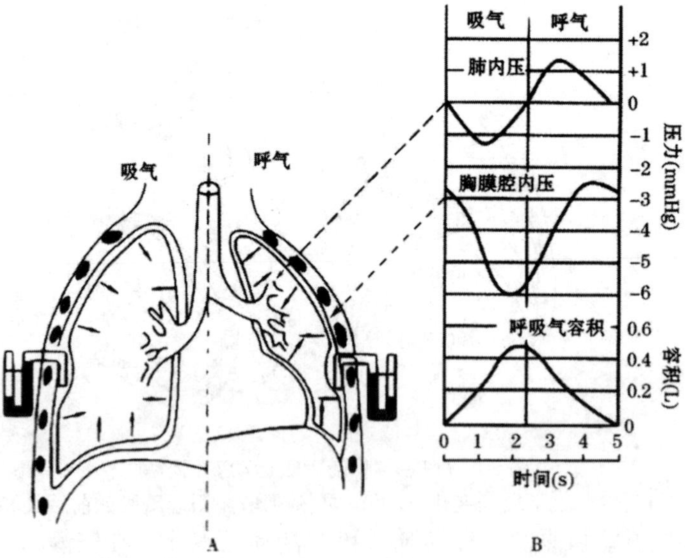

图 5-4　吸气和呼气时肺内压、胸膜腔内压、呼吸气容积的变化以及胸膜腔内压直接测量示意图

A. 胸膜腔内压测量示意图；B. 肺内压、胸膜腔内压、呼吸气容积的变化

在用力呼吸时，呼吸运动加深、加快，肺内压的变化幅度也随之增大。如果呼吸道不通畅或阻塞时，肺内压变化更大。如故意紧闭声门而尽力做强烈的呼吸动作，则吸气时肺内压可降低到−30 ~ −100 mmHg，而呼气时则可高于大气压60 ~ 140 mmHg。

3. 胸膜腔内压

胸膜腔内压（intrapleural pressure）是指胸膜腔内的压力，简称胸内压。胸膜腔是由脏层胸膜和壁层胸膜紧密相贴形成一种密闭的潜在腔隙，胸膜腔内有少量浆液。这些浆液有润滑作用，可减少呼吸运动时两层胸膜间的摩擦，而且由于液体分子的吸附作用，使两层胸膜互相紧贴，不易因胸廓增大或减小而分开，从而保证呼吸运动中肺能紧贴胸廓内侧，随胸廓的大小变化而变化。

胸膜腔内压可用连有检压计的针头刺入潜在的胸膜腔内测得。在平静呼吸过程中，胸膜腔内压较大气压低，若以大气压为0计，则胸膜腔内压为负压，故称为胸膜腔内负压（简称胸内负压）。胸膜腔负压的形成与肺和胸廓的自然容积不同有关。出生之后，人胸廓的发育较肺为快，使胸廓的自然容积明显大于肺的自然容积，由于两层胸膜紧紧贴在一起且密闭，肺受胸廓向外牵引而始终处于扩张状态，被扩张的肺所产生的回缩力向内牵拉脏层胸膜，而使密闭的胸膜腔产生负压。

胸膜腔内负压实际上是作用于胸膜表面的压力间接形成的。壁层胸膜的表面受到胸廓组织的保护（骨骼和肌肉），故不受大气压的影响。脏层胸膜表面的压力有两个：其一是肺泡内的压力，即肺内压，吸气末或呼气末与大气压相等，它使肺处于扩张状态；其二是肺组织由于被动扩张而产生的弹性回缩力，其作用方向与肺内压相反，因此胸膜腔内的压力为

胸膜腔内压=肺内压（大气压）−肺回缩力

若以大气压力为零位标准，肺处于静止状态时，则：

胸膜腔内压=−肺回缩力

由于胸膜腔内负压是肺回缩力形成的，因此，吸气时，胸廓扩大，肺进一步被扩张，回缩力增大，胸膜腔内负压也增大；呼气时则相反，胸膜腔内负压减小。正常人平静呼气末胸膜腔内压为−3 ~ −5 mmHg，平静吸气末为−5 ~ −10 mmHg，用力吸气时可达−30 ~ −80 mmHg，呼气时，胸膜腔内负压减小，紧闭声门用力呼气，胸膜腔内压甚至可以成为正值。

胸膜腔内负压的生理意义有：①使肺和小气道维持在扩张状态，不致因肺回缩力而使肺完全塌陷，并使肺随胸廓的张缩而张缩；②胸膜腔为负压，可增大纵膈内腔静脉和胸导管的跨壁压，使管壁扩张，有助于静脉血和淋巴的回流。位于胸腔内的腔静脉、胸导管等由于管壁薄，胸膜腔内负压可使其被动扩张，管内压下降，有利于回流。

当胸膜腔的密闭性遭到破坏时，空气立即进入胸膜腔，形成气胸（pneumothorax）。气胸时，胸膜腔内负压减小或消失，两层胸膜彼此分开，肺将因回缩力而塌陷，严重影响通气功能；胸腔大静脉和淋巴回流也将受阻，甚至因呼吸、循环功能严重障碍而危及生命。

（二）肺通气的阻力

呼吸时，呼吸肌运动所产生的动力必须克服啼通气的阻力才能实现肺的通气功能。肺通气的阻力包括弹性阻力和非弹性阻力两种。

1. 弹性阻力

外力作用于弹性物体使之变形时所遇到的阻力称为弹性阻力（elastic resistance）。弹性阻力大者不易变形，弹性阻力小者易变形。呼吸器官的弹性阻力包括肺的弹性阻力和胸廓的

弹性阻力两方面，是平静呼吸时的主要阻力，约占肺通气总阻力的70%。

（1）肺的弹性阻力。肺的弹性阻力来自肺的弹性回缩力，有2/3左右来自肺泡表面液−气界面所产生的肺泡表面张力，1/3左右来自肺内弹力纤维，两者共同形成阻止肺扩张的力量。在正常情况下，肺总是处于一定的扩张状态，因此肺总是表现有弹性阻力。

（2）胸廓的弹性阻力。胸廓的弹性阻力来自胸廓的弹性成分，胸廓处于自然位置时的肺容量，相当于肺总容量的67%左右，此时胸廓无变形，不表现有弹性阻力。只有当它扩张或缩小发生弹性变形时，才具有回到原来自然位置的力出现，即出现弹性阻力。当肺容量小于肺总容量的67%（如过度呼气）时，胸廓被牵引向内而缩小，其弹性阻力向外，是呼气的阻力，但却是吸气的动力；相反，当肺容量大于肺总容量的67%（如深吸气）时，胸廓被牵引向外而扩大，其弹性阻力向内，是吸气的阻力，但却是呼气的动力。所以，胸廓的弹性阻力既可能是吸气或呼气的阻力，也可能是吸气或呼气的动力，这要视胸廓的位置所定，这与肺的情况不同，肺的弹性阻力总是吸气的阻力。

（3）肺与胸廓的顺应性。顺应性（compliance）是指在外力作用下弹性组织的可扩张性。在静态情况下，外来压力克服弹性阻力所引起的容积变化可反映顺应性的大小，所以，一般用顺应性来度量弹性阻力。顺应性能够反映压力、弹性阻力和扩张度三者之间的关系，在同样压力作用下，容易扩张者，顺应性大，弹性阻力小；不易扩张者，顺应性小，弹性阻力大。可见，顺应性是弹性阻力的倒数，即顺应性（C）与弹性阻力（R）成反变关系：

$$\text{顺应性}（C）=\frac{1}{\text{弹性阻力}(R)}$$

顺应性的大小通常用单位压力变化下所能引起的容积变化来表示。

$$\text{顺应性}（C）=\frac{\text{容积改变}(\Delta V)}{\text{压力改变}(\Delta P)}$$

①肺的顺应性：指在一定的跨肺压（即肺内压与胸膜腔内压之差）作用下所产生的容量变化。测定时，先将导管送入食管，在呼吸暂停时，测定食管内压（食管内压近似胸膜腔内压）。吸入一定量空气后，再暂停呼吸，测定食管内压，由先后两次食管内压差（ΔP）和吸入气体的量（ΔV），即可算出顺应性。正常成年人平静呼吸时约为0.2 L/cmH_2O。在肺充血、肺水肿及肺纤维化等病变情况下，肺组织比较坚硬，弹性阻力增大，肺的顺应性减小，此时吸气必须更加用力，产生更大的胸膜腔内负压，才能有足够的肺通气量。

②胸廓的顺应性：指在一定跨壁压（大气压与胸膜腔内压之差）作用下胸廓的容积变化。用间接方法可测出正常情况下胸廓的顺应性约为0.2 L/cmH_2O。胸廓的顺应性可因肥胖、胸廓畸形、胸膜增厚和腹内占位病变等而降低。

③肺和胸廓的总顺应性：肺和胸廓总弹性阻力为两者弹性阻力之和，而顺应性为弹性阻力的倒数，故肺和胸廓的总顺应性可用下列公式计算：

$$\frac{1}{\text{肺和胸廓总顺应性}}=\frac{1}{\text{肺顺应性}}+\frac{1}{\text{胸廓顺应性}}$$

正常肺和胸廓的总顺应性可由此公式算出，约为0.1 L/cmH_2O。

2. 非弹性阻力

非弹性阻力（non-elastic resistance）主要是指气流通过呼吸道时产生的气道阻力、呼吸运动中呼吸器官移位的惯性阻力以及组织的黏滞阻力。非弹性阻力约占呼吸总阻力的30%。

非弹性阻力只在呼吸动态过程中才表现出来，属于动态阻力。非弹性阻力的大小主要与呼吸运动的速度和深度有关，平静呼吸时，气流速度缓慢，非弹性阻力很小。

气道阻力（airway resistance）是非弹性阻力的主要成分，占非弹性阻力的80%～90%，它主要是气流通过呼吸道时气流与管壁间产生的摩擦阻力和气体分子间的摩擦力。健康人平静呼吸时，总气道阻力为1～3 cmH_2O/（L/s）（L/s为单位时间内气体流量）。

气道阻力受气流速度、气流形式和气道管径等因素影响。呼吸运动加深加快时，气道阻力因气流速度加快而增大，而且还因气流出现湍流增多而增大。气道管径的改变是影响气道阻力的另一个重要因素，管径变小则气道阻力增大，管径变大则气道阻力减小。气道管径主要受三方面因素影响。一是气道内外压力差，吸气时胸膜腔内压下降，气道周围的压力下降，跨壁压增大，管径被动扩大，阻力减小；呼气时则相反，管径缩小，阻力增大。因此，支气管哮喘患者呼气比吸气时更为困难。二是自主神经调节气管平滑肌的舒缩，迷走神经兴奋使气管平滑肌收缩，管径缩小而阻力增大；交感神经兴奋则使气管平滑肌舒张，管径增大而阻力下降，呼吸更为畅通。故临床上常用拟肾上腺素能药物解除支气管哮喘患者的呼吸困难。三是体液中化学物质影响气管平滑肌的舒缩，如血液中儿茶酚胺使气管平滑肌舒张；过敏反应时由肥大细胞释放的组胺、白三烯（慢反应物质）等物质使气管平滑肌收缩。近来发现气管上皮合成释放的内皮素可使气管平滑肌收缩，提示内皮素可能参与哮喘的病理过程。

四、肺容积和肺容量

（一）肺容积

肺容积（pulmonary volume）是指四种互不重叠的呼吸气量，全部相加后等于肺总容量。

1. 潮气量

平静呼吸时，每次吸入或呼出的气量称为潮气量（tidal volume，TV）。因一吸一呼，似潮汐涨落，故名潮气量。正常成年人平静呼吸时，潮气量为400～600 mL，平均约500 mL。

2. 补吸气量

平静吸气末，再尽力吸入的气量称为补吸气量（inspiratory reserve volume，IRV），也称吸气储备量。正常成年人为1500～2000 mL。

3. 补呼气量

平静呼气末，再尽力呼出的气量称为补呼气量（expiratory’ reserve volume，ERV），也称呼气储备量。正常成年人为900～1200 mL。

4. 残气量

残气量（residual volume，RV）指最大呼气后存留于肺内不能呼出的气量。正常成年人为1000～1500 mL。

（二）肺容量

肺容量（pulmonary capacity）是肺容积中两项或两项以上的联合气量（如图5-5）。

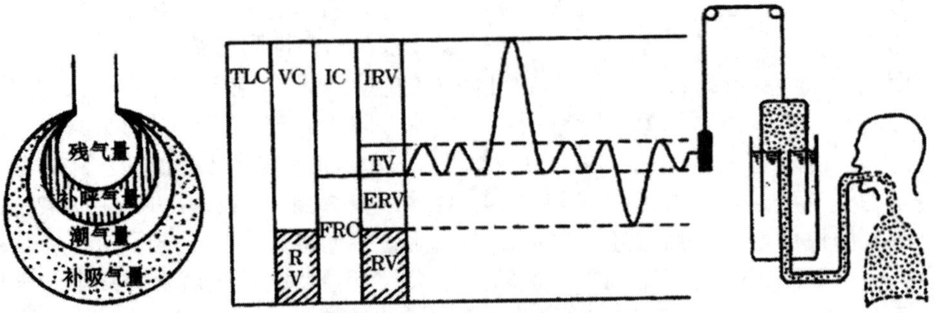

图5-5　肺量计检测与基本肺容积和肺容量图解
TV：潮气量；IRV：补吸气量；ERV：补呼气量；RV：残气量；
FRC：功能残气量；IC：深吸气量；VC：肺活量；TLC：肺总量

1. 深吸气量

从平静呼气末做最大吸气时所能吸入的气量为深吸气量（inspiratory zapacity，IC），它等于补吸气量与潮气量之和，是衡量最大通气潜力的一个重要指标。胸廓胸膜、肺组织和呼吸肌等的病变可使深吸气量减少，最大通气潜力降低。

2. 功能残气量

功能残气量（functional residual capacity FRC）是指平静呼气末肺内存留的气量，即补呼气量和残气量之和。功能残气量代表了吸气肌处于松弛状态时的肺容量，它对每次呼吸时肺泡内氧分压（P_{O_2}）和二氧化碳分压（P_{CO_2}）变化起着缓冲作用。由于功能残气量的稀释作用，在吸气时，肺泡内P_{O_2}不致突然升得太高，P_{CO_2}不会降得太低；同样，呼气时，肺泡内P_{O_2}也不致于降得太低，P_{CO_2}不致升得太高。这样肺泡气和动脉血中P_{O_2}和P_{CO_2}不会随呼吸发生大幅度波动，有利于在呼吸运动过程中保持气体交换持续进行。肺弹性降低、呼吸道狭窄致通气阻力增大时，可使功能残气量增加。

3. 肺活量、用力肺活量和用力呼气量

最大吸气后，从肺内所能呼出的最大气量称为肺活量（vital capacity，VC），是潮气量、补吸气量和补呼气量之和。肺活量有较大的个体差异，与身材大小、性别、年龄、呼吸肌强弱等有关。正常成年男性平均约为3500 mL，女性约为2000 mL。

肺活量反映了肺一次通气的最大能力，在一定程度上可作为评价肺通气功能的指标。但由于测定肺活量时不限制呼气的时间，所以不能充分反映肺组织的弹性状态和气道的通畅程度。例如，某些患者肺组织弹性降低或呼吸道狭窄，通气功能已经受到损害，但是如果延长呼气时间，所测得的肺活量可以是正常的。因此，为了能更全面地评价肺通气功能，又进一步提出了用力肺活量和用力呼气量两个测定指标，用来反映一定时间内所能呼出的最大气量。用力肺活量（forced vital capacity，FVC）是指一次最大吸气后，尽力尽快呼气所能呼出的最大气体量。正常情况下用力肺活量略小于在没有时间限制下测得的肺活量。用力呼气量（forced expiratory volume，FEV）过去称为时间肺活量（timed vital capacirv，TVC），是指一次最大吸气后再尽力尽快呼气时，在一定时间内所能呼出的气体量，通常以它所占用力肺活量的百分数表示。正常时，第1秒的FEV（FEV）约为FVC的83%，第2秒的FEV（FEV_2）约为FVC的96%，第3秒的FEV（FEV_3）约为FVC的99%（如图5-6）。其中，第1秒钟内呼出的气体量称为1秒用力呼气量（FEV_1），在临床上最为常用。阻塞性肺疾病患者，FEV_1/FVC显著下降（低于65%）。用力呼气量是一种动态指标，不仅反映肺活量容量的大小，而且反映了呼吸所遇阻力的变化，所以是评价肺通气功能的较好指标。

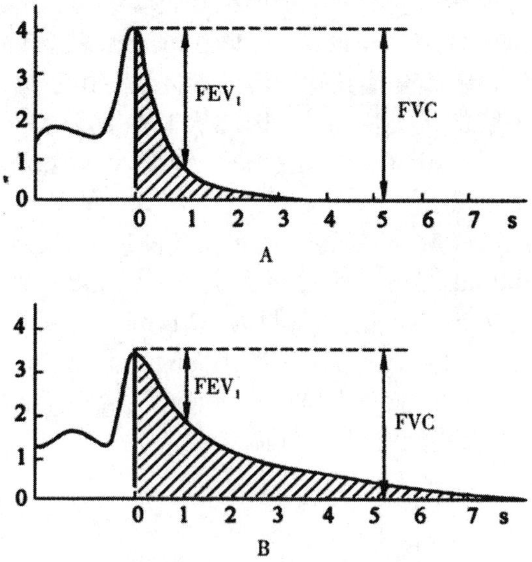

图5-6 用力肺活量(Fvc)和用力呼气量(FEv)
A.正常人；B.气道狭窄患者
纵坐标的“0”等于残气量；横坐标为时间(秒)

4. 肺总容量

肺所能容纳的最大气量，称为肺总容量（total lung capacity，TLC），它等于肺活量与残气量之和。正常成年男性平均约为5000 mL，女性约为3500 mL。

五、肺通气量

肺通气量是指单位时间内进出肺的气体量。与肺容量相比，肺通气量能更好地反映肺通气的功能。

（一）每分通气量和最大通气量

每分通气量（minute ventilation volume）是指每分钟呼出或吸入的气体量。每分通气量的多少取决于呼吸深度（潮气量大小）和呼吸频率。即

每分通气量=潮气量×呼吸频率（次/分）

平静呼吸时，呼吸频率随年龄、性别的不同有所不同。新生儿为60～70次/分，随着年龄增长逐渐减慢，正常成人为12～18次/分。每分通气量也随体内新陈代谢率而变化，成人在平静呼吸时为6～8 L/min。

最大通气量（maximal voluntary ventilation）是指以最大的呼吸深度和最快的呼吸速度每分钟所达到的通气量。最大通气量是了解肺通气功能的良好指标，它既反映肺活量的大小，又反映胸廓和肺组织是否正常及呼吸道是否通畅等情况。正常成人最大通气量可达150

L/min。

（二）肺泡通气量和无效腔

上呼吸道至呼吸性细支气管以前的呼吸道因无呼吸膜结构，不参与气体交换过程，故将这部分呼吸道容积称为解剖无效腔（anatomical dead space），成年人其容积约为150 mL。每次吸气能进行气体交换的气体量应是能到达肺泡的气体量，由于解剖无效腔的存在，进入肺泡的气量应等于潮气量减去解剖无效腔气量。因此从气体交换的角度考虑，真正有效的通气量是肺泡通气量（alveolar ventilation），它是指每分钟进入肺泡或由肺泡呼出的气体量，由下式表示：

$$肺泡通气量=(潮气量-无效腔气量)\times 呼吸频率$$

如果某人潮气量为500 mL，解剖无效腔气量为150 mL，则每次吸入肺泡的气量是350 mL，若呼吸频率为12次/分，则肺泡通气量为4.2 L/min。

当潮气量减半而呼吸频率加倍或呼吸频率减半而潮气量加倍时，每分通气量不变，但肺泡通气量则发生很大变化。因此，浅而快呼吸的肺泡通气量比深而慢呼吸明显减少，从气体交换的效果看，适当深而慢的呼吸更有利于气体交换。

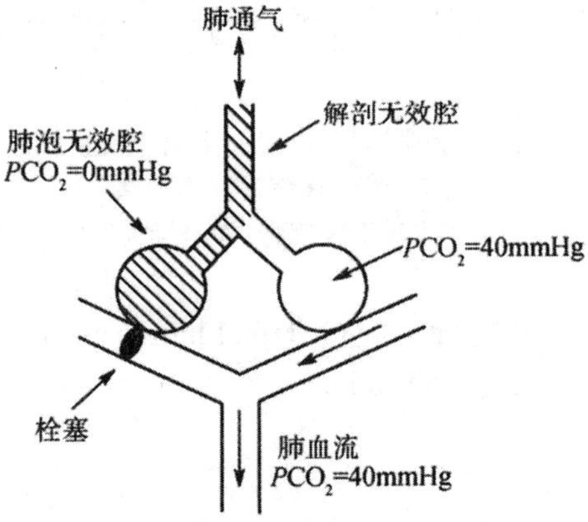

图5-7　无效腔示意图

此外，进入肺泡的气体也可因血流在肺内分布不均而未能都与血液进行气体交换，未能进行气体交换的这一部分肺泡容量称为肺泡无效腔（alveolar dead space）（如图5-7）。人直立时，肺叶顶部有一些肺泡常得不到足够血液供应，不能充分进行气体交换，肺泡无效腔增大。解剖无效腔加上肺泡无效腔合称为生理无效腔（physiological deadspace）。正常肺泡无效腔容积不大，故生理无效腔与解剖无效腔几乎相等。当肺动脉部分栓塞时，肺泡无效腔增大，则生理无效腔大于解剖无效腔，将会影响气体交换。

第二节　呼吸气体的交换

呼吸气体的交换包括肺泡与肺毛细血管内血液之间O_2和CO_2的交换及组织细胞和组织毛细血管血液之间的O_2和CO_2的交换。前者称为肺换气（pulmonarygas exehange），后者称为组织换气（tissue gas exchange）。

一、气体交换的原理

肺换气和组织换气都是以单纯扩散的方式进行的。气体分子顺着分压差从分压高的一侧向分压低的一侧的净移动，称为气体扩散。单位时间内气体的扩散量称为气体扩散速率（diffusion rate，D）。气体扩散速率受气体分压差（ΔP）、气体分子量（Mw）、溶解度（S）、温度（T）、扩散面积（A）和距离（d）等多种因素的影响：

$$D \propto \frac{\Delta P \cdot T \cdot A \cdot S}{d \cdot \sqrt{M_{\mathrm{W}}}}$$

（一）气体分压差

温度恒定时，混合气体中，每一气体的分压取决于它自身的浓度和混合气体的总压力。即

气体分压=混合气体的总压力×该气体所占的容积百分比

例如：大气压是760 mmHg，其中O_2和CO_2的容积百分比分别约为21%和0.04%，则大气中的O_2分压（P_{O_2}）为760×21%=159 mmHg，CO_2分压（P_{CO_2}）为760×0.04%=0.3 mmHg。分压差越大，气体扩散速率越大，否则反之。

（二）气体的分子量与溶解度

其他条件不变时，气体扩散速率与该气体分子量的平方根成反比。如果扩散发生在气相和液相之间，则气体扩散速率还与气体在溶液中的溶解度（S）成正比。溶解度是单位分压下溶解于单位容积溶液中的气体量。一般以1个大气压、37℃时，每100mL液体中溶解气体的毫升数来表示气体的溶解度。溶解度与分子量平方根之比为扩散系数。它取决于气体分子本身的特性。O_2和CO_2的分子量分别为32和44，在血浆中的溶解度分别是2.14 mL/100 mL和51.5 mL/100 mL，按此计算CO_2的扩散系数是O_2的20倍。这也是在临床上缺O_2比CO_2潴留更为常见的原因之一。

（三）扩散的面积和距离

气体扩散的速率与扩散面积（A）成正比，与扩散距离（d）成反比。扩散面积大，扩散距离短，气体扩散速率就大，反之，则气体扩散速率就小。

（四）温度

气体扩散速率与温度成正比。在人体体温相对恒定的情况下，温度因素可忽略不计。

二、肺换气

（一）肺换气过程

肺泡气的P_{O_2}（104 mmHg）高于混合静脉血的P_{CO_2}（40 mmHg），而肺泡气的P_{CO_2}

(40 mmHg)低于混合静脉血的 P_{CO_2} (46 mmHg),因此,来自肺动脉的混合静脉血流经肺毛细血管时,在气体分压差的推动下,O_2由肺泡扩散入血液,CO_2则由血液扩散入肺泡,完成肺换气过程(如图5-8)。其结果是使静脉血变成含O_2较多、CO_2较少的动脉血。由于O_2和CO_2为脂溶性物质,扩散速度极快,通常情况下,血液流经肺毛细血管的时间约为0.75 s,而与肺泡之间的气体交换仅需0.3 s即可完成。可见,当血液流经肺毛细血管全长的1/3时,气体交换的过程基本完成,这表明肺换气具有较大的扩散贮备能力。

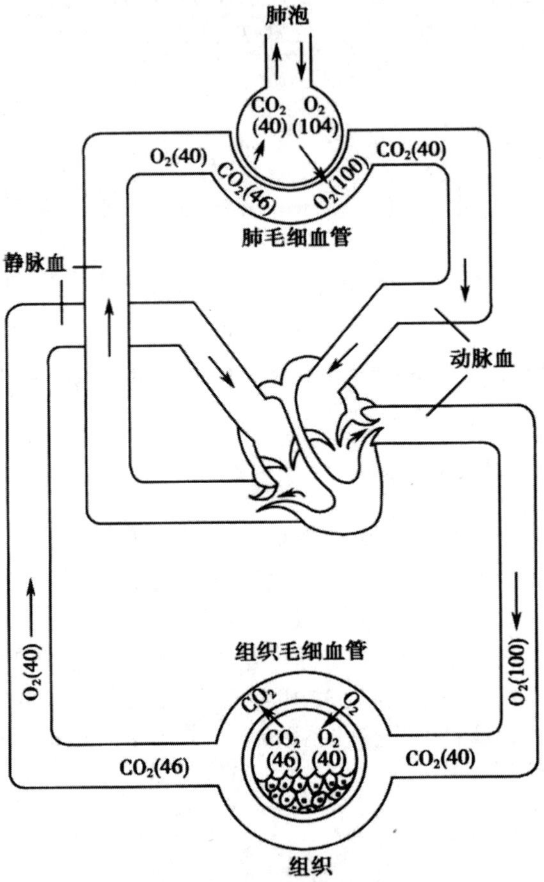

图5-8 肺换气和组织换气示意图
图中数字为气体分压(mmHg)

(二)影响肺换气的因素

气体分压差、扩散面积、扩散距离、温度等因素均可影响气体扩散速率。以下重点讨论呼吸膜及通气/血流比值对肺换气的影响。

1. 呼吸膜的厚度

肺泡与毛细血管血液之间进行气体交换时,必须通过肺泡与毛细血管之间的气-血屏障,即呼吸膜(respiratory membrane)。在电镜下,呼吸膜由6层结构组成(如图5-9):含有肺表面活性物质的极薄的液体层、肺泡上皮细胞层、肺泡上皮基底膜层、组织间隙、毛细血管基膜层和毛细血管内皮细胞层。呼吸膜的平均厚度不到1 gm,有的部位仅0.2 μm,通透性极好，气体易于扩散通过。任何使呼吸膜增厚或扩散距离增加的疾病，如肺纤维化、肺水肿，都会降低气体扩散速率，减少扩散量。

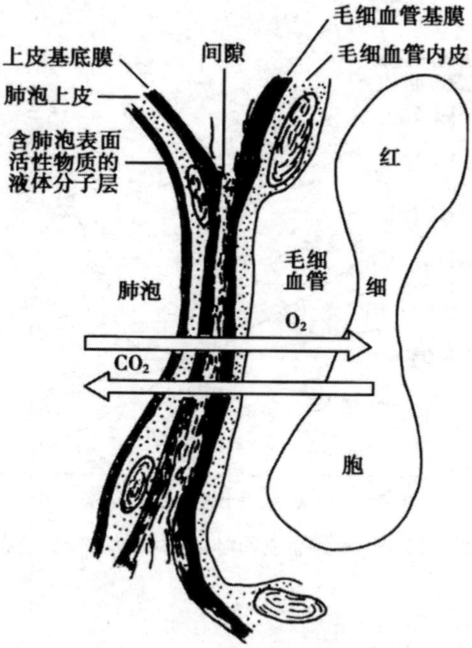

图 5-9 呼吸膜结构示意图

2. **呼吸膜的面积**

气体扩散速率与呼吸膜面积成正比。正常成年人约有3亿个肺泡，总面积达70 m²。在安静状态下，呼吸膜的使用面积约40 m²，足以完成气体交换。运动时，肺毛细血管开放的数量和开放程度增加，呼吸膜扩散面积由安静时的40 m²增大至70 m²。在某些病理情况下，如肺不张、肺实变、肺气肿或肺毛细血管关闭和阻塞等均使呼吸膜扩散面积减小，导致气体扩散量减少。

3. **通气/血流比值**

通气/血流比值（ventilation/perfusion ratio，V_A/Q）指每分肺泡通气量（V_A）与每分肺血流量（Q）之间的比值（V_A/Q）。正常成年人在安静时，肺泡通气量约为4.2*L*/min，每分肺血流量相当于心输出量，约为5.0 L/min，V_A/Q=4.2/5.0=0.84。这表明此时的肺泡通气量与肺血流量之间相匹配，气体交换的效率最高，混合静脉血流经肺毛细血管时，全部氧合（oxygenation）为动脉血。如V_A/Q比值增大，意味着肺泡无效腔增大，可能是由于通气过度或肺血流量不足，如肺血管栓塞，致使部分肺泡气未能与血液进行充分的气体交换；反之，V_A/Q比值减小，意味着形成了功能性动–静脉短路，可能由于肺通气不足或，肺血流量相对过多，例如支气管痉挛时，部分静脉血流经通气不良的肺泡时，未能得到充分的气体更新便流回心脏。由此可见，无论V_A/Q比值增大或减小，都将降低气体交换的效率，导致机体缺O_2和CO_2潴留，以缺O_2更为显著。

正常成年人在安静时肺总的V_A/Q比值为0.84，但肺泡通气量与肺血流量在肺内的分布并不均匀，因此各部分的V_A/Q比值并不相同。例如人在直立位时，由于重力作用，肺尖部的通气量和血流量均小于肺底部，而以血流量的减少更为显著，所以肺尖部V_A/Q比值较大，可达

3.0以上，肺底部V_A/Q比值较小，约为0.6（如图5-10）。尽管正常情况下，存在着肺泡通气量和血流量的不均匀分布，导致肺不同部分的V_A/Q比值不一致，但由于呼吸膜的面积远远超过肺换气的实际需要，因而并不影响正常的气体交换。

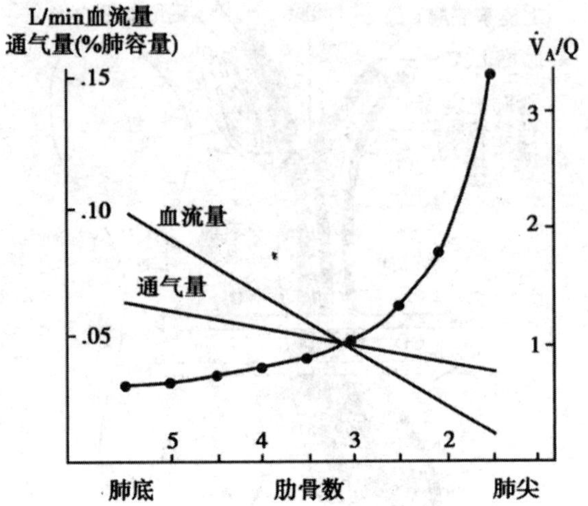

图5-10　正常人直立时肺通气和血流量的分布

三、组织换气

组织换气是指体循环毛细血管中的血液、组织液与组织细胞之间的气体交换，其交换原理与肺换气相同。所不同的是气体交换发生在液相之间。组织细胞的有氧代谢不断消耗O_2并产生CO_2，致使细胞内的P_{O_2}可低至30mmHg以下，P_{CO_2}可高达50 mmHg以上，当动脉血流经组织时，血液中的O_2顺其分压差向组织液和细胞内扩散，而细胞内的CO_2则向组织液和毛细血管内扩散，从而完成组织换气过程，结果使流经组织的动脉血释放O_2并获得CO_2而转变为静脉血。

影响组织换气的因素，主要有毛细血管血流量、组织代谢水平、毛细血管壁通透性及其开放数量和气体扩散距离等。这些因素既可直接改变换气动力，又彼此间相互作用，影响换气过程。例如，组织细胞代谢增强时，血液与细胞内液之间的P_{O_2}差和P_{CO_2}差加大，同时，组织代谢产物腺苷和H^+增多，使毛细血管开放数量增多，局部血流量增加，减小气体扩散距离，促进气体交换。组织水肿时，毛细血管与组织细胞之间距离加大，气体扩散距离增大，同时，组织毛细血管受压，血流量减少，均可妨碍气体交换。

第三节　呼吸运动的调节

呼吸运动是由呼吸肌舒缩活动完成的一种节律性运动。当机体内、外环境因素发生变化时，呼吸节律也会自动随之改变，从而使肺通气量与人体代谢水平相适应。呼吸节律的形成及其与人体代谢水平的适应，主要是通过神经系统的调节而实现的。

一、呼吸中枢与呼吸节律的形成

（一）呼吸中枢

呼吸中枢（respiratory center）是指中枢神经系统内，与呼吸运动产生和调节有关的神经细胞群。这些细胞群广泛分布在大脑皮质、间脑、脑桥、延髓和脊髓等不同部位，形成各级呼吸中枢。脑的各级部位在呼吸节律的产生和调节中发挥着不同的作用，正常呼吸是在各级中枢的相互协调配合下进行的。

动物实验中观察到，在延髓和脊髓之间（如图5-11，A平面）横断，动物的呼吸运动立即停止，并不再恢复；在中脑和脑桥之间（如图5-11，D平面）横断，仅保留下位脑干（延髓与脑桥）与脊髓联系，呼吸节律无明显变化；在脑桥上、中部之间（如图5-11，C平面）横断，动物的呼吸变深变慢，如再切断双侧迷走神经，吸气时间大大延长；在脑桥与延髓之间（如图5-11，B平面）横断，动物出现喘息样呼吸。由此可说明脊髓只是联系脑和呼吸肌的中继站和整合某些呼吸反射的初级中枢，延髓是产生原始呼吸节律的基本中枢，脑桥有调整延髓呼吸神经元活动的结构，主要作用是抑制吸气，使吸气向呼气转化，故称其为呼吸调整中枢。所以目前我们认为，正常呼吸节律是由延髓和脑桥呼吸中枢共同活动形成的。

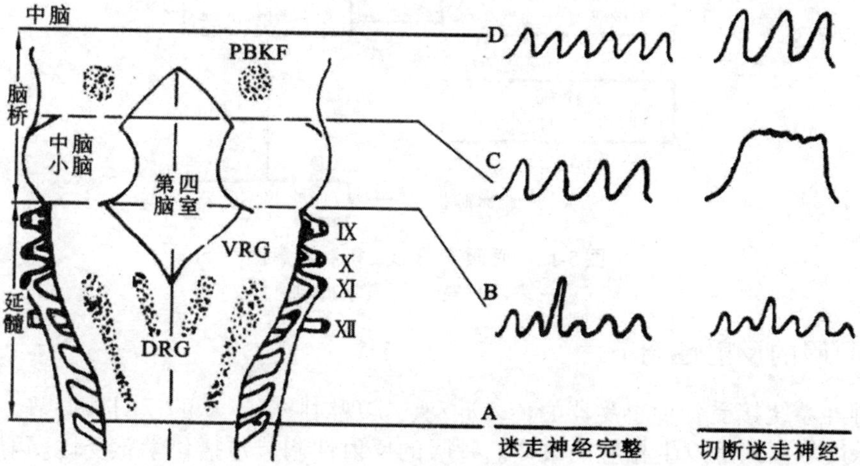

图5-11 脑干内呼吸核团和在不同平面横断脑干后呼吸的变化(脑干背侧面)
DRG:背侧呼吸组VRG:腹侧呼吸组PBKF:臂旁内侧核
A、B、C、D:表示不同平面

呼吸还受脑桥以上高位中枢，如大脑皮质、边缘系统、下丘脑等的影响，尤其是大脑皮质对呼吸运动的控制作用十分强大。例如，大脑皮质可以随意控制呼吸，发动说、唱等动作，在一定限度内可以随意屏气或加强、加快呼吸。因此，大脑皮质控制着随意呼吸，而不随意的、自发的节律性呼吸（自主呼吸）受下位脑干的控制。

下丘脑、边缘系统是内脏活动的重要中枢，可引起呼吸等内脏功能的变化。另外，下丘脑、边缘系统还是心理活动的高级整合部位。因此，呼吸运动与心理活动之间也有密切的关系。心理因素可制约、调节呼吸运动。例如，人们在紧张、哭泣、叹息、发怒等心理变化过程中，呼吸频率和深度都会发生明显的变化。在临床上人们还观察到，哮喘病患者越是恐惧、焦虑，发作就越严重，也反映出心理因素对呼吸功能的影响。

（二）呼吸节律的形成

关于呼吸节律的形成机制有多种假说。目前研究认为正常呼吸节律的形成有两种假说：一是起步细胞学说，二是神经元网络学说。前者认为，节律性呼吸是由延髓内具有起搏样活动的神经元的节律性兴奋引起的。后者认为呼吸节律的产生依赖于延髓内呼吸神经元复杂的相互联系和相互作用。20世纪70年代提出了吸气活动发生器和吸气切断机制模型。该模型的核心是当中枢吸气活动发生器自发地兴奋时，其冲动沿轴突传至脊髓吸气运动神经元，引起吸气动作。与此同时，发生器的兴奋通过三条途径使吸气切断机制兴奋：①加强脑桥呼吸调整中枢的活动；②增加肺牵张感受器传入冲动；③直接兴奋吸气切断机制。当吸气切断机制被激活后，以负反馈形式，切断中枢吸气活动发生器的活动，从而使吸气停止，转为呼气（如图5-12）。关于呼气如何转为吸气，呼吸加强时呼气又如何成为主动的，还有待进一步研究。

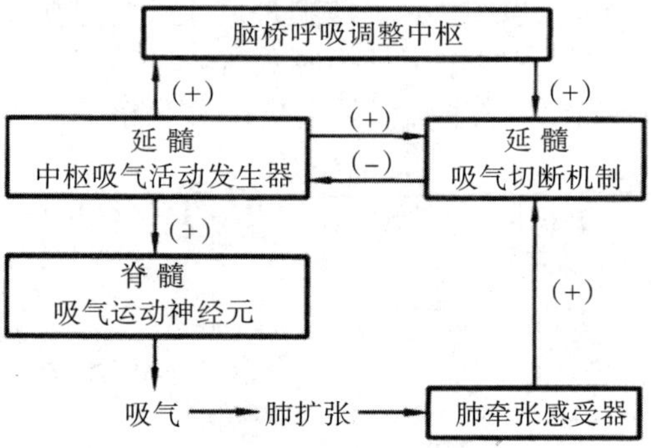

图5-12　呼吸节律形成机制不意图

+:表示兴奋　−:表示抑制

二、呼吸的反射性调节

中枢神经系统接受各种感受器的传入冲动，实现对呼吸运动的反射性调节，使呼吸运动的频率、深度和形式等发生相应的改变。呼吸的反射性调节包括化学感受性反射、机械感受性反射和防御性呼吸反射三类。

（一）化学感受性反射

动脉血、脑脊液或脑细胞外液中的$PaCO_2$、PaO_2和H^+浓度的变化，通过化学感受器，反射性地改变呼吸运动，称为化学感受性反射。它是一种经常发挥作用的调节活动，对维持血液中$PaCO_2$、PaO_2和H^+浓度有着十分重要的作用。

1. 化学感受器

按其所在部位的不同分为外周化学感受器和中枢化学感受器。

（1）外周化学感受器：颈动脉体和主动脉体能感受血液中$PaCO_2$、PaO_2和H^+浓度的变化。在动脉血PaO_2降低、$PaCO_2$或H^+浓度升高时受到刺激，冲动经窦神经（混入舌咽神经内）和主动脉神经（混入迷走神经内）传入延髓，兴奋呼吸中枢，反射性地引起呼吸加深\

加快。颈动脉体调节呼吸的作用远大于主动脉体。

（2）中枢化学感受器：位于延髓腹外侧浅表部位，左右对称，分头、中间、尾三区，头、尾两区是刺激的感受区，中间区是将头、尾两区传入冲动投射到脑干呼吸中枢的中继站。中枢化学感受器对脑脊液和脑细胞外液的H^+浓度改变极为敏感。

2. CO_2、低O_2、H^+浓度对呼吸运动的影响

（1）CO_2对呼吸运动的调节。CO_2是呼吸的生理性刺激物，是调节呼吸最重要的体液因素。血液中一定浓度的CO_2是维持正常呼吸活动的重要条件。当过度通气时，由于CO_2排出过多，血液中CO_2浓度降低，可发生呼吸暂停。适当增加吸入气中CO_2浓度，$PaCO_2$升高，使呼吸增强，表现为呼吸加深、加快，肺通气量增加（如图5-13）。当吸入气中CO_2含量由正常的0.04%增加到1%时，肺通气量开始增加；当吸入气中CO_2含量增加到4%时，肺通气量可增加1倍，这时通过肺通气的增大可以增加CO_2的清除，使肺泡气和动脉血$PaCO_2$接近于正常水平。当血液中$PaCO_2$过高，超过7%时，肺通气量增大已不足以将CO_2完全清除，血液中的$PaCO_2$将明显升高，可出现头昏、头痛等症状，当吸入气中CO_2含量超过15%～20%时，呼吸被抑制，肺通气量显著下降，可出现惊厥、昏迷，甚至呼吸中枢麻痹导致呼吸停止。

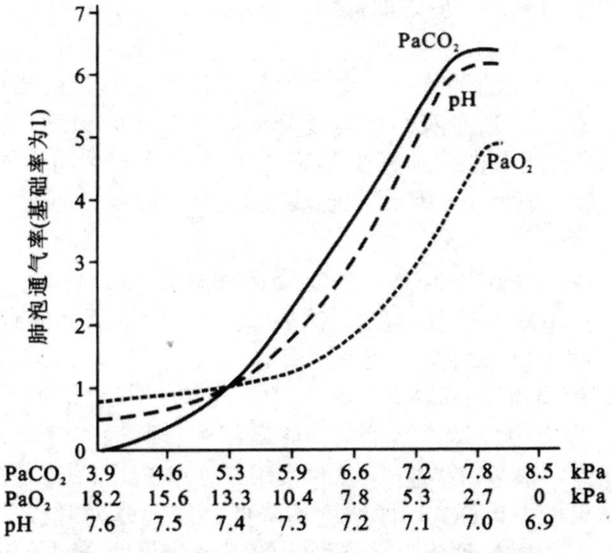

图5-13 动脉血$PaCO_2$、PaO_2、pH值改变对肺泡通气率的影响

（仅改变一种体液因素而保持另两种因素于正常水平的情况）

CO_2通过刺激中枢化学感受器和外周化学感受器兴奋呼吸，且以前者为主。当血液中的$PaCO_2$升高时，能迅速通过血–脑脊液屏障，在碳酸酐酶的作用下与H_2O结合成H_2CO_3，然后H_2CO_3解离出H^-，使脑脊液和脑细胞外液中H^+浓度升高，从而刺激中枢化学感受器，引起呼吸中枢兴奋。此外，刺激外周化学感受器，冲动经窦神经和迷走神经传入延髓呼吸中枢，反射性地使呼吸加深、加快，肺通气量增加。若去除外周化学感受器的作用后，CO_2引起的通气反应仅下降约20%。可见，中枢化学感受器在CO_2通气反应中起主要作用，约占总效应的80%。

（2）低CO_2对呼吸的调节。动脉血中$PaCO_2$降低（低CO_2）也可以使呼吸增强，肺通气量增多，但需血液中$PaCO_2$降到8.0 kPa（60 mmHg）以下时才有效应。在动物实验中观察到，若摘除动物的外周化学感受器，低CO_2对呼吸的兴奋作用消失，呼吸反而被抑制，说明低CO_2对呼吸的兴奋作用是通过刺激外周化学感受器而实现的（如图5-13）。低CO_2对呼吸中枢的直接作用是抑制，并随低CO_2程度加重而加强，这可能与中枢神经系统对低CO_2的耐受力低有关。在轻、中度低CO_2情况下，来自外周化学感受器的传入冲动对呼吸中枢的兴奋作用，在一定程度上能抵消低O_2对呼吸中枢的抑制作用，使呼吸中枢兴奋，呼吸加强，肺通气量增加，纠正低CO_2。但严重低CO_2时，来自外周化学感受器的兴奋作用不足以抵消低CO_2对呼吸中枢的抑制作用，导致呼吸抑制。

由于低O_2对呼吸的兴奋作用，只有在血液PaO_2降到60 mmHg以下时才有明显效应，因此，在海平面上，PaO_2的变化对正常人的呼吸调节作用不大。只有在高山或高空区，由于大气压较海平面低吸入空气中氧含量低，血中PaO_2也随之明显降低，才可刺激外周化学感受器，使呼吸加深、加快，此时，低O_2兴奋外周化学感受器是提高血中PaO_2的一个重要途径。在临床上，低O_2对呼吸的兴奋作用也有重要意义。例如一些严重的慢性呼吸功能障碍的患者，既有低O_2，又有CO_2潴留。由于血中长期保持高浓度的CO_2，呼吸中枢对CO_2刺激的敏感性已降低，此时，低O_2刺激外周化学感受器是维持呼吸中枢兴奋性的重要因素。因此，对于这种患者不宜快速给氧，而应采取低浓度持续给氧，以免突然解除低O_2的刺激作用，导致呼吸抑制。

（3）H^+浓度对呼吸运动的调节：当血液中H^+浓度升高时，血浆pH值减小，呼吸加深加快，肺通气量增加；反之，当血液中H^+浓度降低时，则血浆pH值增大，呼吸抑制，肺通气量减少（如图5-13）。虽然中枢化学感受器对H^+的敏感性较高约为外周化学感受器的25倍，但由于H^+不易通过血–脑屏障，因此，血液中H^+对呼吸的影响是通过外周化学感受器实现的。

综上所述，当血液中$PaCO_2$升高、PaO_2降低和H^+浓度升高时，分别都有兴奋呼吸的作用，尤以$PaCO_2$兴奋作用最为显著。在整体情况下，三个因素同时存在，对呼吸的刺激作用既可因相互总和而增强，也可因相互抵消而减弱。因此，呼吸运动的改变常表现为几种因素综合作用的结果。例如当血液$PacO_2$增高时，血液H^+浓度也会增加，两者协同作用使兴奋呼吸的作用大大增强；当血中H^+浓度增加时，呼吸增强，肺通气量增大，CO_2排出增多，血中$PaCO_2$下降，从而抵消一部分H^+兴奋呼吸的作用；血液PaO_2降低时，也可因肺通气量增加，使CO_2排出过多，结果血中$PaCO_2$和H^+浓度均降低，使低O_2对呼吸的兴奋作用大为减弱。因此，在临床工作中，必须对各种化学因素引起的呼吸变化做全面分析，找出主要矛盾，给予恰当处理，才能获得良好的效果。

（二）机械感受性反射

1. 肺牵张反射

肺扩张或缩小而引起呼吸的反射性变化，称为肺牵张反射，也称黑–伯反射（Hering-Breuer reflex）。肺牵张反射包括肺扩张引起的吸气抑制和肺缩小引起的吸气反射。

（1）肺扩张反射：肺充气或扩张时抑制吸气的反射。感受器位于从气管到细支气管的平滑肌中，对扩张刺激敏感，故常被称为牵张感受器，其阈值低，适应慢。吸气时，肺扩张，当肺内气体量达到一定容积时，牵拉支气管和细支气管的感受器，使牵张感受器兴奋，冲动经迷走神经传入延髓。在延髓内通过一定的神经联系使吸气切断机制兴奋，吸气及时终止，转为呼气。呼气时，肺缩小，牵张感受器的放电频率降低，经迷走神经传入的冲动减少，对延髓吸气神经元的抑制解除，吸气神经元兴奋，转为呼气。由此可见，肺牵张反射的生理意义是阻止吸气过深、过长，促使吸气转为呼气，调节呼吸的频率与深度。

肺扩张反射有种属差异，兔的最强，人的最弱。若切断动物双侧迷走神经，将出现深而慢的呼吸。人类呼吸中枢对迷走神经传入冲动有较高阈值。正常成年人只在潮气量增至800 mL以上时才会引起肺扩张反射。所以，正常成年人平静呼吸时，肺扩张反射并不发挥重要作用。但对于新生儿，这一反射较为明显，在出生后数天即迅速减弱。在某些病理情况下，如肺炎、肺充血、肺水肿等，由于肺的顺应性降低，肺不易扩张，吸气时对牵张感受器的刺激作用增强，传入冲动增多，可以引起该反射，使呼吸变浅、变快。

（2）肺缩小反射：肺缩小时引起吸气的反射。该反射在平静呼吸调节中意义不大，只在肺明显缩小时才出现，对阻止呼气过度和肺不张等可能起一定作用。

2. 呼吸肌的本体感受器反射

由呼吸肌本体感受器传入冲动引起的反射性呼吸变化，称为呼吸肌本体感受器反射。感受器是肌梭，位于骨骼肌内部。当呼吸肌受牵张时，肌梭受刺激而兴奋，冲动经背根传入脊髓中枢，反射性地引起受牵张的呼吸肌收缩，使呼吸增强，但平静呼吸时这一反射不明显。运动或呼吸阻力增大时，肌梭受到较强的刺激，可反射性地引起呼吸肌收缩加强。因此，呼吸肌本体感受器反射参与呼吸运动的调节，其意义在于随着呼吸肌负荷的增加而相应地加强呼吸运动，在克服气道阻力上起重要作用。

（三）防御性呼吸反射

呼吸道黏膜受到机械或化学刺激时引起的一系列保护性呼吸反射称为防御性呼吸反射，其中主要有咳嗽反射、喷嚏反射和屏气反射。

1. 咳嗽反射

咳嗽反射是常见的重要防御反射。其感受器位于喉、气管和支气管的黏膜。传入冲动经迷走神经传入延髓，触发一系列协调的反射效应。咳嗽时，先是短促的深吸气，接着声门紧闭，呼气肌强烈收缩，肺内压迅速上升，然后突然打开声门，由于气压差极大，气体便以极高的速度从肺内冲出，将呼吸道内异物或分泌物排出。正常的咳嗽反射对呼吸道有清洁作用，但剧烈或频繁的咳嗽对人体不利。

2. 喷嚏反射

喷嚏反射与咳嗽反射类似，不同的是刺激作用于鼻黏膜感受器，传入神经是三叉神经，反射效应是腭垂下降，舌压向软腭，而不是声门关闭，呼出气主要从鼻腔急促喷出，将鼻腔中的刺激物清除。

3. 屏气反射

突然吸入冷空气或有害气体时，可发生屏气反射，引起呼吸暂停。其主要表现为声门关闭，支气管平滑肌收缩，以抵御理化刺激侵入呼吸器官。

第六章　消化和吸收

第一节　消　化

消化过程是从口腔开始的。食物在口腔内停留的时间很短，一般是15 ~ 20 s。食物在口腔内咀嚼，被唾液湿润而便于吞咽。

一、口腔内消化

人的口腔内有三对大的唾液腺：腮腺、下颌下腺和舌下腺，还有无数散在的小唾液腺。唾液就是由大、小唾液腺分泌的混合液。

（一）唾液

1. 唾液的性质和成分

唾液为无色、无味、近中性（pH为6.6 ~ 7.1）的低渗液体。唾液中水分约占99%，还有少量的有机物和无机物。有机物主要为黏蛋白，还有球蛋白、唾液淀粉酶和溶菌酶等。无机物有钠、钾、钙、硫氰酸盐等。此外，唾液中还有一些气体分子，如氧气、氮气和二氧化碳。

2. 唾液的作用

唾液的作用包括：①湿润口腔与溶解食物，引起味觉并易于吞咽；②清洁和保护口腔，它可清除口腔中的残余食物，当有害物质进入口腔时，它可冲淡、中和这些物质，唾液中的溶菌酶还有杀菌作用；③消化作用，在人的唾液中含有唾液淀粉酶，它可使淀粉分解成为麦芽糖，其发挥作用的最适pH为中性，pH低于4.5时，完全失去活性；④排泄，进入人体内的某些物质可部分随着唾液排出，如铅、汞、狂犬病病毒等。

3. 唾液分泌的调节

唾液分泌的调节是神经反射性调节，包括非条件反射和条件反射两种。引起非条件反射性唾液分泌的刺激是食物对口腔机械的、化学的和温度的刺激。在这些刺激的影响下，口腔黏膜和舌的神经末梢（感受器）兴奋，发放神经冲动沿传入神经纤维到达中枢，再由传出神经到达唾液腺，引起唾液分泌。唾液分泌的初级中枢在延髓，其高级中枢分布于下丘脑和大脑皮质等处。传出神经包括副交感神经和交感神经，以前者为主。副交感神经兴奋可使唾液分泌的量多而黏蛋白的量少，而交感神经兴奋可使唾液分泌的量少而黏蛋白的量较多。副交感神经对唾液腺的作用是通过其末梢释放乙酰胆碱而实现的，因此，用M受体阻断剂如阿托品，能抑制唾液分泌，而用乙酰胆碱或其类似药物时，可引起大量的唾液分泌。

人在进食时，食物的形状、颜色、气味，进食的环境，语言、文字都能形成条件反射，引起唾液分泌。“望梅止渴”就是日常生活中条件反射性唾液分泌的一个例子。成年人的唾液分泌，通常都包括条件反射和非条件反射。

（二）咀嚼

口腔通过咀嚼运动对食物进行机械消化。咀嚼是由各咀嚼肌有顺序地收缩所组成的一种复杂的反射性动作。咀嚼肌是骨骼肌，受意识支配。咀嚼还使食物与唾液充分混合，以形成食团，便于吞咽。

咀嚼能反射性地引起胃、胰、肝、胆囊等的活动，以及引起胰岛素的分泌等变化，为消化过程做准备。

（三）吞咽

吞咽是一种复杂的反射性动作，它使食团从口腔进入胃。根据食团在吞咽时所经过的部位，可将吞咽动作分为下列三期。

第一期：由口腔到咽部。这是在大脑皮质控制下的随意运动，通过舌肌、下颌舌骨肌的收缩，把食团推向咽部。

第二期：由咽部到食管上端。这是通过一系列急速的反射性活动而实现的。由于食团刺激了软腭部的感受器，反射性地引起一系列肌肉的收缩，结果使软腭上升，咽后壁前压，封闭了鼻咽通路。声带内收，喉头升高并向前紧贴会厌，封闭了咽部与气管的通路，呼吸暂时停止。由于喉头前移，食管上口张开，食团就从咽部被推入食管。

第三期：沿食管下行至胃。这是通过食管肌肉蠕动而实现的。食管肌肉的顺序收缩又称蠕动，它是一种向前推进的波形运动，在食团的下端为舒张波，上端为收缩波，表现为食团前方的平滑肌舒张，后方的平滑肌收缩，这样，食团就很自然地被推送前进（如图6-1）。

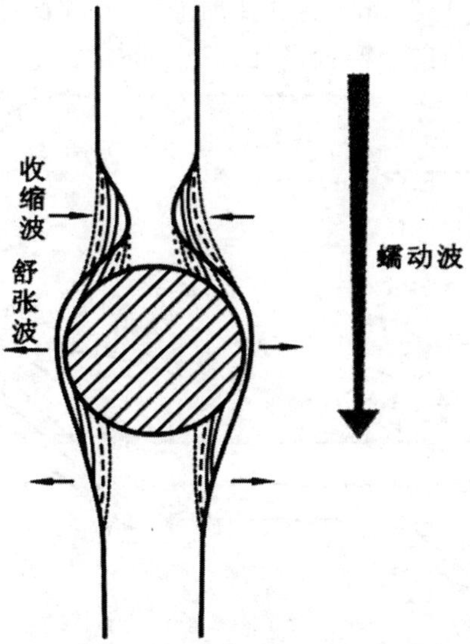

图6-1　食管蠕动示意图

在食管和胃之间，虽然在解剖上并不存在括约肌，但用测压法可观察到，在食管与胃贲门连接处，有一段长4～6 cm的高压区，其内压力比胃内压高5～10 mmHg，因此在正常情况下可阻止胃内容物逆流入食管，起到生理性括约肌的作用，通常将这一段称为食管下段括约肌。

总之，吞咽是一种复杂的反射性动作，吞咽的基本中枢位于延髓内，支配舌、喉、咽部肌肉运动的传出神经在第5、9、12对脑神经中，支配食管的传出神经是迷走神经。

二、胃内消化

胃是消化道中最膨大的部分。成年人的胃腔容量一般为1～2 L，因而具有暂时贮存食物的功能。食物进入胃后，还受到胃液的化学性消化和胃壁肌肉的机械性消化作用。胃的主要功能是容纳食物、分泌胃液以及初步消化食物。

（一）胃液及其作用

1. 胃液的性质和成分

纯净的胃液是一种无色酸性的液体，pH为0.9～1.5。正常人每日分泌的胃液量为1.5～2.5 L。胃液的成分包括无机物如盐酸、钠和钾的氯化物等，以及有机物如黏蛋白、消化酶等。分泌这些胃液的腺体有：①贲门腺，分布在胃与食管连接处宽1～4 cm的环状区内，为黏液腺，分泌黏液；②泌酸腺，分布在占全胃黏膜约2/3的胃底和胃体部，泌酸腺由壁细胞、主细胞和黏液颈细胞组成，它们分别分泌盐酸、胃蛋白酶原和黏液；③幽门腺，分布在幽门部，是分泌碱性黏液的腺体。

（1）盐酸。胃液中的盐酸也称胃酸，由胃黏膜壁细胞分泌。胃液中的盐酸的存在形式有游离酸和结合酸两种，合称总酸。正常人空腹时盐酸排出量称为基础酸排出量，为0～5 mmol/h。在食物、胃泌素或组胺的刺激下，盐酸排出量可进一步增加。正常人的盐酸最大排出量可达20～25 mmol/h，男性的盐酸分泌多于女性；盐酸的排出量反映胃的分泌能力，主要取决于壁细胞的数量，也与壁细胞的功能状态有关。

胃液中H^+的最大浓度可达150 mmol/L，比血液中H^+的浓度高三四百万倍，因此，壁细胞分泌H^+是逆着巨大的浓度梯度进行的，需要消耗大量的能量，是一种主动分泌过程（如图6-2）。

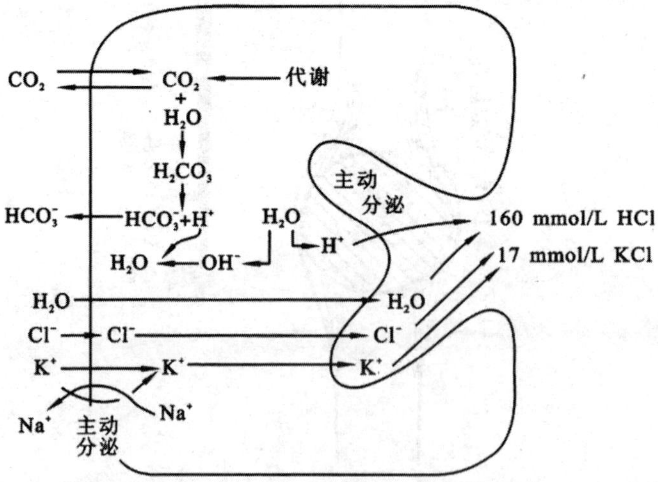

图6-2 壁细胞分泌盐酸的基本过程

分泌盐酸所需的H^+来自壁细胞胞浆内水的解离，产生H^+和OH^-，H^+借助存在于壁细胞上分泌小管膜上的H^+-K^+-ATP酶（又称质子泵或酸泵）的作用，被主动地转运入小管腔内。壁细胞代谢产生的CO_2和血浆中摄取的CO_2可迅速地水合而形成H_2CO_3，H_2CO_3随即又解离为H^+和HCO_3^-，H^+与OH^-中和生成水，壁细胞不会因为OH^-的蓄积而导致pH升高。随着H^+的分泌，壁细胞胞浆中的HCO_3^-有升高的趋势，而HCO_3^-在壁细胞的基底膜侧与$C1^-$交换进入血液，与Na^+形成$NaHCO_3$，从而提高血浆和尿液的pH值。与HCO_3^-交换而进入壁细胞内的$C1^-$则通过分泌小管膜上特异性的$C1^-$通道进入小管腔，与H^-形成盐酸。

胃内盐酸的作用：①可杀死随食物进入胃内的细菌，因而对维持胃和小肠内的无菌状态具有重要意义；②盐酸还能激活胃蛋白酶原，使之转变为有活性的胃蛋白酶，并为胃蛋白酶作用提供适宜的酸性环境；③盐酸进入小肠后，可以引起促胰液素的释放，从而促进胰液、胆汁和小肠液的分泌；④盐酸所造成的酸性环境，有助于小肠对铁和钙的吸收。

（2）胃蛋白酶原。胃蛋白酶原是由泌酸腺主细胞合成的，分泌入胃腔内的胃蛋白酶原在胃酸的作用下，转变为具有活性的胃蛋白酶，已激活的胃蛋白酶对胃蛋白酶原也有激活作用。

胃蛋白酶能水解食物中的蛋白质，分解产物是视月示和胨、多肽或氨基酸。胃蛋白酶只有在酸性较强的环境中才能发挥作用，其最适pH值为2。随着pH的升高，胃蛋白酶的活性降低，当pH值升至6以上时，此酶即发生不可逆的变性。

（3）黏液和碳酸氢盐。胃的黏液是由表面上皮细胞、泌酸腺的黏液颈细胞、贲门腺和幽门腺共同分泌的，其主要成分为糖蛋白。黏液具有较高的黏滞性和形成凝胶的特性。正常人黏液覆盖在胃黏膜的表面，形成一个厚约500 μm的凝胶层，它具有润滑作用，可减少粗糙食物对胃黏膜造成的机械性损伤。

胃内HCO_3^-主要是由胃黏膜的非泌酸细胞分泌的，仅有少量的HCO_3^-是从组织间液渗入胃内的。研究表明，在胃腔内的H^+向黏液深层弥散时，与胃黏膜上皮细胞分泌的HCO_3^-相遇而发生中和。因此，由黏液和碳酸氢盐共同构筑的黏液–碳酸氢盐屏障（如图6-3），能有效地阻挡H^+的逆向弥散，保护胃黏液免受H^+的侵蚀。黏液深层的中性pH环境还使胃蛋白酶丧失了分解蛋白质的作用。

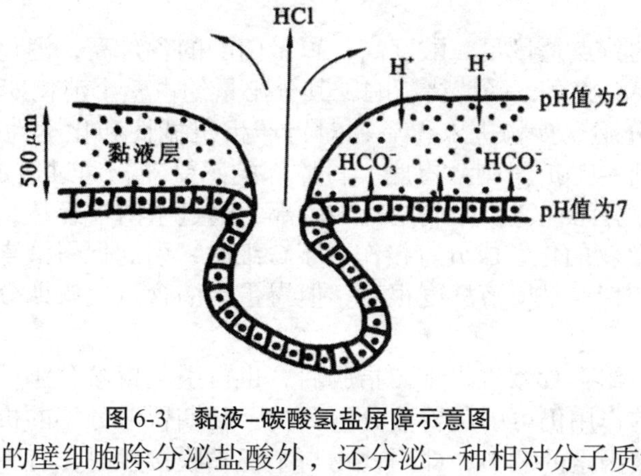

图6-3　黏液–碳酸氢盐屏障示意图

（4）内因子泌酸腺的壁细胞除分泌盐酸外，还分泌一种相对分子质量为50 000 ~ 60 000的糖蛋白，称为内因子。内因子与进入胃内的维生素B_{12}结合，可保护维生素B_{12}不被小肠内水解酶破坏。因此，内因子缺乏时，将引起维生素B_{12}的吸收障碍，影响红细胞的生成，出现恶性贫血。

（二）胃液分泌的调节

胃液分泌受许多因素的影响，进食是胃液分泌的生理性刺激，它通过神经和体液因素调节胃液的分泌。

1. 促进胃液分泌的内源性物质

（1）乙酰胆碱：大部分支配胃的副交感神经节后纤维末梢释放乙酰胆碱。乙酰胆碱直接作用于壁细胞膜上的胆碱能受体，引起盐酸分泌增加。乙酰胆碱的作用可被胆碱能受体阻断剂（如阿托品）阻断。

（2）促胃液素：主要由胃窦黏膜内的G细胞分泌。十二指肠和空肠上段黏膜内也有少量G细胞。胃泌素释放后主要通过血液循环作用于壁细胞，刺激其分泌盐酸。

（3）组胺：胃黏膜内含有大量的组胺。胃泌酸区黏膜内有产生组胺的肠嗜铬样细胞，能分泌组胺，组胺有很强的刺激胃酸分泌的作用。壁细胞上的组胺受体为Ⅱ型受体（H_2受体），用西咪替丁及其相类似的药物可以阻断组胺与壁细胞的结合，从而减少胃酸分泌。

2. 消化期的胃液分泌

进食后胃液分泌的机制，一般按受食物刺激的部位，分成头期、胃期和肠期三个时期。这三个时期几乎是同时开始、相互重叠的。

（1）头期胃液分泌。是由进食动作引起的，因其传入冲动均来自头部感受器（眼、耳、口腔、咀、食管等），因而称为头期。

由进食动作所引起的胃液分泌，包括条件反射性和非条件反射性两种。前者是由和食物有关的形象、气味、声音等刺激视、嗅、听等感受器而引起的；后者是当咀嚼和吞咽食物时，刺激口腔和咽等处的化学和机械感受器而引起的。这些反射的传入途径和由进食引起的唾液分泌的传入途径相同，反射中枢包括延髓、下丘脑、边缘和大脑皮质等。迷走神经是这些反射共同的传出神经。迷走神经兴奋后，除了通过其末梢释放乙酰胆碱，直接引起腺体细胞分泌外，迷走神经冲动还可引起胃窦黏膜内的G细胞释放促胃液素，后者经过血液循环刺激胃腺分泌。因此，头期的胃液分泌并不是纯神经反射性的，而是一种神经-体液性的调节。

头期胃液分泌的特点是量足，酸度高，胃蛋白酶的含量高，消化能力强。头期胃液分泌的多少与食欲有很大的关系，受情绪影响，其分泌量约占整个消化期分泌量的30%。

（2）胃期胃液分泌。食物进入胃后，对胃产生机械性和化学性刺激，继续引起胃液分泌，其主要途径包括：①扩张刺激胃底、胃体部的感受器，通过迷走-迷走反射和壁内神经丛的反射，引起胃腺分泌；②扩张刺激胃幽门部，通过壁内神经丛，作用于G细胞，引起促胃液素的释放.；③食物的化学成分直接作用于G细胞，引起促胃液素的释放。

胃期胃液分泌的特点是胃液酸度很高，但胃蛋白酶含量比头期分泌的量少，故消化能力弱于头期。

（3）肠期胃液分泌：食糜进入十二指肠后，也可引起胃液分泌，在切断支配胃的外来神经后，食物对小肠的作用仍可引起胃液分泌，提示肠期胃液分泌的机制中，神经反射的作用不大，主要通过体液因素的调节，即当食物与小肠黏膜接触时，有一种或几种激素从小肠黏膜释放出来，如促胃液素、缩胆囊素等，通过血液循环作用于胃引起胃液分泌。

肠期胃液分泌的特点是量不大，蛋白酶的含量较少，大约占进食后胃液分泌总量的1/

10，这可能与食物在小肠内同时还产生许多对胃液起抑制性作用的调节有关。

3. 胃液分泌的抑制性

调节正常消化期的胃液分泌还受到各种抑制性因素的调节，实际表现的胃液分泌正是兴奋性和抑制性因素共同作用的结果。在消化期间，抑制胃液分泌的因素除精神、情绪因素外，主要有盐酸、脂肪和高张溶液三种。

（1）盐酸：由胃腺分泌，当胃窦的pH降到1.2～1.5时，便可对胃液分泌产生抑制作用。盐酸抑制胃液分泌的途径：①盐酸直接抑制胃窦黏膜中的G细胞，减少促胃液素的释放；②盐酸刺激胃黏膜分泌生长抑素，转而抑制胃泌素和胃液的分泌。

（2）脂肪：脂肪及其消化产物可抑制胃液分泌。

（3）高张溶液：十二指肠内高张溶液对胃液分泌的抑制作用可能通过以下两种途径来实现：①激活小肠内渗透压感受器，通过肠胃反射来抑制胃液分泌；②刺激小肠黏膜释放一种或几种抑制性激素而抑制胃液分泌。

（三）胃的运动

1. 胃的运动形式

（1）容受性舒张。当咀嚼和吞咽时，食物对口腔、咽、食管等处感受器的刺激，可通过迷走神经反射性地引起胃底和胃体平滑肌的舒张，称为胃的容受性舒张。容受性舒张使胃腔容量由空腹时的50 mL，增加到进食后的1.5 L，其生理意义是使胃更好地完成容纳和贮存食物的功能。

（2）胃的蠕动。食物进入胃后约5 min，蠕动即开始。蠕动是从胃的中部开始，有节律地向幽门方向推进（如图6-4）。人的胃蠕动波的频率约每分钟3次，并需1 min左右到达幽门，通常是一波未平，一波又起。蠕动波在初起时比较弱，在向幽门传播过程中，波的深度和速度都逐步增加，当接近幽门时，明显加强，可将一部分食糜（1～2 mL）排入十二指肠，常把这种作用称为幽门泵。并不是每一个蠕动波都到达幽门，有些蠕动波到胃窦后即消失。一旦收缩波超越胃内容物，并到达胃窦终末，由于胃窦终末部的有力收缩，胃内容物部分将被反向地推回到近侧胃窦和胃体部。食糜的这种往返运动，非常有利于食物和消化液的混合，机械地磨碎块状固体食物。蠕动主要的生理意义：一是使食物与胃液充分混合，有利于胃液发挥消化作用；二是可搅拌和粉碎食物，并推进胃内容物通过幽门进入十二指肠。

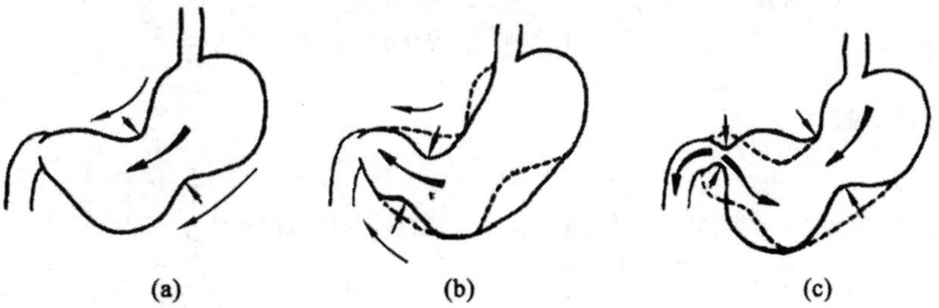

图6-4　胃的蠕动示意图

（3）紧张性收缩。胃的平滑肌经常处于持续微弱的收缩状态，称为紧张性收缩。在消化过程中，这种作用逐渐增强。紧张性收缩的意义是使胃保持一定的形状和位置。

2. **胃的排空及其控制**

（1）胃的排空。食物由胃排入十二指肠的过程称为胃的排空。一般在食物进入胃后5 min即有部分食糜被排入十二指肠，不同食物的排空速度不同，这和食物的物理性状和化学组成有关系。稀的流体食物比稠的或固体食物排空快；切碎的、颗粒小的食物比大块的食物排空快。在三大类营养物质中，糖类的排空最快，蛋白质次之，脂肪类食物排空最慢。混合性食物，由胃完全排空一般需要4～6 h。

（2）胃排空的控制。胃的排空由胃和十二指肠两方面的因素控制。①胃内促进排空的因素：胃内食物量可影响排空，胃内容物增多时，胃内压升高，胃受到食物的机械刺激，通过壁内神经反射或迷走-迷走神经反射，引起胃运动的加强；此外，食物的某些成分，主要是蛋白质消化产物，可引起胃窦黏膜释放促胃液素，促胃液素使胃的运动加强，促进排空。②十二指肠因素抑制排空：食糜进入十二指肠后，刺激十二指肠壁上的感受器，反射性地抑制胃运动，延缓胃排空，这个反射称为肠-胃反射；另外，十二指肠产生的激素对胃排空具有抑制作用，当过量的食糜，特别是酸或脂肪由胃进入十二指肠后，可引起小肠黏膜释放肠抑胃素抑制胃的运动，延缓胃的排空。

（四）呕吐

呕吐是将胃及肠内容物从口腔强力驱出的动作。机械的和化学的刺激作用于舌根、咽部、胃、大小肠、胆总管、泌尿生殖器官等处的感受器，都可以引起呕吐。视觉和内耳的位置感觉器官受到某种刺激也可引起呕吐。

呕吐前常出现恶心、流涎、呼吸急迫和心跳加快且不规则等自主神经兴奋的症状。呕吐开始时，先是深吸气，声门紧闭，随着胃和食管下端舒张，膈肌和腹肌猛烈地收缩，压挤胃的内容物通过食管而进入口腔。呕吐时，十二指肠和空肠上段蠕动也变得强烈起来（蠕动增快），并可转为痉挛。由于胃舒张而十二指肠收缩，平时的压力差倒转，使十二指肠内容物倒流入胃，因此，呕吐物中常混有胆汁和小肠液。

呕吐动作是反射性的。传入冲动由迷走神经和交感神经的感觉纤维、舌咽神经及其他神经传入至延髓内的呕吐中枢。由中枢发出的冲动则沿迷走神经、交感神经、膈神经和脊神经等传到胃、小肠、膈肌和腹壁肌等处。呕吐中枢的位置在延髓外侧网状结构的背外侧缘。颅内压增高（脑水肿、肿瘤等情况）可直接刺激该中枢而引起呕吐。呕吐是一种具有保护意义的防御反射，它可把胃内有害物质排出。但长期剧烈的呕吐会影响进食和正常消化活动，并且使大量的消化液丢失，造成体内水、电解质和酸碱平衡的紊乱。

三、小肠内消化

食物由胃进入十二指肠后，即开始了小肠内消化。小肠内消化是整个消化过程中最重要的阶段。在这里，食糜受到胰液、胆汁和小肠液的化学性消化以及小肠运动的机械性消化作用。许多营养物质也都在这一部位被吸收入机体。因此，食物通过小肠，消化过程基本完成。未被消化的食物残渣，从小肠进入大肠。

（一）胰液

胰腺是兼有外分泌和内分泌功能的腺体。胰腺的内分泌功能主要与糖代谢的调节有关。胰腺的外分泌功能所分泌的消化液为胰液，胰液是由胰腺的腺泡细胞和小的导管管壁细胞所分泌的，具有很强的消化能力。

1. 胰液的成分和作用

胰液是无色、无味的碱性液体，pH为7.8～8.4，渗透压约为血浆渗透压。人每日分泌的胰液量为1～2 L。胰液中含有无机物和有机物。在无机物中，碳酸氢盐的含量很高，胰液中的有机物主要是蛋白质，胰液中的蛋白质主要由多种消化酶组成。胰液中的消化酶主要有胰淀粉酶、胰脂肪酶、胰蛋白酶原和糜蛋白酶原等。

（1）碳酸氢盐：由胰腺内的小的导管管壁细胞分泌。HCO_3^-的主要作用是中和进入十二指肠的胃酸，使肠黏膜免受强酸的侵蚀，同时也提供了小肠内多种消化酶活动的最适宜的pH环境（pH为7～8）。

（2）胰淀粉酶：对生的或熟的淀粉的水解效率都很高，消化产物为糊精、麦芽糖。胰淀粉酶作用的最适pH为6.7～7.0。

（3）胰脂肪酶：可分解甘油三酯为脂肪酸、甘油一酯和甘油。它的最适pH为7.5～8.5。胰液中还含有一定量的胆固醇酯酶和磷脂酶，能分别水解胆固醇酯和卵磷脂。

（4）胰蛋白酶原和糜蛋白酶原：这两种酶是以不具有活性的酶原形式存在于胰液中的。肠液中的肠致活酶可以激活胰蛋白酶原，使之变为具有活性的胰蛋白酶。糜蛋白酶原在胰蛋白酶作用下转化为有活性的糜蛋白酶。胰蛋白酶和糜蛋白酶的作用极相似，都能分解蛋白质，当两者共同作用于蛋白质时，则可消化蛋白质为小分子的多肽和氨基酸。

胰液中还含有羧基肽酶、核糖核酸酶、脱氧核糖核酸酶等水解酶。羧基肽酶可作用于多肽末端的肽键，释放出具有自由羧基的氨基酸，后两种酶则可使相应的核酸部分水解为单核苷酸。

由于胰液中含有水解三种主要营养物质的消化酶，因而是所有消化液中最重要的一种。

2. 胰液分泌的调节

食物是兴奋胰腺分泌的自然因素，当进食时，可引起胰液大量分泌。胰液的分泌受神经和体液的双重调节，但以体液调节为主。

（1）神经调节：食物的形状、颜色、气味以及食物对口腔、食管、胃和小肠的刺激，都可通过神经反射（包括条件反射和非条件反射）引起胰液分泌。

（2）体液调节：调节胰液分泌的体液因素主要有促胰液素和缩胆囊素两种。①促胰液素：当酸性食糜进入小肠后，可刺激小肠黏膜释放促胰液素，产生促胰液素的细胞为S细胞。盐酸是最强的刺激因素，其次为蛋白质分解产物和脂肪酸，糖类几乎没有作用。促胰液素主要作用于胰腺小导管的上皮细胞，使其分泌大量的水和碳酸氢盐，因而使胰液的分泌量大为增加，但酶的含量却很低。②缩胆囊素：由小肠黏膜中I细胞释放的一种肽类激素，引起该物质释放的因素（由强至弱）有蛋白质分解产物、脂肪酸钠、盐酸、脂肪。缩胆囊素的主要作用是直接促进胰腺腺泡细胞分泌胰酶，也可通过迷走—迷走反射，刺激胰酶分泌。

（二）胆汁

胆汁是由肝细胞不断生成的，生成后由肝管流出，经胆总管排入十二指肠，或由肝管转入胆囊，贮存于胆囊，当消化时再由胆囊排入十二指肠。

1. 胆汁的性质和成分

成年人每日分泌胆汁800～1000 mL，胆汁是一种较浓的具有苦味的有色液体，肝胆汁呈金黄色或橘棕色；而胆囊胆汁因浓缩而颜色变深。肝胆汁呈弱碱性（pH为7.4），胆囊胆汁则因碳酸氢盐在胆囊中被吸收而呈弱酸性（pH为6.8）。胆汁的成分很复杂，除水分和钠、钾、钙、碳酸氢盐等无机成分外，其有机成分有胆盐、胆色素、脂肪酸、胆固醇、卵磷脂和黏蛋白等。胆盐是肝细胞分泌的胆汁酸与甘氨酸或牛磺酸结合形成的钠盐或钾盐，它是胆汁参与脂肪消化的主要成分。

正常情况下，胆汁中的胆盐（或胆汁酸）、胆固醇和卵磷脂的适当比例是维持胆固醇呈溶解状态的必要条件。当胆固醇分泌过多，或胆盐、卵磷脂合成减少时，胆固醇就容易沉积下来，这是形成胆结石的原因之一。

2. 胆汁的作用

胆汁中虽没有消化酶，但对脂肪的消化和吸收具有重要意义。

（1）促进脂肪的分解。胆汁中的胆盐、胆固醇和卵磷脂等都可作为乳化剂，降低脂肪的表面张力，使脂肪乳化成微滴，分散在肠腔内，这样便增加了胰脂肪酶的作用面积，使其加快分解脂肪的作用速度。

（2）促进脂肪的吸收。胆盐因其分子结构的特点，当达到一定浓度后，可聚合而形成微胶粒。肠腔中脂肪的分解产物，如脂肪酸、甘油一酯等均可渗入微胶中，形成水溶性复合物，使脂肪分解产物到达肠黏膜表面而被吸收。

（3）促进脂溶性维生素的吸收。胆汁通过促进脂肪分解产物的吸收，脂溶性维生素也可以溶于微胶粒中，因此，胆汁对脂溶性维生素A、D、E、K的吸收有促进作用。

（4）其他。胆汁在十二指肠中还可中和一部分胃酸，胆盐在小肠内吸收后促进胆汁自身分泌，起到利胆作用。

3. 胆汁分泌的调节

肝细胞是不断分泌胆汁的，但在非消化期间，肝胆汁都流入胆囊内贮存。胆囊可以吸收胆汁中的水分、无机盐，使肝胆汁浓缩4～10倍，从而增加了贮存的效能。在消化期，胆汁可直接由肝以及胆囊大量排出至十二指肠。因此，食物在消化道内是引起胆汁分泌和排出的自然刺激物。高蛋白食物（蛋黄、肉、肝）引起胆汁流出最多，高脂肪或混合食物的作用次之，而糖类食物的作用最小。

（1）神经调节。进食动作或食物对胃、小肠的刺激可通过神经反射引起肝胆汁分泌的少量增加，胆囊收缩也轻度加强。迷走神经除了直接作用于肝细胞和胆囊外，还可通过引起促胃液素释放而间接引起肝胆汁的分泌和胆囊收缩。

（2）体液调节。有多种体液因素参与胆汁的分泌。

①促胃液素：可通过血液循环作用于肝细胞和胆囊；也可先引起胃酸分泌，胃酸再作用于十二指肠黏膜，引起促胰液素释放而促进肝胆汁分泌。

②促胰液素：主要作用于胆管系统而非作用于肝细胞，它引起的胆汁分泌量和HCO_3^-含量的增加，胆盐的分泌并不增加。

③缩胆囊素：可引起胆囊强烈收缩，促进胆汁的大量排放。缩胆囊素也能刺激胆管上皮细胞，使胆汁流量和HCO_3^-的分泌增加，但其作用较弱。

④胆盐：当胆汁中的胆盐或胆汁酸排至小肠后，绝大部分仍可由小肠黏膜吸收入血，通过门静脉回到肝，再组成胆汁分泌入肠，这一过程称为胆盐的肠-肝循环。每次进餐后可进行2～3次的肠-肝循环。返回到肝的胆盐又刺激胆汁的分泌。

（三）小肠液及其作用

小肠液是由十二指肠腺和小肠腺分泌的一种碱性黏稠液体，pH值约为7.6。成人每日分泌量为1～3 L。小肠液中除水分和无机盐外，还有肠激酶（或肠致活酶）、黏蛋白和IgA等。其主要作用：①稀释消化产物，降低肠腔内容物的渗透压，有利于水分和营养物质的吸收；②碱性黏稠液体可保护十二指肠黏膜免受胃酸的侵蚀；③肠致活酶可激活胰蛋白酶原，从而促进蛋白质的消化。此外，小肠上皮细胞内存在多种消化酶，如分解多肽的肽酶、分解双糖的蔗糖酶和麦芽糖酶等，因此当营养物质吸收入小肠上皮细胞后，可继续进行消化。

（四）小肠的运动

小肠的运动功能是靠肠壁的两层平滑肌完成的。肠壁的外层是纵行肌，内层是环行肌。小肠的运动形式包括紧张性收缩、分节运动和蠕动三种。

1. 紧张性收缩

小肠的紧张性收缩是小肠腔内可以维持一定的基础压力，使小肠保持一定的位置和形态。当小肠紧张性降低时，肠腔易于扩张，肠腔内容物的混合和转运减慢。相反，当小肠紧张性升高时，食糜在小肠内的混合和转运过程就加快。

2. 分节运动

分节运动是小肠特有的运动形式，是一种以环行肌为主的节律性收缩和舒张运动。在食糜所在的一段肠管上，环行肌在许多点同时收缩，把食糜分割成许多节段。随后，原来收缩处舒张，而原来舒张处收缩，使原来的节段分为两半，而相邻的两半则合拢形成一个新的节段，如此反复进行，食糜得以不断地分开，又不断地混合（如图6-5）。分节运动的推进作用很小，它的作用在于使食糜与消化液充分混合，便于进行化学性消化，它还使食糜与肠壁紧密接触，为吸收创造了良好的条件。分节运动还能挤压肠壁，有助于血液和淋巴的回流。

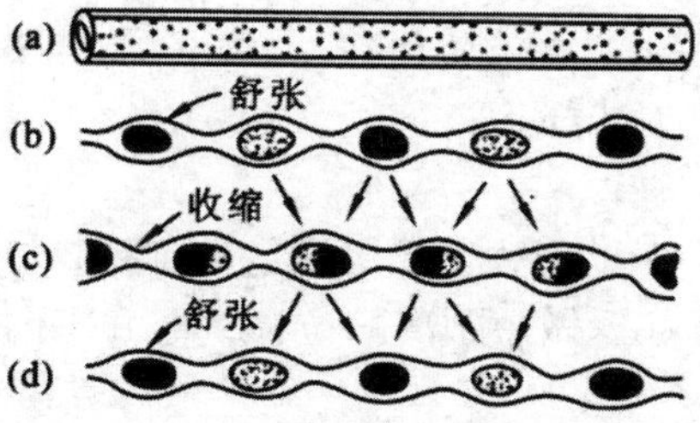

图6-5 小肠分节运动示意图

分节运动在空腹时几乎不存在，进食后才逐渐变强起来。小肠各段分节运动的频率不同，小肠上部频率较高，下部较低。十二指肠分节运动的频率约为每分钟11次，回肠末端为每分钟8次。

3. 蠕动

小肠的蠕动可发生在小肠的任何部位，其速率为0.5～2.0 cm/s，近端小肠的蠕动速度大于远端。小肠蠕动波很弱，通常只进行一段短距离（数厘米）后即消失。蠕动的意义在于使经过分节运动作用的食糜向前推进一步，到达一个新肠段，再开始分节运动。在小肠还常可见到一种进行速度很快（2～25 cm/s）、传播较远的蠕动，称为蠕动冲。蠕动冲可把食糜从小肠始端一直推送到大肠。蠕动冲可能是由于进食时吞咽动作或食糜进入十二指肠而引起的。有些药物如泻药可引起蠕动冲。

小肠蠕动时，肠腔内容物被推动而产生的声音称为肠鸣音。肠鸣音的强弱可反映肠的蠕动情况，可以作为评价外科手术后肠道运动功能恢复的一个客观标准。肠蠕动增强时，肠鸣音亢进，如腹泻；肠蠕动减弱时，肠鸣音减弱或消失，如肠梗阻。

四、大肠的功能

人类大肠内已没有重要的消化活动，大肠的主要功能在于吸收水分、无机盐、维生素，形成粪便，并排出体外。

（一）大肠液及其作用

大肠液是由肠黏膜表面的柱状上皮细胞及杯状细胞分泌的，pH为8.3～8.4。大肠液中可能含有少量二肽酶和淀粉酶，但它们对物质的分解作用不大。大肠液的主要作用在于其中的黏液蛋白和碳酸氢盐，它们能保护肠黏膜和润滑粪便。

（二）大肠内细菌的活动

大肠内有许多细菌。细菌主要来自食物和空气，大肠内的酸碱度和温度对一般细菌的繁殖极为适宜，细菌便在这里大量繁殖。细菌中含有能分解食物残渣的酶。糖及脂肪的分解称为发酵，其产物有乳酸、醋酸、二氧化碳、沼气、脂肪酸、甘油、胆碱等。分解蛋白质的过程称为腐败，其产物有胨、氨基酸、、氨、硫化氢、组胺、吲哚等，其中有的成分由肠壁吸收后到肝脏解毒；大肠内的细菌能利用肠内较为简单的物质合成B族维生素和维生素K，并在大肠内被吸收。

（三）大肠的运动

大肠的运动少而慢，对刺激的反应也较迟缓，这些特点与大肠作为粪便的暂时贮存场所是相适应的。其运动的形式有以下几种。

1. 袋状往返运动

这是在空腹时最常见的一种运动形式，是大肠的特征性运动形式。由环行肌无规律地收缩引起，它使结肠袋中的内容物往返做短距离的位移，但并不向前推进。

2. 分节或多袋推进运动

这是一个结肠袋或一段结肠收缩，其内容物被推移到下一段的运动。分节推进运动是指环行肌有规律地收缩，将一个结肠袋的内容物推到临近肠段。如果一段结肠同时发生多个结肠袋收缩，把内容物推到更远的肠段，则称为多袋推进运动。进食后或结肠受到拟副交感类药物刺激时，这种运动增强。

3. 蠕动

大肠的蠕动由一些稳定向前的收缩波所组成，与小肠的蠕动相似。在大肠还有一种进行很快且行进很远的蠕动，称为集团蠕动。它通常开始于横结肠，可将一部分大肠内容物推送至降结肠或乙状结肠甚至直肠。集团蠕动常见于进食后，常发生在早餐后60 min之内，可能是由于胃内食物进入十二指肠，由十二指肠–结肠反射所引起。

（四）排便

食物残渣在大肠内停留的时间较长，一般在十余小时，在这一过程中，食物残渣中的一部分水分被大肠黏膜吸收。同时，食物残渣经过大肠受细菌的发酵和腐败作用，形成了粪便。粪便中除食物残渣外，还包括脱落的肠上皮细胞和大量的细菌。此外，机体代谢后的废物，包括由肝排出的胆色素衍生物，以及由血液通过肠壁排至肠腔中的一某些金属，如钙、镁、汞等的盐类，也随粪便排至体外。

排便是一种反射性动作。当肠的蠕动将粪便推入直肠时，刺激了直肠壁内的感受器，冲动经盆神经和腹下神经传至脊髓腰骶段的初级排便中枢，同时上传到大脑皮质，引起便意和排便反射。通过盆神经的传出冲动，使降结肠、乙状结肠和直肠收缩，肛门内括约肌舒张；与此同时，阴部神鲤的冲动减少，肛门外括约肌舒张，使粪便排出体外。此外，由于支配腹肌和膈肌的神经兴奋，腹肌和膈肌也发生收缩，腹内压增加，促进粪便的排出。

排便反射受大脑皮质的主观意识控制，若经常有意地对便意予以制止，可使直肠对粪便压力刺激的敏感性降低，感受阈值提高，粪便在大肠内停留过久，水分吸收过多而变得干硬，引起排便困难，这是产生便秘最常见的原因之一。另外，临床上由于直肠黏膜受炎症刺激而敏感性提高，即使肠内只有少量粪便和黏液，也可引起便意及排便反射，并在排便后有排便未尽的感觉，称为里急后重，常见于肠炎或痢疾。此外，排便反射的反射弧中任一部位发生障碍均可引起排便异常，如昏迷或高位脊髓损伤时，初级中枢失去了大脑皮质的意识控制，可发生排便失禁，而即便初级中枢受损，排便反射也无法进行，从而造成大便潴留。

第二节　吸　　收

一、概述

吸收（absorption）是指食物的消化产物、水、维生素和无机盐类等通过消化道黏膜上皮细胞进入血液和淋巴的过程。营养物质的吸收是在食物被消化的基础上进行的。正常人体所需要的营养物质和水是经消化道吸收进入体内的。因此，吸收对于维持人体正常生命活动是十分重要的。

消化道不同部位对各种物质的吸收能力和速度是不同的。这主要取决于各部位消化道的组织结构和食物在各部位被消化的程度以及停留的时间。食物在口腔和食管内不被吸收，只有某些脂溶性药物如硝酸甘油，能够通过口腔黏膜进入血液。在胃内可吸收乙醇和少量水分。小肠是吸收的主要部位，糖、蛋白质和脂肪的消化产物大部分在十二指肠和空肠吸收，回肠仅能主动吸收胆盐和维生素 B_{12}。大部分营养成分到达回肠时，已吸收完毕。在大肠，已是食物消化后的残渣，在这里主要吸收水分和盐类。

小肠作为主要的吸收部，位所具备的条件如下。①吸收面积大。人的小肠长4～5 m，其黏膜有环状皱襞，皱襞上有突起的绒毛，形成绒毛的柱状上皮细胞的顶端又有微绒毛。由于小肠黏膜有环状皱襞、绒毛和微绒毛的结构特征，故小肠黏膜形成了广大的吸收面积，估计总面积达到200 m^2左右。②小肠内食物受到多种消化酶的作用后，已成为结构简单的可溶性的小分子物质，适于吸收。③食物在小肠内停留时间较长，一般为3～8小时。④小肠绒毛内部含有丰富的毛细血管、毛细淋巴管，这些都是小肠对食物吸收的有利条件。

营养物质和水经两条途径吸收入血液或淋巴。①通过绒毛柱状上皮细胞的腔膜面进入细胞内，再通过细胞底一侧膜进入血液或淋巴，这称为跨细胞途径。②通过细胞间的紧密连接，进入细胞间隙，然后再转入血液和淋巴，这称为旁细胞途径。营养物质通过细胞膜被吸收的机制包括扩散、易化扩散、主动转运、胞饮和胞吐等作用。

二、各种主要营养物质的吸收

被小肠吸收的物质不仅是由口腔摄入的，还有各种消化腺分泌的大部分水分、无机盐和某些有机成分。

（一）水分的吸收

每天进入消化道的水分有8～9L，其中来自饮料和食物的有2 L，来自唾液的1.5 L、胃液1.5 L、胰液1.5 L、胆汁0.5 L、小肠液2 L。水分大部分在十二指肠和空肠吸收，而回肠吸收很少，只有0.5～1.0 L的水分进入大肠。随粪便排出的水分仅约150 mL。因此，吸收回体内的液体量每天可达8 L。肠管内水分吸收都是被动的。各种溶质，尤其NaCl的主动重吸收所产生的渗透压差是水分吸收的主要动力。大量水分的吸收常伴随各种营养物质以及电解质的吸收。若在小肠中有些溶质不能被吸收，则会在肠腔内形成高渗透压，阻碍水分的吸收。如服用泻药硫酸镁后，由于Mg^{2+}和SO_2^{-4}不能被吸收，可在肠腔中保留300～400 mL的水分，这是盐类泻药作用的基础。

（二）无机盐的吸收

1. 钠的吸收

成人每天摄入的钠为250～300 mmol，消化腺大致分泌相同数量的钠，从粪便中排出的钠不到4 mmol，表明肠内95%～99%的钠都被重吸收入血液中。小肠上部对钠吸收的方式主要是与单糖、氨基酸载体转运相耦联的被动吸收。肠黏膜细胞内的钠浓度远低于肠腔液体。因此，钠可顺着电化学梯度通过黏膜面进入细胞内。但细胞内的钠进入血液，则是通过底一侧膜上钠泵的活动，是逆电化学梯度的主动转运（如图6-6）。

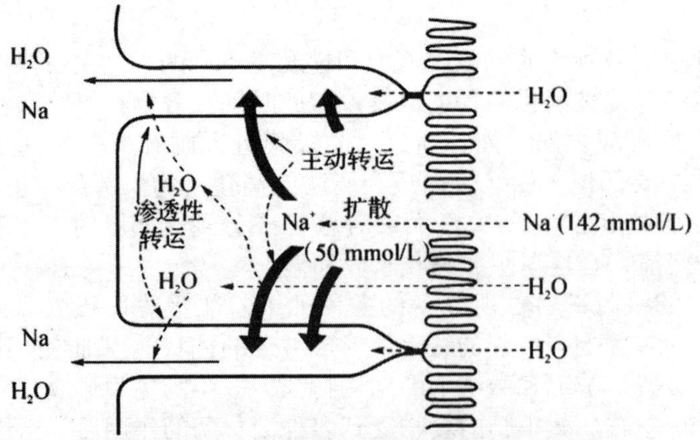

图6-6　小肠黏膜对钠和水的吸收示意图

2. 铁的吸收

人体每天吸收铁约1 mg，占每天膳食中含铁量的10%。铁的吸收主要在十二指肠和空肠。①吸收入肠黏膜细胞内的铁，大部分被氧化成三价铁（Fe^{3+}），并与细胞内转铁铁蛋白结合，形成铁蛋白，暂时贮存在细胞内，随体内对铁的需要，逐渐地向血液释放。②铁的吸收量与机体对铁的需要量有关。缺铁患者吸收的铁量比正常人高2～5倍。食物中的铁绝大部分是三价铁，不易被吸收，必须还原为亚铁（Fe^{2+}）后方可被吸收。因维生素C能将高铁还原为亚铁，故能促进铁的吸收。胃酸可使铁溶解和易将高铁转变为亚铁。因此，胃大部切除的患者，常会伴发缺铁性贫血。

3. 钙的吸收

食物中的钙仅有一小部分被吸收，大部分随粪便排出。食物中的结合钙必须变成离子状态才能被吸收。钙的吸收部位主要在十二指肠。钙的吸收主要通过主动转运完成。影响钙吸收的主要因素是维生素D和机体对钙的需求。①维生素D有促进小肠队钙吸收的作用；②儿童、孕妇和哺乳妇女对钙需要量增加，可使钙吸收加强；③钙盐只有在水溶液状态（如氯化钙、葡萄糖酸钙溶液等）才能被吸收；④肠腔的酸度对钙的吸收有重要影响，pH为3.0时，钙呈离子化状态最易被吸收；⑤肠腔中磷酸盐过多时，会形成不溶解的磷酸钙，妨碍钙的吸收；⑥胆盐可阻止钙形成不溶性的钙盐，故其对钙吸收有促进作用。胆盐缺乏，则降低钙的吸收，常导致骨软化。

4. 负离子的吸收

在小肠内被吸收的负离子主要是$C1^-$和HCO_3^-，能使钠泵活动产生电位差，促使负离子向细胞内移动。

（三）糖的吸收

摄入的糖类只有分解成为单糖后才能被吸收。糖几乎在小肠中被完全吸收，在肠道中被吸收的单糖主要是己糖（葡萄糖、半乳糖、果糖和甘露糖）和戊糖（如术糖）。它们的吸收速率有很大差异，己糖吸收很快，而戊糖吸收很慢。葡萄糖和半乳糖是主动吸收的，逆浓度差进行，即使在血液中和肠腔中的浓度比例为200∶1时，糖的吸收仍能进行。糖的吸收是通过钠依赖性的转运系统完成的。

（四）蛋白质的吸收

蛋白质经过消化、分解成为氨基酸后，几乎全在小肠内吸收。氨基酸的吸收与葡萄糖一样，是钠泵依赖性的主动转运。氨基酸吸收进入细胞后顺浓度差向细胞外弥散而进入血液循环。有证据表明，在小肠的纹状缘上存在二肽和三肽的转运系统，许多二肽和三肽也可完整地被小肠上皮细胞吸收，但吸收量小。

（五）脂肪和胆固醇的吸收

脂肪消化后形成甘油、脂肪酸、一酰甘油。成人每天平均消化吸收的脂肪量为120～150 g，有95%被吸收。吸收部位主要在空肠上段，约5%随粪便排出。脂肪经分解后，其消化产物甘油、脂肪酸和一酰甘油均可被小肠上皮细胞吸收。碳原子在10～12个以下的中、短链的一酰甘油和脂肪酸呈水溶性，依靠被动扩散方式被小肠上段黏膜吸收后，直接进入门静脉。碳原子在10~12个以上长链的一酰甘油和脂肪酸是非水溶性的，其吸收必须与胆汁中的胆盐结合，形成水溶性混合微胶粒，然后透过肠黏膜上皮细胞表面的静水层到达细胞的微绒毛。在这里，一酰甘油、脂肪酸和胆固醇又从混合微胶粒中释出，透过微绒毛的细胞膜进入黏膜细胞，而胆盐因不能通过细胞膜，一部分留在肠腔内继续发挥作用，另一部分在回肠主动转运入血。长链脂肪酸和一酰甘油进入上皮细胞后重新合成三酰甘油。胆固醇则在细胞内酯化形成胆固醇酯。两者再与细胞内生成的载脂蛋白一起构成乳糜微粒，然后以出胞的方式进入细胞间隙，再进入淋巴。甘油和中、短链脂肪酸在小肠上皮细胞内不再变化，由于能溶于水，可直接吸收进入血液。脂肪的吸收有血液和淋巴两条途径。日常膳食中的长链脂肪酸很多，所以脂肪的吸收以淋巴途径为主。

（六）维生素的吸收

维生素分为脂溶性维生素和水溶性维生素两类。水溶性维生素主要以扩散的方式在小肠上段被吸收，但维生素B_{12}必须与内因子结合形成水溶性复合物，才能在回肠被吸收。脂溶性维生素A、D、E、K的吸收机制与脂肪吸收相似。它们必须先与胆盐结合形成水溶液性复合物，通过小肠黏膜表面的静水层进入细胞内，然后与胆盐分离，再透过细胞膜进入血液或淋巴。

综上所述，消化和吸收是密切联系、相互影响、不可分割的过程。消化是吸收的前提，食物只有消化后才能被吸收。部分营养物质吸收后，小肠又可接受尚未消化的食糜，因此，吸收又为消化创造了条件。在小肠内，食物的消化和吸收是同时进行的。当消化不良或吸收功能障碍时，都会影响机体新陈代谢的正常进行，给机体带来不良影响。

第七章　能量代谢和体温

第一节　能 量 代 谢

一、机体能量的来源和去路

（一）能量的来源

机体的能量来源于食物中糖、脂肪和蛋白质分子中蕴含的化学能。这些物质在体内被氧化分解时，储存的化学能即释放出来，释放的能量一般以三磷酸腺苷（adenosine triphosphate，ATP）形式存在。机体进行各种生理活动时直接利用的能量均来自ATP，所以ATP既是体内直接的供能物质，又是主要的储能形式。体内还有其他储能物质，如磷酸肌酸（creatine phosphate，CP）等。CP主要存在于肌肉组织，肌肉在舒缩活动中CP可迅速把能量转移给ADP生成ATP，以满足机体对能量的应急需求。但CP不能直接供能，必须先把能量转化生成ATP，再由ATP供能；而当ATP过多时，其高能磷酸键又可转给肌酸，合成CP；所以CP是ATP的暂时储存库。

1. 糖

糖（carbohydrate）是机体重要的供能物质。一般情况下，糖约提供人体所需能量的50%～70%。糖的消化产物葡萄糖被吸收入血后，部分直接分解供能，部分以肝糖原和肌糖原形式贮存于肝脏和肌肉中。肝糖原能维持血糖水平的相对稳定，肌糖原是骨骼肌活动时随时可以动用的能量储备。氧供应充足时，糖进行有氧氧化生成水和CO_2，1 mol葡萄糖能提供38 mol的ATP；氧供应不足时，糖进行无氧酵解生成乳酸，1 mol葡萄糖仅能提供2 mol的ATP；一般情况下糖以有氧氧化供能为主。在人体，脑组织所需能量主要来自血糖的有氧氧化且耗氧量高，脑组织对缺氧非常敏感，因此，维持一定的血糖水平和保持机体充足的供氧，对脑功能的维持至关重要。机体低血糖会引起脑功能障碍，出现头晕等症状，严重者甚至可导致抽搐和昏迷。

2. 脂肪

脂肪（fat）既是机体重要的供能物质，也是能量储存的主要形式。每克脂肪氧化释放的能量约为糖的2倍。一般情况下，体内脂肪占体重的20%左右，脂肪氧化分解提供的能量不超过总能量的30%。短期饥饿时，成人储备的肝糖原一般24小时耗尽，脂肪就成为主要的供能物质，机体储存的脂肪能维持10～60天。

3. 蛋白质

蛋白质（protein）在人体的主要作用是构成组织和形成某些生物活性物质（如酶和激素等），非主要的供能物质。当人体长期饥饿、不能进食或能量消耗极大而体内的糖原和脂肪耗竭时，机体才依靠组织蛋白分解产生的氨基酸供能。

（二）能量的去路

各种能源物质在体内氧化时释放的能量，约50%以上以热能形式散发于体外，只有45%以化学能形式贮存于ATP或CP中，供机体各种生理活动的需要（如合成代谢、神经传导、肌肉收缩以及细胞进行物质转运等）。综上所述，人体从三大营养物质中获得的能量，除骨骼肌运动所做的机械功外，其余最终都将以热能形式向体外散发，参与体温的维持（如图7-1）。热能是最低级形式的能，除用来维持体温外，既不能直接用来做功，也不能再转化成其他形式的能。

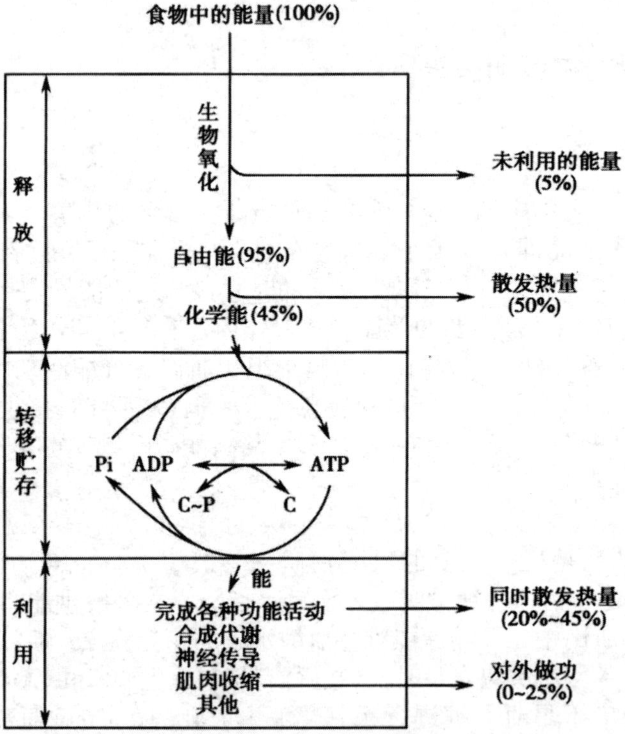

图7-1 体内能量的释放、转移、贮存和利用示意图
C：肌酸；Pi：无机磷酸；C~P：磷酸肌酸

（三）能量平衡

能量平衡指机体摄入的能量与消耗的能量之间的平衡，是一种动态平衡。在一段时间内，若机体摄入的能量等于消耗的能量，即能量达到“收支平衡”，则体重保持不变；若机体摄入的能量少于消耗的能量，机体即动用储存的能源物质，则体重减轻，称为能量的负平衡；反之，机体摄入能量多于消耗的能量，多余能量即转变为脂肪，导致肥胖和体重增加，称为能量的正平衡。

二、能量代谢的测定原理和方法

（一）测定原理

机体能量代谢遵循“能量守恒定律”，即能量在各种形式的转化过程中既不增加也不减少。食物氧化释放的化学能除做外功外，经生理活动利用后最终均转变为热能（外功也可折算为热能）。故测定机体单位时间内所散发的总热量，即可反映机体在此段时间内能量代谢的强度。

（二）测定方法

能量代谢的测定方法有直接测热法和间接测热法。

1. 直接测热法

直接测热法（direct calorimetry）是将受试者置于特殊的隔热装置中，搜集一定时间内发散的总热量。因此法所用设备复杂、庞大且价格昂贵，不便于实施，现已被间接测热法替代。

2. 间接测热法

间接测热法（indirect calorimetry）的原理是化学反应中的定比定律，即食物与耗氧量之间、食物的消耗量与热能释放量之间的固定比例关系，以此计算出单位时间内的产热量。如葡萄糖无论在体内氧化分解还是在体外燃烧，化学反应式均有以下定比关系：

$$C_6H_{12}O_6+6O_2=6CO_2+6H_2O+\triangle H$$

由上式可见，耗O_2量和产热量之间有一定的比例关系。因此，测定机体一定时间内耗O_2量即可间接推算出此时间内的产热量，从而计算出能量代谢率。

（三）间接测热法的参数和步骤

1. 测定参数

一般情况下，参与分解供能的物质不仅有葡萄糖，还有其他物质，为了确定一定时间内参与供能物质的种类、实际氧化分解的食物量及释放的能量，需了解以下几个概念。

（1）食物的热价。1g某种食物氧化分解时释放的能量称为这种食物的热价（thermal equivalent of food），也称卡价。食物的热价可分为生物热价和物理热价，前者指食物在体内氧化分解时释放的能量，后者指食物在体外燃烧时释放的能量。因糖和脂肪在体内和体外氧化分解的产物完全相同，所以两者的物理热价和生物热价相等；蛋白质的生物热价小于物理热价，是因为其在体内不能彻底氧化分解，部分能量含在尿素和尿酸等分子中随尿排出。食物的热价一般用焦耳（J）作为单位。

（2）食物的氧热价。某种食物氧化时每消耗1 L O_2所产生的热量称为这种食物的氧热价（thermal equivalent of oxygen）。氧热价可揭示某种物质氧化时耗氧量和产热量之间的关系。因各种食物所含元素的比例不同，所以消耗等量氧释放的能量也不同。

（3）呼吸商。营养物质在体内氧化时，一定时间内CO_2产量与耗O_2量的比值称为呼吸商（respiratory quotient，RQ）。因各种营养物质中氧元素和碳元素含量和比例不同，所以RQ也各异。根据RQ的数值，可推测出某段时间内人体氧化营养物质的种类和大致比例。如果RQ接近1.0，表示某段时间内主要由葡萄糖氧化供能；如果RQ接近0.71，表示主要由脂肪氧化供能。糖尿病患者因糖利用障碍，机体主要靠脂肪分解供能，所以其呼吸商接近0.71。长期不能进食的人，主要由自身蛋白质分解供能，其呼吸商接近0.80。我国正常人一般混合膳食，其呼吸商为0.85左右。

如前所述，一般情况下机体主要由糖和脂肪氧化供能，蛋白质氧化甚少，可忽略不计。根据糖和脂肪氧化时CO_2产量与耗O_2量的比值计算的呼吸商称为非蛋白呼吸商（no-protein respiratory quotient，NPRQ）。以下简要介绍非蛋白呼吸商的计算方法。因蛋白质在体内氧化不完全，分解时产生的氮在体内不能继续氧化而随尿排出，故可据此算出参与氧化分解的蛋白质量。先测定一定时间内尿氮量，根据尿氮量计算出蛋白质分解量（1 g尿氮相当于6.25 g蛋白质分解），再算出蛋白质分解时的耗O_2量和CO_2产量，从测得的总耗O_2量和CO_2产量中减去蛋白质分解的耗O_2量和CO_2产量，即可算出非蛋A呼吸商。研究表明，非蛋白呼吸商与氧热价之间有一定的比例关系。

2. 测定步骤

测算出非蛋白呼吸商后，查找相应的氧热价，用氧热价乘以耗O_2量得到非蛋白质代谢的产热量，再加上蛋白质的产热量，最终可得出机体总产热量。下面举例说明间接测热法的具体步骤。

（1）首先，测定受试者一定时间内的耗O_2量、CO_2产量及尿氮排出量。假定某受试者24小时的耗O_2量为400 L、CO_2产量为340 L（均已换算成标准状态的气体容积），尿氮排出量为12 g。

（2）蛋白质代谢的有关数据：

$$\text{蛋白质分解量}=12\ g\times6.25=75\ g$$

$$\text{蛋白质产热量}=18\ kJ/g\times75\ g=1350\ kJ$$

$$\text{耗}O_2\text{量}=0.95\ L/g\times75\ g=71.25\ L$$

$$CO_2\text{产量}=0.76\ L/g\times75\ g=57\ L$$

（3）非蛋白代谢有关数据：

$$\text{耗}O_2\text{量}=400\ L-71.25\ L=328.75\ L$$

$$CO_2\text{产量}=340\ L-57\ L=283\ L$$

$$NPRQ=283\ L\div328.75\ L=0.86$$

（4）根据NPRQ的氧热价计算24小时非蛋白食物的产热量：

$$\text{非蛋白食物代谢的产热量}=20.41\ kJ/L\times328.75\ L=6709.79\ kJ$$

（5）24小时总产热量：

$$\text{总产热量}=6709.79\ kJ+1\ 350\ kJ=8059.79\ kJ$$

计算的数值8059.79 kJ即为该受试者24小时的能量代谢值。

3. 简化测定法

上述测算步骤复杂而烦琐，在实际工作中常采用以下两种简化方法。第一种方法：一般情况下用于氧化的蛋白质量极少，故忽略蛋白质氧化分解的产热量，把测得的呼吸商看作非蛋白呼吸商，查得出相应的氧热价，用总耗O_2量乘此氧热价，即可得出该时间内的产热量。第二种方法：先测出一定时间内耗O_2量，以国人混合膳食的呼吸商0.85时的氧热价20.36 kJ（4.84keal.）为标准，此氧热价乘以耗O_2量，即可得出此段时间内的产热量。

实践表明，简化测定法与经典复杂测定法所得结果非常接近，因而被广泛应用。

三、影响能量代谢的因素

影响机体能量代谢的因素有很多，如年龄、性别、环境、精神活动和肌肉活动等。一般来说，处于生长发育期的儿童比成年人高，成年人比老年人高，男性比女性高。以下主要介绍肌肉活动、精神活动、食物的特殊动力效应和环境因素对能量代谢的影响。

（一）肌肉活动

肌肉活动对能量代谢的影响最为显著，机体任何轻微活动都可提高能量代谢率。机体产热量的增加与肌肉活动的强度呈正变关系。剧烈运动或进行高强度劳动时，短时间内产热量比平时增加数倍至数十倍。

（二）精神活动

与肌肉相比，脑的血流量大且代谢率高，安静状态下每100 g脑组织耗氧量为3～3.5 mL/min，约为安静状态下肌肉组织耗氧量的20倍。虽然脑组织的代谢率较高，但在不同精神活动状态下脑组织的代谢率变化并不大。研究表明人体在睡眠时与精神活动活跃时相比，脑组织的糖代谢无明显差异。可见，在精神活动活跃时（如激动、愤怒、恐惧及焦虑等）中枢神经系统本身代谢率的增加很少，产热量的增加主要在于骨骼肌紧张性增加及交感–肾上腺髓质系统活动加强，使机体产热量增加。

（三）食物的特殊动力效应

进食后一段时间内，人虽处于安静状态，但机体产热量比进食前有所增加，这种现象一般从进食后1小时左右开始，持续7～8小时。食物能引起机体额外产生热量的现象称为食物特殊动力效应（food specific dynamic effect）。三种营养物质中，蛋白质的特殊动力效应最高，在进食蛋白质类食物后，机体额外的产热量可达30%左右；糖和脂肪较低，额外产热量分别为6%和4%左右；一般混合食物产热量可增加10%左右。

食物特殊动力效应产生的确切原因目前尚不完全清楚，可能与氨基酸在肝脏的脱氨基作用或合成糖原有关，与食物在消化道内的消化和吸收无关。

（四）环境温度

安静状态下，人的能量代谢以20℃～30℃的环境中最稳定，低于或高于此范围，能量代谢率均增高。环境温度低于20℃时，寒冷刺激引起寒战和骨骼肌紧张性增强，使能量代谢率提高；环境温度高于30℃时，体内化学反应速度加快、发汗功能旺盛以及呼吸和循环功能增强等，可引起能量代谢率增加。

四、基础代谢

如上所述，影响能量代谢的因素很多，在比较能量代谢的高低和判断能量代谢是否正常时需要消除这些因素的影响，通常把基础代谢作为判断能量代谢的标准。

（一）基础代谢和基础代谢率的概念

人体在基础状态下的能量代谢称为基础代谢（basal metabolism）。基础状态指人处于清醒而又非常安静，不受肌肉活动、精神紧张、食物及环境温度等因素影响时的状态。单位时间内的基础代谢，称为基础代谢率（basal metabolism rate，BMR），其单位为kJ/（m^2·h）。临床上测基础代谢率通常要求以下具体条件：①清醒、安静卧床且肌肉放松，以避免肌肉活动的影响；②无精神紧张、焦虑和恐惧心理，以避免精神活动的影响；③空腹，即距前次进餐12小时以上，以排除食物特殊动力效应的影响；④环境温度保持在20℃～30℃，以排除环境温度的影响；⑤测定的前晚必须保证足够的睡眠。

基础状态下人体各种生理活动较稳定，基础代谢率也较稳定，因此基础代谢率常作为评价机体能量代谢水平的指标。基础代谢率比一般安静状态下低8%～10%，但并非最低的代谢水平，人体在进入深度睡眠后能量代谢率更低，但在做梦时可增高。

（二）基础代谢率的测定方法

1. 测定单位时间的产热量

如前所述，常采用简化法来计算。先测出受试者在基础状态下单位时间内（1小时）的耗O_2量，基础状态下一般混合膳食的呼吸商为0.82（对应的氧热价为20.20 kJ/L），即可算出1小时的产热量：产热量=20.20×耗O_2量（kJ）。

2. 能量代谢率的衡量标准

对体格各异的不同个体，比较他们的能量代谢率时，以体重还是以体表面积为标准来衡量？若以每公斤体重的产热量进行比较，身材瘦小的健康成年人每公斤体重产热量显著高于身材高大的健康成年人；若以每平方米体表面积产热量进行比较，两者每平方米体表面积的产热量较接近。可见，判断能量代谢率的高低应以每平方米体表面积产热量为标准。

计算体表面积常用以下两种方法：

（1）公式法：

$$体表面积(m^2)=0.0061×身高(cm)+0.0128×体重(kg)-0.15290$$

（2）测算图法：将受试者身高和体重连一直线，此线与体表面积交点的对应数值即为受试者的体表面积（如图7-2）。

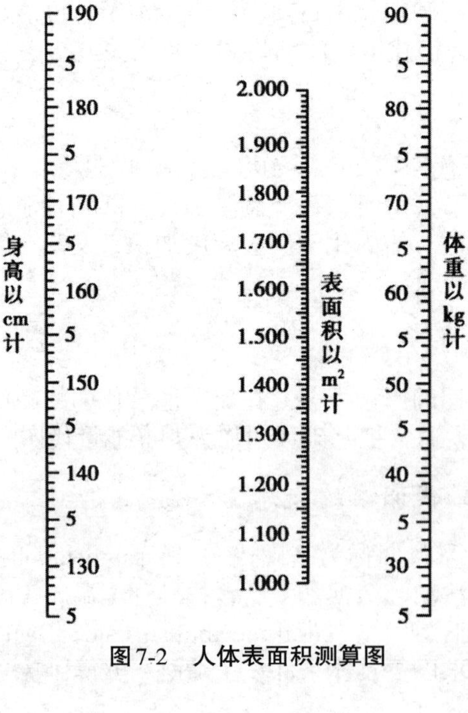

图7-2　人体表面积测算图

综上所述，能量代谢率的计算公式为：20.20×耗O_2量/体表面积，单位为kJ/（m^2·h）。

（三）基础代谢率的表示方法

1. 实际数值

用上述公式计算的实际数值表示。BMR有一定的生理变动，年龄和性别对其均有影响。

2. 相对值

在临床实践中评价基础代谢率时，并非用实际数值，而常用基础代谢率相对值的百分率。其计算公式为：BMR=（实测值—正常平均值）/正常平均值×100%。

（四）基础代谢率的正常水平及其异常变化

BMR在不同性别和年龄有生理变动。相同年龄的BMR，男性比女性高，幼年比成年高，年龄越大，BMR值越低。

一般来说，BMR的相对数值在±10%～±15%均为正常，只有相对数值超过±20%时才考虑异常。在临床上，一些疾病常伴有BMR的异常变化。如甲状腺功能亢进时，BMR可比正常值高出25%～80%；甲状腺功能低下时，BMR可比正常值低20%～40%。因此，BMR在过去常作为诊断甲状腺疾病的指标之一。体温的改变对BMR也会有影响，一般体温每升高1℃，BMR将升高13%左右。常见的引起BMR升高的疾病还有糖尿病、红细胞增多症和白血病等。常见的引起BMR降低的疾病还有肾上腺皮质功能低下、垂体功能低下、艾迪生病、肾病综合征和垂体性肥胖症等。

第二节 体温及其调节

一、人体正常体温及其生理波动

（一）体温的概念与正常值

体温（body temperature）相对恒定是机体进行新陈代谢和正常生命活动的必要条件。机体的外周组织，包括皮肤、皮下组织和肌肉等的温度称为体表温度（shell temperature），也叫表层温度。体表温度易受环境温度或机体散热的影响而不稳定，各部位之间的差异也较大。一般情况下，四肢末梢皮肤温度最低，越接近躯干、头部，皮肤温度越高。在炎热环境中，皮肤温度的部位差将变小；在寒冷环境中，随着气温下降，手、足的皮肤温度降低最显著，但头部皮肤温度变动相对较小。机体深部，如心、肺、脑和腹腔内脏等处的温度称为体核温度（coretemperalture），也叫深部温度。体核温度比体表温度高，且比较稳定，各部位之间的差异也较小。在不同环境中，体核温度和体表温度的分布会发生相对改变。在较寒冷的环境中，体核温度分布区域缩小，主要集中在头部与胸腹内脏，而且体表与体核之间存在明显的温度梯度。在炎热环境中，体核温度可扩展到四肢（如图7-3）。

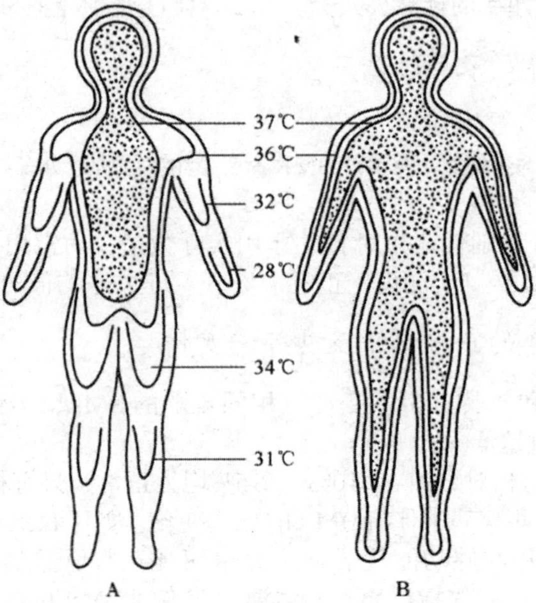

图7-3　在不同环境温度下人体体温分布图
A.环境温度20℃；B.环境温度35℃

生理学所说的体温是指机体深部的平均温度，也就是体核温度。由于体内各器官的代谢水平不同，它们的温度略有差别。在安静时，肝代谢最活跃，温度最高，其次是心脏和消化腺。在运动时，则骨骼肌的温度最高，但血液循环使体内各器官的温度经常趋于一致。全身的血液均回流于右心房，因此，右心房血液的温度可代表体核温度的平均值，但不易测量。临床上通常用口腔温度、直肠温度和腋窝温度来代表体温。直肠温度（rectal ternperature）的正常值为36.9℃～37.9℃，口腔温度（oral temperature）为36.7℃～37.7℃，腋窝温度（axiuary ternperature）为36.0℃～37.4℃。测体温时需注意以下几点：①测定直肠温度时应将体温计插入直肠6cm以上；②测定口腔温度时应将温度计置于舌下，将口紧闭，以免受吸入空气的影响；③测定腋窝温度时，要保持腋窝干燥，上臂紧贴胸廓，测定时间至少需要10分钟。因测定腋窝温度不易发生交叉感染，所以是测量体温最常用的方法。值得指出的是，在实验研究中，食管温度可以作为深部温度的一个指标；鼓膜温度的变动大致与下丘脑温度的变化一致，所以在体温调节生理实验中，常用鼓膜温度作为脑组织温度的指标。

（二）体温的生理波动

人体的体温是相对稳定的，但在生理情况下，人体的体温可随昼夜、年龄、性别、环境温度、精神紧张和体力活动等因素的影响而发生变化，但一般不超过1℃。

1. 昼夜波动

在一昼夜之中，人体体温呈周期性波动。凌晨2～6时体温最低，午后1～6时最高。体温的这种昼夜周期性波动称为昼夜节律或日周期（circadian rhythm）。这与肌肉活动及耗氧量无关，而与下丘脑的生物钟功能有关，属于一种内在的生物节律（biorhythm）。

2. 性别

成年女性的平均体温比男性高0.3℃左右。这可能与女性皮下脂肪较多，散热较少有关。育龄女性的基础体温随月经周期而发生变动（如图7-4）。月经期和排卵前期体温较低，排卵日最低，在排卵后体温升高（0.2℃～0.5℃），这种体温升高一直持续至下次月经开始。因此，测定成年女性的基础体温有助于了解有无排卵和排卵日期。排卵后的体温升高可能与血中孕激素的水平增高有关。

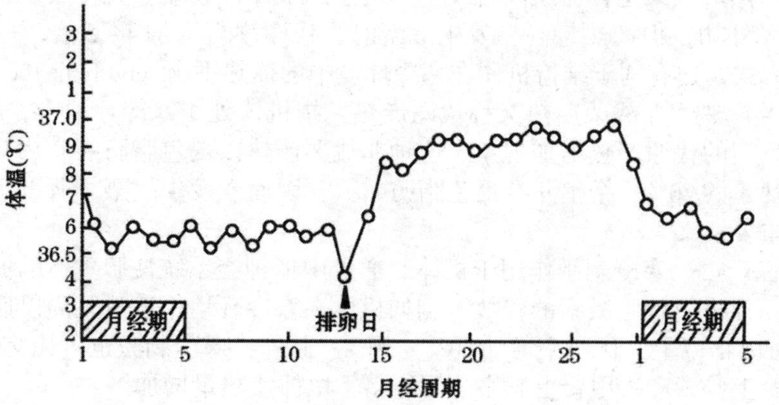

图7-4　女性月经周期中基础体温变化曲线

3. 年龄

一般情况下，儿童、青少年的体温较高，随着年龄的增长体温逐渐下降。老年人由于基础代谢率低，所以体温低于正常成年人。新生儿，特别是早产儿，由于体温调节机制发育还不完善，体温调节能力差，所以他们的体温容易受环境温度的影响而波动，因此，对新生儿应加强护理。

4. 肌肉活动

肌肉活动时代谢加强，产热量因而增加，可导致体温升高。所以，临床上应让患者安静一段时间以后再测体温。测定小儿体温时还应防止其哭闹。

5. 其他因素

此外，在情绪激动、精神紧张、进食等情况下，体温都会有一定的升高；环境温度的变化对体温也有影响；麻醉药可抑制体温调节中枢，尤其是扩张皮肤血管，增加散热。故在测定体温时，应考虑到这些情况。

二、人体的产热与散热

人体的体温之所以能够保持相对的稳定，是因为机体在体温调节机制的控制下，使产热过程和散热过程处于平衡。如果机体的产热量大于散热量，体温就会升高；散热量大于产热量则体温就会下降，直到产热量与散热量重新取得平衡时才会使体温稳定在新的水平。

（一）产热

1. 主要产热器官

机体的热量是三大营养物质在体内各组织器官中进行氧化分解所产生的。从影响整体温度的角度看，机体主要的产热器官是内脏和骨骼肌。在安静时，机体的主要产热器官是内脏和脑，其中，肝脏是代谢最旺盛的器官，产热量最大。运动和劳动时，骨骼肌是产热的主要器官，其产热量可占机体总产热量的90%。

2. 产热的调节反应

当机体处于寒冷环境中时，散热量明显增加，此时机体的产热量也增加，以维持体热平衡，增加产热的途径有如下几条。

（1）战栗产热。战栗是骨骼肌同时发生不随意的节律性收缩。其特点是屈肌和伸肌同时收缩，所以不做外功，但产热量高。发生战栗时，代谢率可增加4～5倍，是人在寒冷环境中产热的主要方式，这有利于维持机体在寒冷环境中的体热平衡（body heat equipoise）。

（2）非战栗产热。非战栗产热又称代谢产热，指机体处于寒冷环境中，除战栗产热外，体内还会发生广泛的代谢产热增加现象。这种非战栗产热以褐色脂肪的产热量为最大，约占非战栗产热总热量的70%。新生儿有褐色脂肪贮存，因而不发生战栗，所以非战栗产热对新生儿来说，有重要意义。

（3）调节性产热。寒冷刺激作用于机体，通过中枢神经系统使腺垂体的促甲状腺激素释放量增加，进而促进甲状腺激素的释放。例如机体在寒冷环境中度过几周以后，甲状腺激素的分泌量可增加2倍以上，代谢率增加20%～30%。此外，寒冷刺激也可让交感–肾上腺髓质系统兴奋，使肾上腺素和去甲肾上腺素分泌增多，机体产热量增加。

（二）散热

新陈代谢产生的热量，随着流动的血液带到体表，通过皮肤散发至周围环境。因而人体皮肤是主要散热部位。当环境温变低于体温时，大部分的体热通过皮肤的辐射、传导和对流散热。当环境温度高于体温时，则通过皮肤蒸发散热。另有一小部分热量通过呼吸、排尿和排粪而散失。

1. 散热方式

（1）辐射散热。机体以热射线的形式将热量传给外界较冷物质的一种散热形式，称为辐射散热（thermal radiation）。在机体安静状态下，以此种方式散发的热量所占比例较大，约占总散热量的60%。辐射散热量同皮肤与环境间的温度差以及机体有效辐射面积等因素有关。皮肤温度稍有变动，辐射散热量就会有很大变化。四肢表面积比较大，因此在辐射散热中有重要作用。皮肤温度与环境温度差越大，或是机体有效辐射面积越大，辐射的散热量就越多；反之，当环境温度高于皮肤温度时，机体表面将吸收周围高热物体的辐射能而提高体温。

（2）传导散热。传导散热（thermal conduction）是机体的热量直接传给同它接触的较冷物体的一种散热方式。机体深部的热量以传导方式传到机体表面的皮肤，再由皮肤直接传给同它相接触的物体（如空气、床或衣服等）。与皮肤接触的物体导热性越好，传导散热量越大。如接触金属制品较接触木制品传导散热快得多。另外，人体脂肪的导热度低，肥胖者皮下脂肪较多，女子一般皮下脂肪也较多，所以，他们由深部向表层传导的散热量要少些。皮肤涂油脂类物质，也可以起减少散热的作用。水的导热性好，若皮肤接触比其温度更低的水，则机体散热较快。临床上利用冰袋、冰帽给高热患者降温就是这个道理。

（3）对流散热。对流散热（thermal convection）是指通过气体或液体的流动来交换热量的一种散热方式。对流是传导散热的一种特殊形式。人体周围总是绕有一薄层同皮肤接触的空气，人体的热量传给这一层空气，身体周围热空气上升，使体热发散到空间，由新的、密度大的冷空气补充到人体周围，再被人体散发的热量加温而上升流走。通过对流所散发的热量的多少，受风速影响。风速越大，对流散热量也越多；反之，对流散热量就越少。穿衣可减少机体对流散热，因而具有保温作用。

当环境温度等于或高于体表温度时，上述三种散热方式将停止，于是蒸发散热便成为机体散热的唯一方式。

（4）蒸发散热。蒸发散热（thermal evraporation）是水分在体表发生汽化时，吸收体热而将其散发的一种形式。体表每蒸发1 g水分可使机体散失2.43 kJ热量。人体蒸发有两种形式，即不感蒸发（insensible perspiration）和发汗（sweating）。

人体即使处在低温中，没有汗液分泌时，皮肤和呼吸道都不断有水分渗出而被蒸发掉，这种水分蒸发称为不感蒸发，其中，皮肤的水分蒸发又称为不显汗。在室温30℃以下时，人体每日不感蒸发的水分相对恒定，一般为1000 mL左右，其中通过皮肤的为600 ~ 800 mL，通过呼吸道黏膜的为200 ~ 400 mL。婴幼儿的不感蒸发的速率比成人大，因此，在缺水时婴幼儿更容易造成严重脱水。不感蒸发是一种很有成效的散热途径，有些动物如狗，皮肤虽有汗腺结构，但在高温环境下也不能分泌汗液，而必须通过热喘呼吸（panting），由呼吸道来增强蒸发散热。

发汗，是指汗腺分泌汗液的活动。发汗是可以意识到的有明显的汗液分泌，因此，汗液的蒸发又称为可感蒸发。人在安静状态下，当环境温度达30℃左右时便开始发汗。如果空气湿度大，而且着衣较多时，气温达25℃便可引起人体发汗。人进行劳动或运动时，气温虽在20℃以下，也可出现发汗，而且汗量往往较多。发汗速度受多种因素影响。环境温度越高，发汗速度越快。但在高温环境中时间太长，发汗速度会因汗腺疲劳而明显减慢。湿度大，汗液不易被蒸发，体热因而不易散发。此外，风速大时，汗液易蒸发，汗液蒸发快，容易散热而使发汗速度变慢。因此，人在高温、高湿、通风差的环境中容易发生中暑。劳动强度也影响发汗速度，劳动强度越大，产热量越多，发汗量越多。

正常情况下，汗液中水分占99%，固体成分则不到1%。固体成分中，大部分为氯化钠，也有少量氯化钾、尿素等。汗液中的氯化钠浓度一般低于血浆，乳酸浓度高于血浆；蛋白质和葡萄糖的浓度几乎为零。从事高温作业等大量出汗的人，汗液中可丧失较多的氯化钠，因此应注意补充氯化钠。刚从汗腺细胞分泌出来的汗液，与血浆是等渗的，但在流经汗腺导管时，由于部分钠和氯被重吸收，故最后排出的汗液是低渗的。所以当机体因大量发汗而造成脱水时，可导致高渗性脱水。

2. 散热的调节

（1）发汗的调节。发汗是体温调节的重要反应之一。人体有大汗腺和小汗腺两种，大汗腺局限于腋窝和外阴部等处，其活动可能与功能有关；小汗腺广泛分布于全身皮肤，其活动与体温调节有关。发汗是一种反射性活动，发汗中枢分布在从脊髓到大脑皮质的中枢神经系统中。在正常情况下，起主要作用的是下丘脑的发汗中枢。人体小汗腺主要接受交感胆碱能纤维支配，所以乙酰胆碱对小汗腺有促进分泌作用。环境温度升高或剧烈运动时通过乙酰胆碱促进全身各部位的小汗腺分泌汗液，称为温热性发汗（thermal sweating）。温热性发汗的生理意义在于增加蒸发散热，调节体温。位于手、足及前额等处的小汗腺也有一部分受交感肾上腺素能纤维支配，精神紧张或情绪激动而引起的发汗称为精神性发汗（mental sweating）。精神性发汗主要见于掌心、脚底、腋窝和前额等部位，精神性发汗与体温调节关系不大。

（2）皮肤血流量的调节。皮肤通过辐射、传导和对流散失的热量取决于皮肤和环境之间的温度差，而皮肤温度的高低由皮肤血流量所控制。皮肤血管的特点是，分布到皮肤的动脉穿过隔热组织（脂肪组织等），在乳头下层形成动脉网；皮下的毛细血管高度弯曲，其静脉端形成丰富的静脉丛；另外，皮下还有大量的动-静脉吻合支，这些结构特点决定了皮肤的血流量可以在较大范围内变动。机体的体温调节机制通过交感神经系统控制着皮肤血管的口径。在炎热环境中，交感神经紧张度降低，皮肤小动脉舒张，动-静脉吻合支开放，皮肤血流量因而大大增加，于是较多的体热从机体深部被带到体表层，提高了皮肤温度，增强了散热作用；在寒冷环境中，交感神经紧张度增强，皮肤血管收缩，皮肤血流量剧减，皮肤温度降低，散发的热量也随之减少，以保持正常体温。

三、体温调节

人和恒温动物有完善的体温调节机制。在外界环境温度发生改变时，机体能通过调节产热和散热过程，维持体温相对稳定。体温调节是一个复杂的过程，涉及感受温度变化的温度感受器，通过温度觉传导通路把温度信息传达到体温调节中枢，经过中枢整合后，通过传出神经调整产热器官和散热器官等效应器的活动，从而使体温保持相对稳定。

（一）温度感受器

对温度敏感的感受器称为温度感受器。根据其部位的不同，将温度感受器分为外周温度感受器和中枢温度感受器；按其感受的刺激可分为冷觉感受器和温觉感受器。

1. 外周温度感受器

分布于人体皮肤、黏膜和内脏中，它们都是游离神经末梢。当皮肤温度升高时，温觉感受器兴奋，而当皮肤温度下降时，则冷觉感受器兴奋。从动物实验记录温度感受器发放冲动观察到，冷觉感受器在27℃时发放冲动频率最高，而温觉感受器则在47℃时发放冲动频率最高。当皮肤温度偏离这两个温度时，两种感受器发放冲动的频率都逐渐下降。在人类，皮肤温度低于30℃时产生冷觉，皮肤温度在35℃左右则引起温觉。皮肤冷觉感受器数量较多，为温觉感受器的4～10倍，提示皮肤温度感受器在体温调节中主要感受外界环境的冷刺激，防止体温下降。

2. 中枢温度感受器

是指分布在脊髓、延髓、脑干网状结构及下丘脑等处对温度变化敏感的神经元。其中因温度升高而放电频率增加者称为热敏神经元（warm-sensitive neuron），因温度下降而放电频率增加者称为冷敏神经元（cold-sensitive neuron）。研究表明，在脑干网状结构和下丘脑的弓状核中以冷敏神经元居多，而在视前区-下丘脑前部（preoptic-anterior hypothalamus，PO/AH）中，热敏神经元居多。实验证明，局部脑组织温度变动0.1℃，这两种温度敏感神经元的放电频率就会发生变化，而且不出现适应现象。此外，PO/AH中某些温度不敏感神经元能够对下丘脑以外的部位的温度变化产生反应，表明外周温度信息都会聚于这类神经元。另外，这类神经元还能直接对致热物质5-HT、去甲肾上腺素以及多种多肽发生反应，并导致体温的改变。

（二）体温调节中枢

从分段切除多种恒温动物脑的实验中观察到，切除下丘脑以上脑组织，保持下丘脑及其以下的神经结构完整，动物仍具有维持恒定体温的能力。如进一步破坏下丘脑，则动物不再具有维持体温相对恒定的能力。这说明，调节体温的基本中枢在下丘脑。实验进一步证明，

PO/AH是体温调节中枢的关键部位。其依据如下：①机体各部的温度传入信息都会聚于PO/AH；②广泛破坏PO/AH区域，动物的体温不能维持稳定；③PO/AH含有较多的温度敏感神经元，它对上传的温度信息能进行分析整合，并做出相应的调节反应。如致热原等化学物质通过血液运输，而后作用于PO/AH区的温度敏感神经元，引起体温调节反应。

下丘脑感受到体内外环境温度变化刺激后，它发出的控制信号主要经过以下三条途径调节产热和散热装置的活动，以维持体温的稳定。①通过交感神经系统调节皮肤血管舒缩反应和汗腺分泌；②通过躯体神经改变骨骼肌的活动，如在寒冷环境时的寒战等；③通过甲状腺和肾上腺髓质激素的分泌活动的改变来调节机体的代谢水平（如图7-5）。

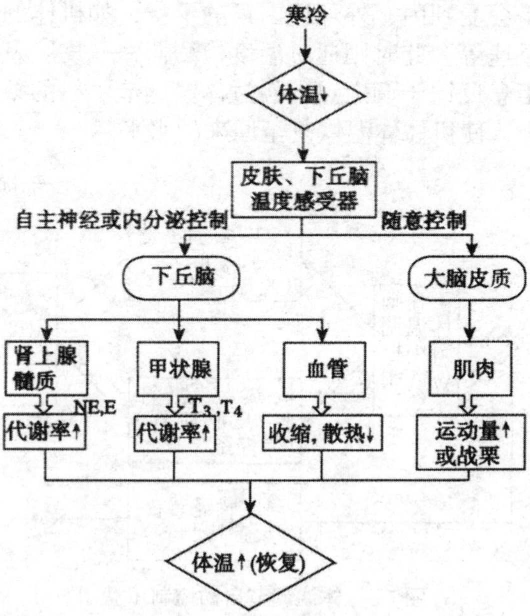

图7-5　下丘脑对体温的调节

NE：去甲肾上腺素；E：肾上腺素；

T_3：三碘甲腺原氨酸；T_4：四碘甲腺原氨酸

（三）体温调节机制——调定点学说

体温调节机制目前主要用调定点学说加以解释，该学说认为，体温的调节类似于恒温器的调节，PO/AH区中有一个控制体温的调定点（set point），其结构基础是PO/AH区的温度敏感神经元。体温调定点是将体温设定在一个温度值，如37℃，当机体处于这一温度值时，机体的产热和散热过程处于平衡状态，体温能维持在调定点设定的温度水平。如果偏离此设定数值，则由反馈系统将偏离信息输送到控制系统，然后经过对受控系统的调整来维持体温的恒定。例如，该学说认为，由细菌所致的发热是由于热敏神经元的阈值因受到致热原的作用而升高，调定点上移（如38℃）的结果。因此，发热反应开始先出现恶寒战栗等产热反应，直到体温升高到38℃以上时才出现散热反应。如果致热原不消除，产热与散热两个过程就继续在此新的体温水平上保持着平衡。临床上应用退热药能阻断致热原的作用，使调定点回落到正常水平，体温恢复正常。

（四）体温调节的方式

体温调节的方式包括自主性体温调节和行为性体温调节。

1. 自主性体温调节

自主性体温调节由温度感受器、体温调节中枢、效应器等共同完成。自主性体温调节是体温调节的基础，是通过体内体温自控系统的活动来实现的。如图7-6所示，下丘脑是体温调节中枢，应属于控制系统，由下丘脑发出的信息，控制着产热器官（如肝脏、骨骼肌等）和散热器官（如皮肤血管、汗腺等）的活动，使受控对象机体深部的温度保持在一个稳定水平。而输出变量体温总是会受到内、外环境因素的干扰，如机体的运动或外环境气候因素的变化，如气温、湿度、风速等。此时则通过温度检测器——皮肤及深部温度感受器（包括中枢温度感受器）将干扰信息反馈于调定点，经过体温调节中枢的整合，再调整受控系统的活动，重建机体的体热平衡，使机体体温恢复至原来的水平。

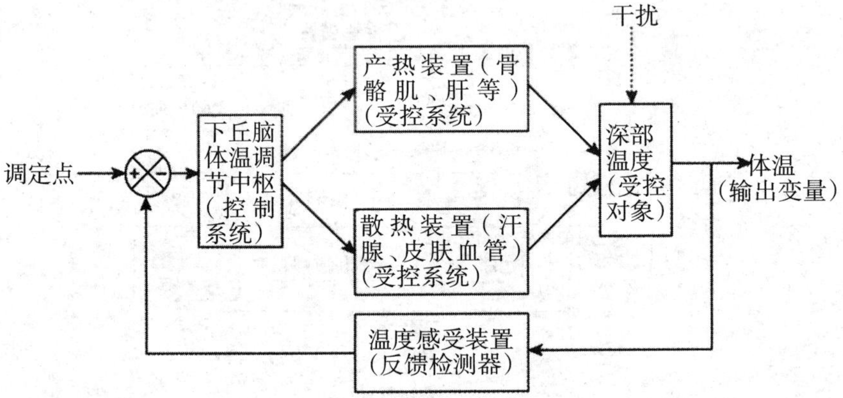

图7-6　体温调节自动控制示意图

2. 行为性体温调节

行为性体温调节是指人有意识地通过一定的行为对体温进行调节。人在不同温度环境中，为了保暖或降温而有意识地采取紧缩一团或伸展肢体、增减衣服、使用冷暖空调等特殊的姿势和行为，以保证其生理最适温度。行为性体温调节是自主性体温调节的补充。

第八章　尿的生成与排出

第一节　肾脏的排泄功能

一、排泄

排泄（excretion）是指机体将新陈代谢过程中产生的代谢终产物以及进入机体的异物和体内过剩的物质，经血液循环由排泄器官排出体外的过程。人体内具有排泄功能的器官有肾脏、肺、皮肤、汗腺等，其排泄途径和主要排泄物见表8-1。其中，肾脏是机体最主要的排泄器官，其排出的代谢产物种类最多、数量最大。

表8-1　人体的排泄途径和主要排泄物

排泄途径	主要排泄物
肾脏	水、无机盐、尿素、尿酸、肌酐、药物、色素等
呼吸道	CO_2、水、挥发性物质等
皮肤	水、无机盐、少量尿素等
消化道	胆色素、无机盐、毒物、铅、汞等

肾脏主要是通过泌尿实现其排泄功能，从而调节人体水、电解质和酸碱平衡，以维持内环境稳态。此外，肾脏还具有内分泌功能，它能产生肾素，参与动脉血压的调节；可产生促红细胞生成素，调节骨髓红细胞的生成；肾的1a-羟化酶可参与调节钙的吸收和血钙水平。此外，肾脏还能产生缓激肽、前列腺素，参与调节局部或全身血管活动等功能。因此，肾脏具有多种功能，本章主要介绍其排泄功能。

二、肾脏的结构和肾血流量

（一）肾单位

肾单位（nephron）是肾脏的基本结构和功能单位，它与集合管共同完成尿的生成过程。人类每侧肾约有100万个肾单位，每个肾单位由肾小体和肾小管构成，其组成如下。

- 肾单位
  - 肾小体
    - 肾小球(血管球)
    - 肾小囊
  - 肾小管
    - 近端小管
      - 近曲小管
      - 髓袢降支粗段
    - 髓袢细段
      - 髓袢降支细段
      - 髓袢升支细段
    - 远端小管
      - 髓袢升支粗段
      - 远曲小管

（髓袢降支粗段、髓袢降支细段、髓袢升支细段、髓袢升支粗段合称髓袢）

肾单位按其所在的部位可分为皮质肾单位和近髓肾单位两类（如图8-1）。皮质肾单位位于外皮质层和中皮质层，占肾单位总数的85%～90%，主要参与尿的滤过和重吸收，特点包括：①髓袢较短，只达外髓质层，有的甚至达不到髓质；②肾小球体积较小；③入球小动脉口径比出球小动脉口径粗；④出球小动脉分支形成的肾小管周围毛细血管网，包绕在肾小管的周围，有利于肾小管的重吸收，而近髓肾单位的肾小体位于髓质的内皮质层，占肾单位总数的10%～15%，主要参与尿的浓缩和稀释。其特点包括：①髓袢长，可伸入内髓质层，有的甚至可达肾乳头部；②肾小球体积较大；③入球小动脉口径与出球小动脉口径无明显差别；④出球小动脉除形成包绕在邻近的近曲小管和远曲小管周围的毛细血管外，还形成细而长的U形直小血管。

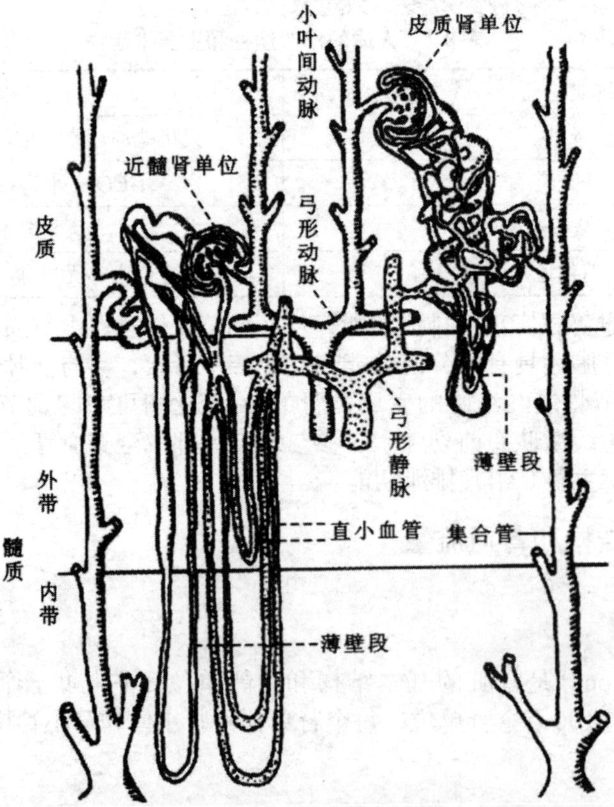

图8-1　肾单位和肾血管示意图

（二）球旁器

球旁器由球旁细胞、球外系膜细胞和致密斑三部分组成（如图8-2），主要分布于皮质肾单位。球旁细胞是入球小动脉和出球小动脉中一些特殊分化的平滑肌细胞，细胞内含分泌颗粒，能合成和释放肾素（renin）。致密斑位于远端小管的起始部，由高柱状上皮细胞所构成，它与球旁细胞和球外系膜细胞相接触，能感受小管液中NaCl含量的变化，并将其信息传递至球旁细胞，从而调节肾素的分泌和肾小球滤过率。球外系膜细胞分布于入球小动脉、出球小动脉和致密斑之间，具有吞噬和收缩等功能。

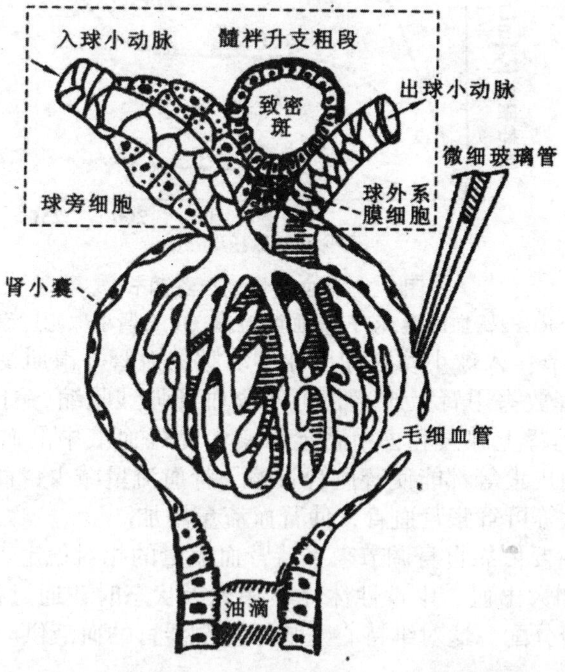

图8-2　肾小球、肾小囊微穿刺和球旁器示意图

（三）肾血流量的特点及其调节

1. 肾血流量的特点

首先，肾血流量大，是机体供血量最丰富的器官。正常成年人安静时约有1200 mL/min的血液流经两肾，相当于心输出量的20%～25%。其次，肾脏血液分布不均匀，肾血流量的94%分布在肾皮质，5%～6%分布在外髓，而不到1%的肾血流量分布在内髓。此外，肾脏有两套毛细血管网。血液依次要流过肾小球毛细血管网和肾小管周围毛细血管网，其中肾小球毛细血管血压较高，有利于肾小球滤过；肾小管周围毛细血管内的血浆胶体渗透压较高，有利于肾小管的重吸收。

2. 肾血流量的调节

肾血流量是尿生成的前提。肾血流量的调节包括自身调节、神经–体液调节。

（1）自身调节：在离体肾灌流实验中观察到，当肾动脉灌注压为80～180 mmHg时，肾血流量保持相对稳定（如图8-3）。一般认为，当肾动脉血压降低时，肾入球小动脉平滑肌紧张性降低，血管舒张，阻力减小，进入入球小动脉的血流量不致减少；反之，当肾动脉血压升高时，肾入球小动脉收缩，口径缩小，阻力增大，以保持肾血流量相对恒定。在不依赖神经和体液因素作用的情况下，肾血流量在一定的动脉血压变动范围内能保持相对稳定的现象，称为肾血流量的自身调节。当动脉血压的变动超出肾脏自身调节能力时，肾血流量会发生相应变化。肾血流量的自身调节有利于维持肾小球滤过率的相对稳定。

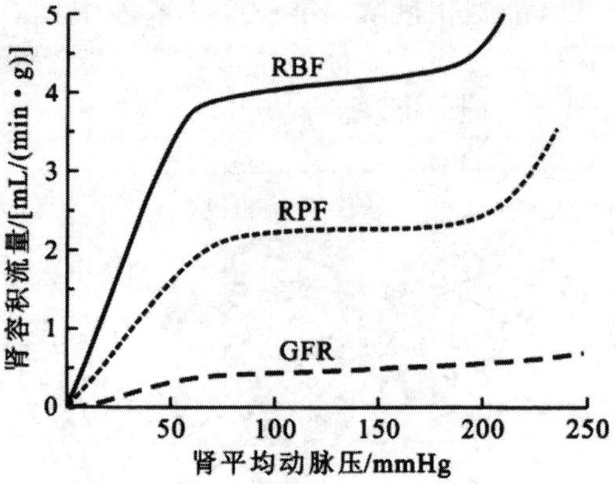

图8-3　肾血流量的自身调节

RBF：肾血流量；RPF：肾血浆流量；GFR：肾小球滤过率

（2）神经–体液调节：入球小动脉和出球小动脉的血管平滑肌受肾交感神经的支配。肾交感神经兴奋时通过释放去甲肾上腺素，可使肾血管强烈收缩，肾血流量减少。体液因素中，肾上腺髓质释放的肾上腺素和去甲肾上腺素，循环血液中的血管升压素和血管紧张素Ⅱ，内皮细胞分泌的内皮素等都能使肾血管收缩，肾血流量减少；而肾组织中生成的前列腺素、一氧化氮和缓激肽等可舒张肾血管，使肾血流量增加。

一般情况下，肾主要依靠自身调节来维持肾血流量的相对稳定，以保证其正常的泌尿功能。在紧急情况下，如大出血、中毒性休克、缺氧等状态时，通过神经–体液调节使肾血流量减少，全身血液重新分配，这对维持心、脑等重要器官的血液供应有重要意义。

第二节　尿的生成过程

一、肾小球的滤过

肾小球的滤过（glomerular filtration）是指当血液流经肾小球毛细血管时，除蛋白质分子外的肾小球滤过率血浆成分被滤过进入肾小囊腔形成超滤液的过程，即形成原尿。用微穿刺技术获取超滤液，并对其进行分析，结果显示，原尿中的化学成分与去蛋白血浆极为相似。由此说明，原尿就是血浆的超滤液。

单位时间内（每分钟）两肾生成的原尿量或者超滤液量，称为肾小球滤过率（glomerularfiltration rate，GFR）。据测定，正常成年人的肾小球滤过率平均为125 mL/min，故每天两肾生成的原尿总量可达180 L。肾小球滤过率与肾血浆流量的比值称为滤过分数（filtration fraction，FF）。正常安静情况下，肾血浆流量为660 mL/min，则滤过分数约为19%。这表明流经肾小球毛细血管的血浆约有1/5形成原尿，其余4/5进入出球小动脉。

（一）滤过膜及其通透性

血浆经肾小球毛细血管滤过进入肾小囊，其间通过的结构称为滤过膜（如图8-4）。它由毛细血管内皮细胞、基膜和肾小囊脏层上皮细胞的足突构成，每层结构上都存在着不同直径的孔道，构成了滤过膜的机械屏障（见表8-2）。此外，由于滤过膜各层均含有带负电荷的物质（主要为糖蛋白），因此起到电学屏障的作用，它可限制带负电荷的分子物质（如血浆白蛋白）滤过。

图8-4 滤过膜示意图

表8-2 滤过膜的组成与机械屏障

	组成	机械屏障作用
内层	毛细血管内皮细胞	其上有直径为50～100 nm的窗孔，可允许血浆蛋白通过，血细胞不能通过
中层	基膜	其上的网孔直径为2～8 nm，决定了滤过分子的大小，蛋白质很难通过，是机械屏障的主要部位
外层	肾小囊脏层上皮细胞	上皮细胞上覆盖的裂孔膜上有直径为4～14 nm的微孔，有阻止血浆蛋白通过的作用

正常人两侧肾脏总的肾小球滤过面积达1.5 m^2左右，且保持相对稳定。不同物质通过滤过膜的能力取决于被滤过的物质分子的大小及其所带的电荷。一般来说，分子有效半径小于2.0 nm的带正电荷或呈电中性的物质可以自由滤过，如葡萄糖、水、Na^+等；有效半径大于4.2 nm的物质则不能滤过；有效半径为2.0～4.2 nm的各种物质随着有效半径的增大，其滤过量逐渐降低。滤过膜的通透性不仅取决于滤过膜上孔径的大小，还取决于滤过膜所带的电荷，其中以前者为主。因此，滤过膜的机械屏障和电学屏障决定了原尿中没有血细胞和蛋白质，其他成分与血浆相似。

（二）肾小球有效滤过压

肾小球有效滤过压与组织液生成的有效滤过压相似，它是由滤过的动力与阻力两部分的差值组成的。滤过的动力是肾小球毛细血管血压和肾小囊内超滤液的胶体渗透压；阻力是血浆胶体渗透压和肾小囊内压（如图8-5），即

肾小球有效滤过压=(肾小球毛细血管血压+囊内胶体渗透压)-(血浆胶体渗透压+肾小囊内压)

但由于肾小囊超滤液中的蛋白质含量极低，故囊内胶体渗透压几乎为0 mmHg，故以上公式转化为

肾小球有效滤过压=肾小球毛细血管血压-(血浆胶体渗透压+肾小囊内压)

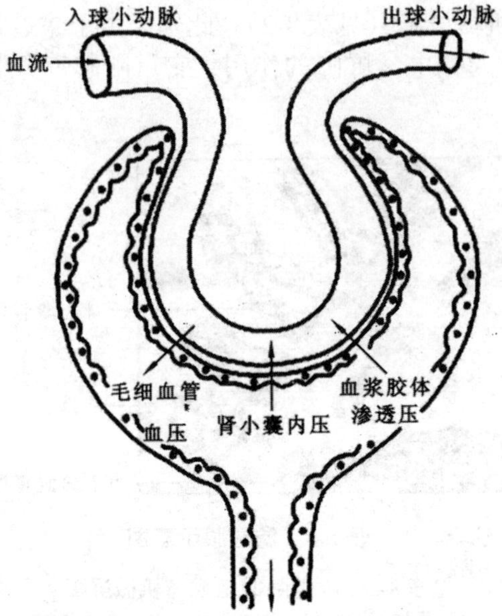

图8-5　肾小球有效滤过压示意图

由于入球小动脉粗而短，血流阻力小；出球小动脉细而长，血流阻力大，所以血液在流经肾小球毛细血管时血压下降不多，入球小动脉端的血压和出球小动脉端的血压几乎相等，即肾小球毛细血管血压为45 mmHg。肾小囊内压较为恒定，约为10 mmHg。而肾小球毛细血管内的血浆胶体渗透压却不是固定不变的，当血液流经肾小球毛细血管时，水和晶体物质不断被滤过，生成超滤液，造成血浆中的蛋白质浓度逐渐升高，因此血浆胶体渗透压也随之升高。入球小动脉端的血浆胶体渗透压约为25 mmHg，出球小动脉端的血浆胶体渗透压约为35 mmHg，故：

入球端

有效滤过压=45-(25+10)=10(mmHg)

表示有滤液生成。

出球端

有效滤过压=45-(35+10)=0

表示无滤液生成。

由此可见，当滤过阻力等于滤过动力时，有效滤过压下降到零，此时滤过作用停止，无滤液生成，即达到滤过平衡。因此，尽管平时两肾所有的肾单位都在活动，但并非肾小球毛细血管全长都有滤过，只有从入球小动脉端到滤过平衡点的这一段毛细血管才产生了滤过作用。滤过平衡越靠近入球小动脉端，有滤过作用的毛细血管长度就缩短，肾小球滤过率降低；反之亦然。因此，在其他因素不变时，肾小球滤过率取决于有滤过作用的毛细血管长度，而有滤过作用的毛细血管长度取决于血浆胶体渗透压上升的速度和达到滤过平衡的位置(如图8-6)。

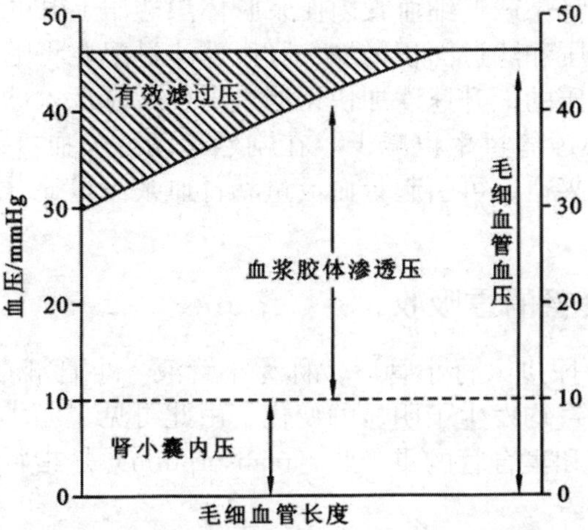

图8-6　肾小球毛细血管血压、血浆胶体渗透压和肾小囊内压对肾小球滤过率的影响

（三）影响肾小球滤过的因素

肾小球的滤过受很多因素的影响，其中主要包括有效滤过压、滤过膜的面积和通透性，以及肾血浆流量。

1. 有效滤过压

有效滤过压主要由三个因素组成，凡是影响肾小球毛细血管血压、肾小囊内压和血浆胶体渗透压的因素都可改变有效滤过压。从而影响肾小球滤过。

（1）肾小球毛细血管血压。在正常情况下，当动脉血压在80～180 mmHg范围内变动时，由于肾血流量的自身调节，肾小球毛细血管血压可保持相对稳定，故肾小球滤过率基本不变。但若动脉血压超出了自身调节的范围，肾小球滤过率就会发生相应的改变。如动脉血压低于80 mmHg时，可引起交感神经兴奋，使肾脏入球小动脉收缩，肾血流量、肾小球毛细血管血量和毛细血管血压下降，从而使肾小球滤过率减少，出现少尿甚至无尿。

（2）肾小囊内压。正常情况下，肾小囊内压比较稳定。只有在病理情况下，如肾盂或输尿管结石、肿瘤压迫或其他原因引起输尿管阻塞时，导致小管液或者终尿不能排出，从而逆行性导致肾小囊内压升高，最终使肾小球滤过率减少。

（3）血浆胶体渗透压。正常人血浆胶体渗透压变动范围不大，对肾小球滤过率影响不明显，但当静脉输入大量生理盐水，或病理情况下，如肝功能严重受损，使血浆蛋白合成减少；毛细血管通透性增大使血浆蛋白丢失时，会造成血浆蛋白浓度降低，血浆胶体渗透压下降，有效滤过压增大，从而使肾小球滤过率增加，尿量增多。

2. 滤过膜的面积和通透性

正常情况下，滤过膜的面积和通透性保持相对稳定。但在某些病理情况下可发生变化。如急性肾小球肾炎时，因肾小球毛细血管管腔狭窄或阻塞，使滤过膜面积减少，肾小球滤过率下降，可出现少尿甚至无尿。此外，某些肾脏疾病、缺血、缺氧等可使滤过膜上带负电荷的糖蛋白减少或消失，或者导致滤过膜的结构破坏，最终使滤过膜的机械屏障和电学屏障作用减弱，其通透性增大，使血浆蛋白甚至血细胞漏出，而出现蛋白尿、血尿。

3. 肾血浆流量

在其他条件不变时，肾血浆流量与肾小球滤过率成正变关系。当肾血浆流量增加时，如静脉大量输入生理盐水，肾小球毛细血管内血浆胶体渗透压上升的速度减慢，滤过平衡靠近出球小动脉端，有效滤过压和滤过面积增加，肾小球滤过率也将随之增加。相反，肾血浆流量减少时，血浆胶体渗透压的上升速度加快，滤过平衡就靠近入球小动脉端，有效滤过压和滤过面积就减少，则肾小球滤过率也减少。在剧烈运动、失血、缺氧和中毒性休克等情况下，由于肾交感神经强烈兴奋，可引起肾血流量和肾血浆流量显著减少，从而使肾小球滤过率也显著减少。

二、肾小管和集合管的重吸收

肾小球滤过形成的原尿进入肾小管后，称为小管液。小管液在流经肾小管和集合管后，同原尿相比，终尿的质和量均发生了明显的变化。由此可见，肾小管和集合管具有选择性重吸收和分泌作用。肾小管和集合管的重吸收（reabsorption）是指肾小管上皮细胞将小管液中的物质转运至血液的过程。

（一）重吸收的部位及方式

肾小管重吸收和集合管的重吸收的方式主要有主动转运和被动转运两种。被动转运包括渗透和扩散，主动转运分为原发性主动转运和继发性主动转运。其中原发性主动转运包括钠泵、质子泵和钙泵等；继发性主动转运包括Na^+-葡萄糖、Na^+-氨基酸、K^+-Na^+-2 Cl^-同向转运以及Na^+-H^+、Na^+-K^+逆向转运等。

肾小管和集合管的重吸收具有选择性。其中氨基酸、葡萄糖全部被重吸收，水和电解质大部分被重吸收，尿素只有小部分被重吸收，而肌酐则完全不被重吸收（如图8-7）。此外，肾小管各段对物质的重吸收能力不同，其中近端小管是重吸收的主要部位，其重吸收的物质种类最多，数量最大。正常情况下，小管液中的葡萄糖、氨基酸等营养物质，几乎全部在近端小管重吸收；HCO_3^-、水和Na^+、K^+、Cl^-等大部分也在此被重吸收；余下的水和盐类绝大部分在髓袢、远端小管和集合管重吸收，少量随尿排出。

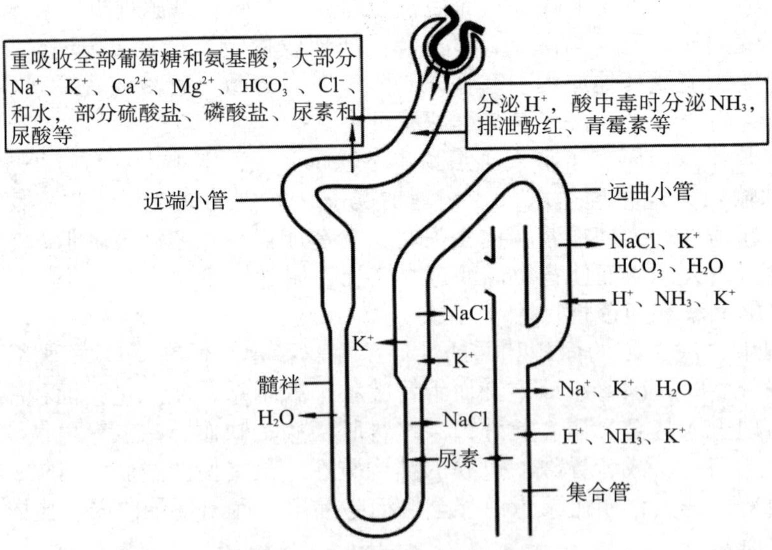

图8-7　肾小管和集合管的重吸收及其分泌示意图

（二）几种物质的重吸收

由于肾小管各段和集合管的结构和功能不同，因此对小管液中物质的转运方式及其转运机制等亦有不同。以下讨论几种重要物质的重吸收。

1. NaCl和水的重吸收

除髓袢降支细段外，肾小管各段和集合管对Na^+均有重吸收能力；除髓袢升支外，肾小管各段和集合管对水也都有重吸收能力。因此，小管液中99%以上的NaCl和水被重吸收入血。而65%～70%的NaCl和水在近端小管被重吸收：约2/3在近端小管的前半段经跨细胞转运途径被重吸收；余下1/3在近端小管的后半段经细胞旁途径被重吸收（如图8-8）。在近端小管的前半段，由于上皮细胞基底侧膜上钠泵的作用，Na^+被泵至细胞间隙，使细胞内Na^+浓度降低，因此，小管液中的Na^+则顺浓度梯度进入上皮细胞内。此外，小管液中的Na^+还可由管腔膜上的Na^+-H^+交换体进行逆向转运以及由Na^+-葡萄糖、Na^+-氨基酸同向转运体被转运到上皮细胞内。随后这些细胞内的Na^+又被基底侧膜上的钠泵泵出细胞，进入细胞间隙。由于细胞间隙的Na^+浓度升高，使渗透压升高，在渗透作用下，小管液中的水通过跨上皮细胞和紧密连接（即细胞旁路）两种途径不断进入细胞间隙。由于上皮细胞在管腔膜的紧密连接是相对密闭的，因此进入细胞间隙中的静水压升高，促使Na^+和水被重吸收进管周毛细血管。在近端小管的后半段，由于HCO_3^-重吸收速度明显大于Cl^-重吸收，Cl^-便留在小管液中，小管液中Cl^-浓度比细胞间隙液中浓度高20%～40%。因此，Cl^-顺浓度梯度经细胞旁路进入细胞间隙进行被动重吸收。由于Cl^-的被动重吸收，导致小管液中正离子相对增多，造成管腔内带正电荷，管腔外带负电，在这种电位差作用下，Na^+顺电位梯度也经细胞旁路进行重吸收。由于水在整个近端小管的重吸收是通过渗透作用进行的，因此该段物质的重吸收是等渗性重吸收，小管液为等渗液。

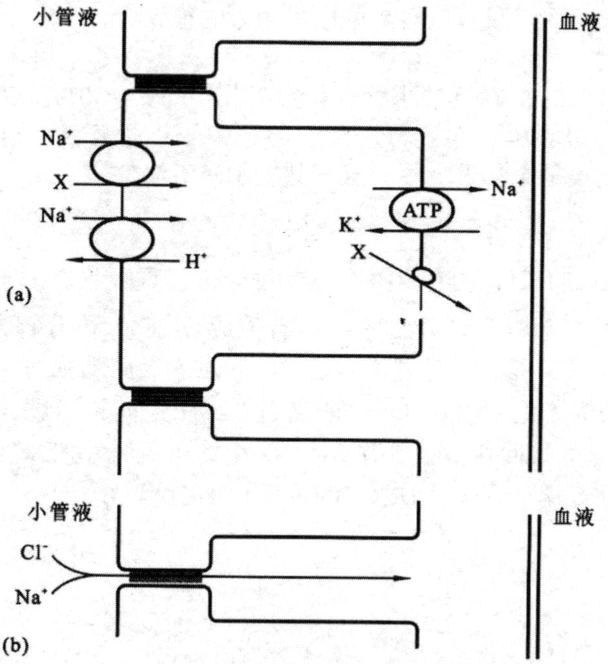

图8-8　近端小管重吸收NaCl的示意图

(a)近端小管的前半段X代表葡萄糖、氨基酸、磷酸盐和Cl^-等；(b)近端小管的后半段的细胞旁途径转运

在髓袢，小管液中约20%的NaCl被重吸收，约15%的水被重吸收。其中，髓袢降支细段对NaCl的通透性极低，但对水的通透性很高。因此，水被不断渗透到管周组织液，使小管液的渗透压逐渐升高。而髓袢升支对NaCl的通透性很高，对水几乎不通透，因此使该段小管液的渗透压逐渐降低。髓袢升支细段和粗段重吸收NaCl有不同的机制。细段是顺浓度差的被动扩散；而粗段重吸收NaCl则通过K^+-Na^+-$2Cl^-$同向转运实现，属继发性主动转运（如图8-9）。

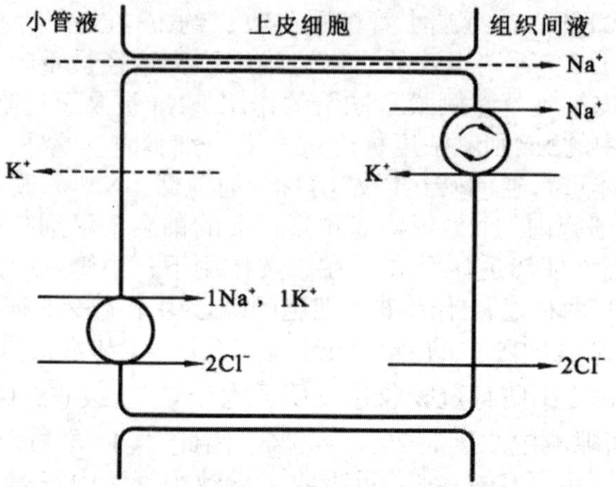

图8-9　髓袢升支粗段重吸收Na^+、K^+和Cl^-的示意图

在远端小管和集合管，约12%的NaCl被重吸收，此处对NaCl及水的重吸收可根据机体的水盐平衡状况进行调节。其中Na^+的重吸收主要受醛固酮的调节，水的重吸收则主要受抗利尿激素的调节。该段水的重吸收量对终尿尿量的影响很大。

2. K^+的重吸收

小管液中65%～70%的K^+在近端小管进行重吸收，25%～30%在髓袢进行重吸收，而远端小管和集合管既能重吸收K^+，也能分泌K^+。终尿中的K^+主要就是由远端小管和集合管分泌的。此外，K^+的重吸收是主动重吸收，至于其机制尚不清楚。

3. HCO_3^- 的重吸收

正常由肾小球滤过的HCO_3^-约有80%在近端小管进行重吸收。由于小管液中的HCO_3^-不易通过管腔膜，因此它先与肾小管分泌的H^+结合生成H_2CO_3，再分解为CO_2和水。由于CO_2是高脂溶性的，故以单纯扩散的形式迅速通过管腔膜进入上皮细胞内，在碳酸酐酶的催化下生成H_2CO_3，H_2CO_3又解离出H^+和HCO_3^-。H^+通过Na^+-H^+逆向转运进入小管液中，HCO_3^-与Na^+形成$NaHCO_3$，被重吸收回血液（如图8-10）。由此可见，小管液中的HCO_3^-是以CO_2的形式被重吸收，而且在近端小管中，HCO_3^-的重吸收比Cl^-优先。

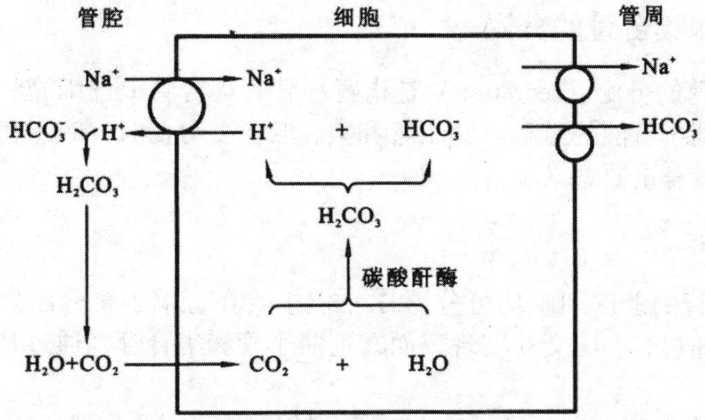

图8-10　近端小管重吸收HCO_3^-的示意图

4. **葡萄糖的重吸收**

肾小囊超滤液中的葡萄糖浓度和血糖浓度相等，但正常情况下，终尿中几乎不含葡萄糖，这说明原尿中的葡萄糖在流经肾小管时全部被重吸收。实验表明，葡萄糖的重吸收部位仅限于近端小管，特别是近端小管的前半段，其余各段肾小管都没有重吸收葡萄糖的能力。

近端小管上皮细胞的管腔膜上有Na^+葡萄糖同向转运体，当小管液中的Na^+和葡萄糖与转运体结合后，就被转运入细胞内，属继发性主动转运（如图8-11）。进入细胞内的葡萄糖则通过易化扩散被转运至细胞间隙，然后被重吸收回血。

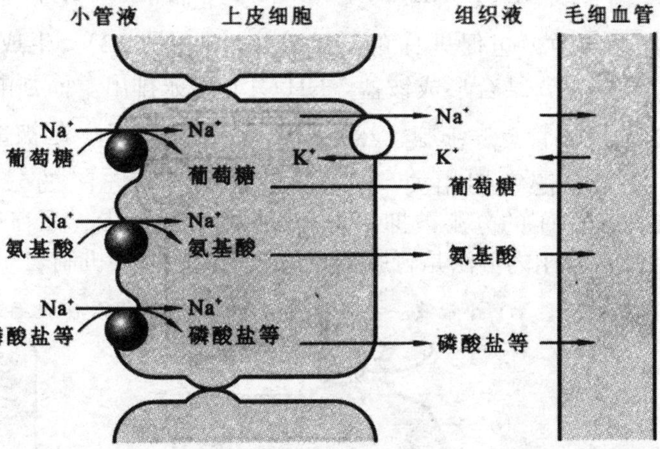

图8-11　近端小管对葡萄糖、氨基酸和磷酸盐等的重吸收示意图

近端小管对葡萄糖的重吸收是有一定限度的。当血液中葡萄糖的浓度高于10.08 mmol/L时，部分近端小管上皮细胞对葡萄糖的吸收已达到极限，未被重吸收的葡萄糖将随尿排出，出现糖尿。通常将这种尿中刚出现葡萄糖时的最低血糖浓度称为肾糖阈（renal threshold for-glucose）。随着血糖浓度的升高，原尿中葡萄糖的含量也进一步增加，当超过肾糖阈时，糖尿的排出率则随血糖浓度的升高而平行增加。

5. **其他物质的重吸收**

小管液中的氨基酸、HPO_4^{2-}、SO_4^{2-}等物质的重吸收机制与葡萄糖相似，需要Na^+的帮助，属继发性主动转运（如图8-11）。

三、肾小管和集合管的分泌

肾小管和集合管的分泌（secretion）是指肾小管和集合管上皮细胞将自身产生的物质或血液中的物质转运到小管液的过程。肾小管和集合管主要分泌H^+、NH_3和K^+，这对调节体内酸碱及电解质平衡具有重要意义。

（一）H^+的分泌

肾小管和集合管的上皮细胞均可分泌H^+，但主要在近端小管分泌。H^+的分泌有两种机制，即在近端小管通过Na^+-H^+交换实现，而在远曲小管和集合管则通过H^+泵实现，其中，以前者为主。

在近端小管上皮细胞内主要通过Na^+-H^+逆向转运实现H^+的分泌，Na^+进入细胞，H^+则被分泌到小管液中（如图8-10）。由于在Na^+-H^+交换过程中，每分泌一个H^+，可重吸收一个Na^+和一个HCO_3^-。因此，H^+的分泌与HCO_3^-的重吸收密切相关，H^+的分泌可促进HCO_3^-的重吸收，起到排酸保碱的作用，这对维持体内酸碱平衡具有非常重要的意义。

（二）NH_3的分泌

NH_3是肾小管上皮细胞在代谢过程中经谷氨酰胺脱氨后产生的，其分泌主要发生在远曲小管和集合管。NH_3是脂溶性物质，可通过细胞膜自由扩散而被分泌到小管液中。进入小管液的NH_3与其中的H^+结合成NH_4^+，NH_4^+的生成可降低小管液中NH_3和H^+的浓度，这样既加速NH_3向小管液的继续扩散，也促进H^+的继续分泌（如图8-12）。生成的NH_4^+才能与强酸盐，如NaCl的负离子（Cl^-）结合形成铵盐（NH_4C1）随尿排出。而强酸盐的正离子（Na^+）则通过Na^+-H^+交换进入肾小管上皮细胞，然后和细胞内的HCO_3^-一起被重吸收回血。由此可见，NH_3的分泌与H^+的分泌密切相关，NH_3的分泌不仅促进H^+的分泌而排酸，也促进$NaHCO_3$的重吸收；反之，H^+的分泌被抑制，则NH_3的分泌减少，而在慢性酸中毒时，NH_3的分泌则会增加。因此，NH_3的分泌是肾脏调节酸碱平衡的重要机制之一。

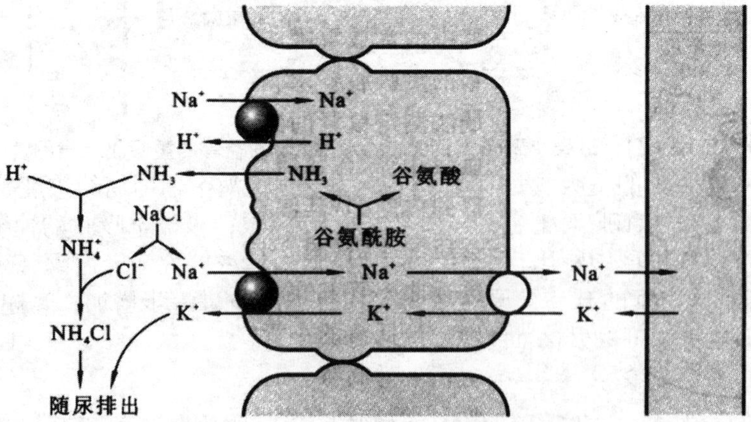

图8-12 H^+、NH_3和K^+分泌关系示意图

（三）K^+的分泌

尿中的K^+主要是由远端小管和集合管的上皮细胞所分泌的。K^+的分泌与Na^+的重吸收密切相关，即以Na^+-K^+交换的形式进行。小管液中的Na^+被主动重吸收入细胞内的同时，K^+被分泌到小管液中。在远端小管和集合管，由于Na^+-K^+交换和Na^+-H^+交换都依赖Na^+，故两者有竞争性抑制现象。如在酸中毒时，H^+生成增多，Na^+-H^+交换增强，则Na^+-K^+交换减弱，故尿K^+排出减少而引起血K^+浓度升高。反之，高血钾的患者，由于血K^+浓度增高，Na^+-K^+交换增强，则Na^+-K^+交换减弱而最终导致血液中H^+浓度升高。正常情况下，机体K^+的代谢特点：多吃多排，少吃少排，但不吃也排。因此，临床上对于长期不能进食或肾功能不全的患者，要注意监测血K^+浓度，保持血K^+浓度的相对稳定。此外，K^+的分泌还受机体其他因素的调节，如醛固酮。

（四）其他物质的分泌

肾小管上皮细胞还可分泌肌酐。青霉素、酚红和一些利尿剂可与血浆蛋白结合后，在近端小管被主动分泌到小管液中。其中，进入机体的酚红有94%是被主动分泌到小管液中随尿排出的。因此，临床上检测尿中酚红的排泄量可作为判断近端小管排泄功能的粗略指标。

第三节 尿液的排放

肾生成尿是连续不断的过程，而排尿（micturition）则是间歇进行的。这是因为尿由肾生成后，即经输尿管的蠕动送入膀胱贮存，只有达到一定量时，才能引起反射性的排尿动作，将膀胱内的尿液经尿道排出体外。

一、膀胱和尿道的神经支配

支配膀胱和尿道的神经有3对，即盆神经、腹下神经和阴部神经。它们都含有传入和传出纤维，来自腰骶部脊髓。排尿反射的初级中枢，在脊髓腰骶部（如图8-13）。

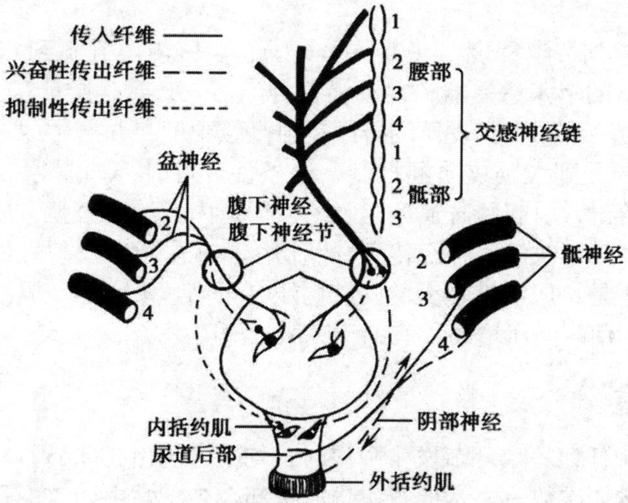

图8-13 膀胱和尿道的神经支配

由骶部脊髓发出的盆神经属于副交感神经。副交感神经兴奋时，可使膀胱逼尿肌收缩及尿道内括约肌舒张，从而促使排尿。由腰部脊髓发出的腹下神经属于交感神经。交感神经兴奋时，可使膀胱逼尿肌松弛及尿道内括约肌收缩，抑制尿的排放。由骶部脊髓发出的阴部神经属于躯体神经，直接受意识和反射控制，兴奋时可使尿道外括约肌收缩。在正常情况下，膀胱逼尿肌受副交感神经影响，处于轻度收缩状态，使膀胱内压经常保持在10 cmH_2O（0.98 kPa）以下。当膀胱内尿量增加时，膀胱内压也将升高，但由于膀胱逼尿肌紧张性减弱，内腔扩大，使内压升高不多。直到尿量增加到400～500 mL时，膀胱内压才有明显升高（如图8-14）。当膀胱内尿量增加到700 mL时，排尿反射就不易被抑制，并可能产生痛觉。膀胱的胀满感觉主要由盆神经中的感觉纤维传入。

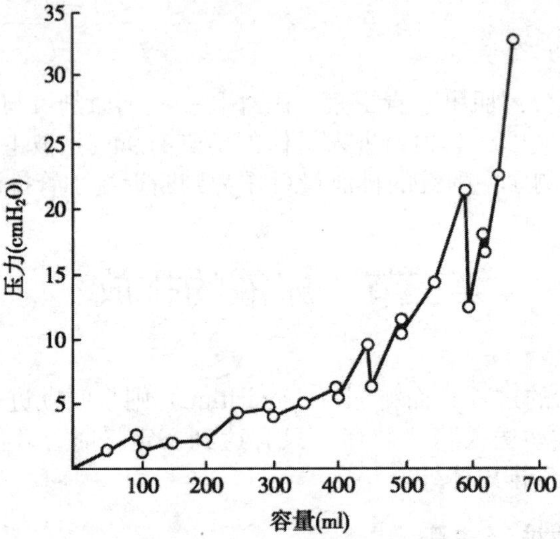

图8-14　人膀胱充盈过程中膀胱容量与压力的关系
图中压力垂直降低，表示容量恒定时膀胱的适应程度

二、排尿反射

当膀胱尿液充盈到一定程度（400～500 mL），膀胱内压升高到15 cmH_2O（1.5 kPa）以上时，便刺激膀胱壁的牵张感受器，冲动沿盆神经传入，到达腰骶部排尿反射的初级中枢。同时，冲动也上传至脑干和大脑皮质的排尿反射高级中枢，并产生尿意。如条件不许可，脊髓的初级排尿中枢便受到大脑皮质的抑制，当条件许可时，抑制才被解除。排尿反射进行时，冲动沿盆神经传出，引起膀胱逼尿肌收缩，尿道内括约肌松弛，尿液进入后尿道，刺激后尿道的感受器，冲动再次沿盆神经传到脊髓初级排尿中枢，反射性的抑制阴部神经，使尿道外括约肌松弛。于是，尿液被强大的膀胱内压（可高达15 kPa）驱出。排尿时，腹肌和膈肌也强有力地收缩，使腹内压增高，有助于克服排尿阻力。

三、排尿异常

当排尿或贮尿中任何一个环节发生障碍时，均可表现出排尿异常。临床上常见的有以下几种：①尿频：指排尿次数过多，但每次排尿量却较少。常由膀胱炎症、膀胱结石等病理性刺激而引起。②尿潴留：指膀胱充满尿液而不能排出的现象。常由腰骶部排尿反射初级中枢或排尿反射弧损伤所致，也可由尿道阻塞造成。③尿失禁：指排尿失去意识控制，出现随时小便而不能抑制的现象。多由于腰骶部脊髓排尿反射初级中枢与大脑皮质高级中枢之间的联系受损，初级排尿中枢失去大脑皮质的意识控制所致。婴幼儿大脑皮质发育未臻完善，不能有效地调控初级排尿中枢的活动，也会发生随时排尿不能控制的现象。

第九章　生　　殖

生殖（reproduction）是生物体发育成熟后，产生与其自身相似的子代个体的生理过程，是生物物种系繁衍的重要生命活动。通过生殖，种族得以延续，遗传密码得以代代相传。在高等动物，生殖过程由两性生殖系统的共同活动来完成，包括两性生殖细胞（精子和卵子）的形成、受精、着床以及胚胎发育和分娩等重要环节。

中医学对人体生殖也有独到的认识，认为肾与生殖的关系最为密切。肾藏先天之精，主生殖，为人体生命之本原，故称肾为“先天之本”；肾通过经脉经筋统属生殖器官，又通过开窍前阴而主导生殖器官。女性和男性的内生殖器官分别称为女子胞和精室。《类经·藏象类》曰：“阴阳交媾，胎孕乃凝，所藏之处，名曰子宫。”而精室的主要生理功能是生精、藏精和排精。

第一节　男 性 生 殖

男性的主性器官是睾丸，附性器官有附睾、输精管、精囊腺、前列腺、尿道球腺和阴茎等。睾丸具有双重功能：生成精子和分泌性激素。

一、睾丸的生精功能

睾丸主要由曲细精管和间质细胞组成。曲细精管是精子发生和发育成熟的场所，其上皮由生精细胞和支持细胞构成。原始的生精细胞是精原细胞，紧贴于曲细精管的基膜上。生精是指精原细胞经过一系列有丝分裂和减数分裂发育为成熟精子的过程。一个生精周期经历精原细胞→初级精母细胞→次级精母细胞→精子细胞→精子，全过程历时两个半月。从青春期开始，精原细胞分阶段发育形成精子。在曲细精管管壁中，不同发育阶段的生精细胞均贴附着支持细胞，由基膜至管腔顺序排列，直至成熟精子脱离支持细胞进入管腔（如图9-1）。

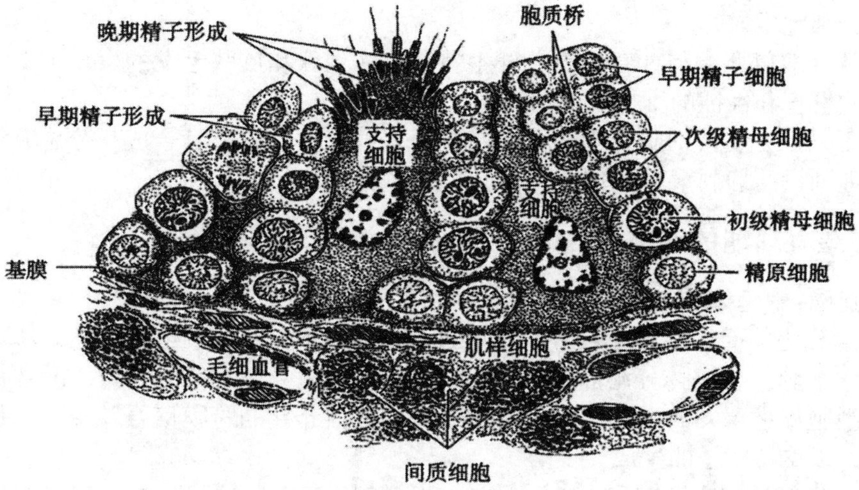

图9-1 睾丸曲细精管的生精过程示意图

支持细胞对各级生精细胞起着保护与支持作用，并为生精细胞的分化发育提供必要的营养物质和适宜的微环境。相邻支持细胞基底膜间的“紧密连接”形成了血-睾屏障（blood-testisbarrier），既能防止血液中有害物质进入曲细精管损害生精细胞，又能防止生精细胞的抗原物质进入血液循环而引起免疫反应。

新生的精子被释放入曲细精管管腔内，其本身并没有运动能力，而是靠小管外周肌样细胞的收缩和管腔液的移动运送至附睾内，在附睾内进一步成熟，并获得运动能力。附睾仅贮存少量的精子，大量的精子则贮存于输精管及其壶腹部。精子与附睾、精囊腺、前列腺和尿道球腺的分泌物混合形成精液（semen）。正常男子每次射出精液3～6 mL，每毫升精液含0.2亿～4亿个精子，当精子数少于0.2亿个时，不易使卵子受精。睾丸内的温度也影响生精过程，精子生成的适宜温度较腹腔内温度约低2℃。隐睾症（睾丸不降入阴囊而停留在腹腔内或腹股沟内）患者曲细精管不能正常发育，也无精子产生。

二、睾丸的内分泌功能

睾丸间质细胞分泌雄激素，主要为睾酮（testosterone）。支持细胞能分泌抑制素（inhibin）。

睾酮是类固醇激素，在其靶器官（如附睾和前列腺）内被5α-还原酶转变为活性最强的双氢睾酮，再与靶细胞内的受体结合，通过调节靶细胞的基因表达过程而发挥作用。血液中2%的睾酮是游离的，只有游离的睾酮才有生物活性，98%的睾酮与血浆蛋白结合，作为血浆中的储存库。睾酮主要在肝脏灭活，最后以17-酮类固醇结合型形式由尿排出，少量经粪便排出。血浆中少量的睾酮还可被转变为雌激素。正常男性在20～50岁时，每日分泌4～9 mg睾酮，血浆睾酮浓度约为22 nmol/L。50岁以后随年龄增长，睾酮的分泌量逐渐减少。

睾酮的生理作用如下。

1. 维持生精作用。睾酮自间质细胞分泌后，进入曲细精管，直接或先转变为双氢睾酮，再与生精细胞的雄激素受体结合，促进精子的生成。

2. 促进生殖器官的生长发育，并使其维持成熟状态。

3. 促进男性第二性征的出现并维持其正常状态；维持正常的性欲。

4. 促进蛋白质合成，特别是肌肉和生殖器官的蛋白质合成；促进骨骼生长与钙、磷沉积；促进红细胞生成等。

一般认为双氢睾酮与青春期男性外生殖器、前列腺和皮肤毛发的生长关系密切，而睾酮则与肌肉的发育和性欲的维持关系密切。

抑制素是睾丸支持细胞分泌的糖蛋白激素，对腺垂体的FSH合成与分泌有很强的抑制作用，而生理剂量的抑制素对LH分泌却无明显影响。

三、睾丸功能的调节

1. 下丘脑-腺垂体对睾丸活动的调节

下丘脑分泌的促性腺激素释放激素（GnRH）经垂体门脉系统到达腺垂体，促进腺垂体促性腺激素细胞，合成并分泌卵泡刺激素（FSH）和黄体生成素（LH）。前者作用于曲细精管的支持细胞促进睾丸的生精功能；后者通过G蛋白介导的跨膜信号转导作用促进间质细胞分泌睾酮，以维持精子的生成。

睾丸的生精过程受FSH和LH的双重调节。FSH与支持细胞膜上的FSH受体结合后，经cAMP-PKA系统，促进精子生成；LH通过促进睾酮的合成和分泌间接调节精子的生成。因此，FSH起着始动生精作用，而睾酮则有维持生精的作用。FSH还可促进支持细胞分泌雄激素结合蛋白（androgen binding protein，ABP），ABP与睾酮或双氢睾酮结合转运至曲细精管内，提高曲细精管内局部雄激素的浓度，有利于生精过程。实验证明，幼年动物摘除垂体后，睾丸及附性器官不能发育成熟，呈幼稚状态；把成年雄性动物垂体摘除后，睾丸及附性器官发生萎缩，生精过程停止，睾酮分泌减少。

2. 睾丸激素对下丘脑-腺垂体的反馈调节

当血液中睾酮升高到一定浓度后，又可作用于下丘脑和腺垂体，抑制GnRH的分泌，进而抑制LH的分泌，产生负反馈调节作用，从而维持睾酮浓度的相对稳定。此外，FSH作用于支持细胞分泌的抑制素对隙垂体的FSH分泌亦有负反馈调节作用。

由此可见，一方面，下丘脑-腺垂体能调节睾丸的功能；另一方面，睾丸分泌的激素又能负反馈调节下丘脑和腺垂体的分泌活动，从而构成了下丘脑-腺垂体-睾丸轴（如图9-2）。

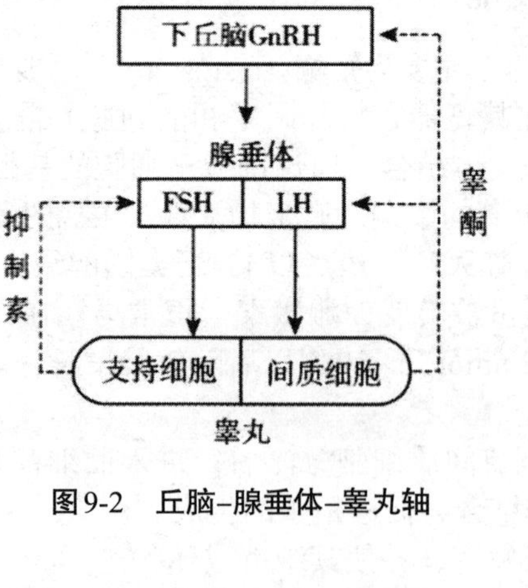

图9-2　丘脑-腺垂体-睾丸轴

四、男性的性反应

人在精神上或肉体上受到有关性的刺激时，性器官和其他一些部位会出现一系列变化，称为性兴奋（sexual excitation），即性反应。而性行为（sexual behavior）主要是指在性兴奋的基础上，男女两性发生性器官接触即性交（sexual intereotlrse）的过程。在人类，性行为除保证种族繁衍的目的外，尚能满足人类性生理和性心理的需要。

男性的性反应除心理性活动外，主要表现为阴茎勃起和射精。

阴茎勃起（ereetion）是指受到性刺激时阴茎迅速胀大、变硬并挺伸的现象，是心理活动和外生殖器局部机械性刺激引起的反射活动。勃起时阴茎内动脉扩张，血流量明显增加（可达80～200 mL），且阴茎的静脉回流受阻起到维持勃起的作用，可使阴茎海绵体内的压力达到75 mmHg。

射精（ejaculation）是指男性性高潮时精液经尿道射出体外的反射过程。射精的同时伴有强烈的快感，即达到了性高潮（orgasm）。射精后一段时间内，一般不能再次发生阴茎勃起和射精，称为不应期。不应期的长短与年龄和身体状况等多种因素有关。

第二节 女 性 生 殖

女性的主性器官是卵巢（ovary），附性器官包括输卵管、子宫、阴道和外生殖器等，女性生殖功能主要包括卵巢的生卵作用、内分泌功能、妊娠与分娩等。

一、卵巢的生卵作用

卵巢的生卵功能是成熟女性最基本的生殖功能。女子在生育年龄，卵泡的生长发育、排卵与黄体形成呈现周期性变化，每月一次，周而复始，称为卵巢周期（ovarian cycle），一般分为卵泡期、排卵期和黄体期三个阶段。

（一）卵泡的发育过程

卵巢内存在大量处于不同发育阶段的卵泡（follicle）。卵泡由卵母细胞（oocyte）和卵泡细胞（follicular cell）组成。出生后，两侧卵巢中约有200万个原始卵泡（primordial follicle），青春期减至30万～40万个。自青春期起，一般每月有15～20个卵泡开始生长发育，但通常只有1个卵泡发育成优势卵泡并成熟，排出其中的卵细胞，其余的卵泡退化为闭锁卵泡。

原始卵泡是由一个初级卵母细胞和包围它的单层卵泡细胞构成。随着卵泡的发育，卵母细胞逐渐增大，卵泡细胞不断增殖，由单层变为多层的颗粒细胞（granulosa cell），出现卵泡细胞腔和卵泡液，并停留在分裂前期，直到卵泡排卵前才完成第一次成熟分裂。原始卵泡经历初级卵泡、次级卵泡两个发育阶段，最后才成为成熟卵泡（如图9-3）。

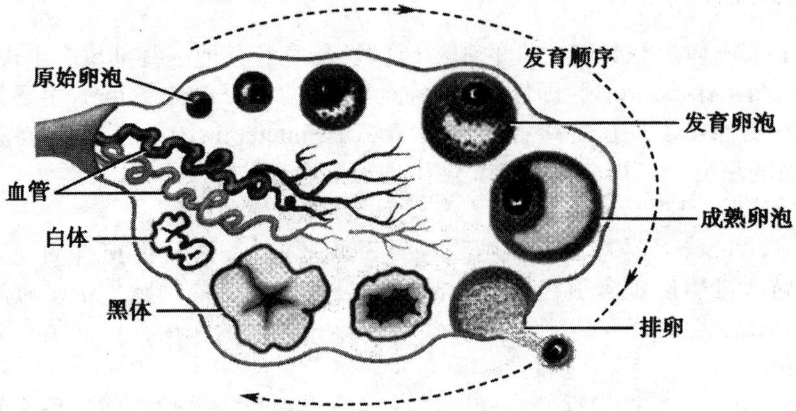

图9-3　卵巢发育示意图

（二）排卵与黄体的形成

成熟卵泡壁发生破裂，卵细胞、透明带与放射冠随同卵泡液一起排入腹腔，称为排卵（ovulation）。排卵后，残余的卵泡壁内陷，血管破裂，血液进入腔内凝固，形成血体。血液被吸收后，大量新生血管长入，血体转变为一个血管丰富的内分泌细胞团，外观呈黄色，故称为黄体（corpus luteum）。在LH作用下，黄体细胞分泌大量的雌激素和孕激素。

二、卵巢的内分泌功能

卵巢合成并分泌雌激素、孕激素和少量雄激素。雌激素有三种：雌二醇（estradiol，E_2）、雌酮（estrone）和雌三醇（estriol），均属于类固醇激素。其中雌二醇的分泌量最大，活性最强。雌酮的生物活性仅为雌二醇的10%，雌三醇的活性最低。孕激素主要为黄体酮（progesterone）。另外，卵巢的颗粒细胞也能分泌抑制素。

（一）雌激素和孕激素的合成与代谢

卵巢在排卵前由卵泡分泌雌激素，在排卵后由黄体分泌孕激素和雌激素。一般认为，卵泡的内膜细胞和颗粒细胞共同参与雌激素的合成。内膜细胞在LH的作用下产生雄激素（雄烯二酮和睾酮），通过扩散转运至颗粒细胞，在FSH作用下增强颗粒细胞内芳香化酶的活动，将雄烯二酮转变为雌酮，睾酮转变为雌二醇。这种由卵泡内膜细胞生成雄激素，再由颗粒细胞将雄激素转变为雌激素，称为雌激素合成的双重细胞学说。排卵后，黄体细胞合成大量的孕激素，也能分泌较多的雌激素。

在月经周期中，血中雌激素和孕激素呈周期性波动。雌激素浓度随卵泡的发育而升高，在排卵前一周左右，卵泡分泌的雌激素明显增多，血中的含量迅速上升，至排卵前一天达顶峰，旋即下降，而在黄体期的雌激素再次升高。所以，在月经周期中，雌激素浓度形成两次高峰，但黄体期的雌激素高峰较卵泡期低。血中孕激素浓度在卵泡期一直很低，排卵后随着黄体的形成和发育，在排卵后5～10天出现高峰，以后降低。

血中雌、孕激素主要以结合型的形式存在，少量为游离型。雌二醇和黄体酮主要在肝中降解，雌三醇是雌二醇的主要代谢产物，而孕二醇是黄体酮的主要降解产物。这些代谢产物以葡萄糖醛酸盐或硫酸盐的形式，随尿液排出体外。

（二）雌激素的生理作用

雌激素（estrogen）主要促进女性生殖器官的发育和副性征的出现，并维持在正常状态，此外，其对代谢也有明显的影响。

1. 对生殖器官的作用

①雌激素可协同FSH促进卵泡发育，诱导排卵前LH峰的出现，从而促进排卵。②促使输卵管上皮细胞增生，增强输卵管的分泌和运动，有利于精子和卵子的运行。③促进子宫发育，使子宫内膜发生增生期的变化，使子宫颈分泌大量清亮、稀薄的黏液，其中的黏蛋白纵行排列，有利于精子的穿行。雌激素也促进子宫肌的增生，使肌细胞内肌纤蛋白和肌动蛋白的含量增加。分娩前，雌激素能增强子宫肌的兴奋性，提高子宫肌对催产素的敏感性。④使阴道黏膜细胞增生，糖原含量增加，表浅细胞角化，黏膜增厚并出现皱褶。糖原分解使阴道呈酸性（pH为4～5），有利于阴道乳酸杆菌的生长，从而排斥其他微生物的繁殖，所以雌激素能增强阴道的抵抗力。

2. 对乳腺和副性征的影响

雌激素刺激乳腺导管和结缔组织增生，促进乳腺发育，并使全身脂肪和毛发分布具有女性特征，例如音调较高、骨盆宽大、臀部肥厚等。

3. 对代谢的作用

雌激素对新陈代谢的作用比较广泛，主要有：①促进蛋白质合成，特别是促进生殖器官的细胞增殖与分化，增强转录过程，加速蛋白质合成，促进生长发育；②影响钙和磷的代谢，刺激成骨细胞的活动，加速骨骼的生长，促进骨骺的愈合，因此，在青春早期女孩的生长一般较男孩快；③雌激素可促进肾对水和钠的重吸收，增加细胞外液量，有利于水和钠在体内保留；④可降低血胆固醇和β脂蛋白含量，所以，雌激素是抗动脉硬化的重要因素之一。

（三）孕激素的生理作用

孕激素主要作用于子宫内膜和子宫肌，适应孕卵着床和维持妊娠。由于黄体酮受体含量受雌激素调节，所以黄体酮的绝大部分作用都必须在雌激素作用的基础上才能发挥。

1. 维持妊娠

孕激素刺激子宫内膜分泌受精卵所需要的营养物质，能降低子宫肌的传导性，使子宫肌对各种刺激的敏感性下降，从而使子宫处于安静状态，抑制母体的免疫反应，防止对胎儿排斥反应的发生。

2. 对子宫的作用

孕激素促使增生期的子宫内膜进一步增厚，呈现分泌期的改变，为受精卵着床做好准备。另外，孕激素还可减少子宫颈黏液的分泌量，使黏液变稠，不利于精子的穿透，抑制输卵管节律性收缩。

3. 对乳腺的作用

在雌激素作用的基础上，孕激素主要促进乳腺腺泡的发育，并在妊娠后期为泌乳做好准备。

4. 产热作用

女性基础体温在排卵前先出现短暂降低，而在排卵后升高0.5℃左右，并在黄体期一直维持在此水平。临床上常将这一基础体温的双相变化，作为判断排卵的标志之一。女性在绝经或卵巢切除后，这种双相的体温变化消失。

（四）雄激素的生理作用

女子体内有少量的雄激素，是由卵泡内膜细胞和肾上腺皮质网状带细胞产生。适量的雄激素配合雌激素可刺激阴毛及腋毛的生长，并能增强女子的性欲，维持性快感。女子雄激素过多时，可引起男性化与多毛症。

三、卵巢功能的调节

（一）下丘脑-腺垂体对卵巢活动的调节

卵巢功能也受下丘脑-腺垂体调节，三者具有密切的功能联系，形成了下丘脑-腺垂体-卵巢轴。

下丘脑正中隆起释放的GnRH呈脉冲式分泌，调节腺垂体FSH和LH的分泌，并在月经周期中呈现周期性变化。FSH是卵泡生长发育的始动激素，颗粒细胞和内分泌细胞均有FSH受体。FSH可促进这些细胞的有丝分裂，使细胞数目增加，促使卵泡发育成熟，同时也能增加颗粒细胞芳香化酶活性，促进雌激素的生成和分泌。FSH还能使颗粒细胞上出现LH受体，与LH结合后可使颗粒细胞的形态及激素分泌能力向黄体细胞转化，形成黄体。排卵前LH分泌高峰能诱发成熟卵泡排卵，排卵后LH又可维持黄体细胞持续分泌黄体酮。

（二）卵巢激素对下丘脑-腺垂体的反馈作用

下丘脑及腺垂体均存在雌、孕激素的受体。雌、孕激素可反馈性地调节下丘脑和腺垂体激素的分泌。雌激素对下丘脑和腺垂体激素分泌既有负反馈作用又有正反馈作用，其作用性质与血浆中雌激素的浓度有关。小剂量的雌激素抑制下丘脑GnRH的释放；在排卵前一天左右，由于卵泡产生大量雌激素，血中雌激素水平达到顶峰，可促进GnRH的释放，引起排卵前LH和FSH释放，以血中LH浓度增加最明显，形成LH峰（LH surge）（如图9-4）。雌激素这种促进LH大量分泌的作用，称为雌激素的正反馈效应，而孕激素则抑制上述正反馈作用。在月经周期的大部分时间内，卵巢激素可反馈抑制促性腺激素的分泌。故当卵巢切除或卵巢功能低下及绝经后，体内性激素水平下降，而LH和FSH水平则明显升高。

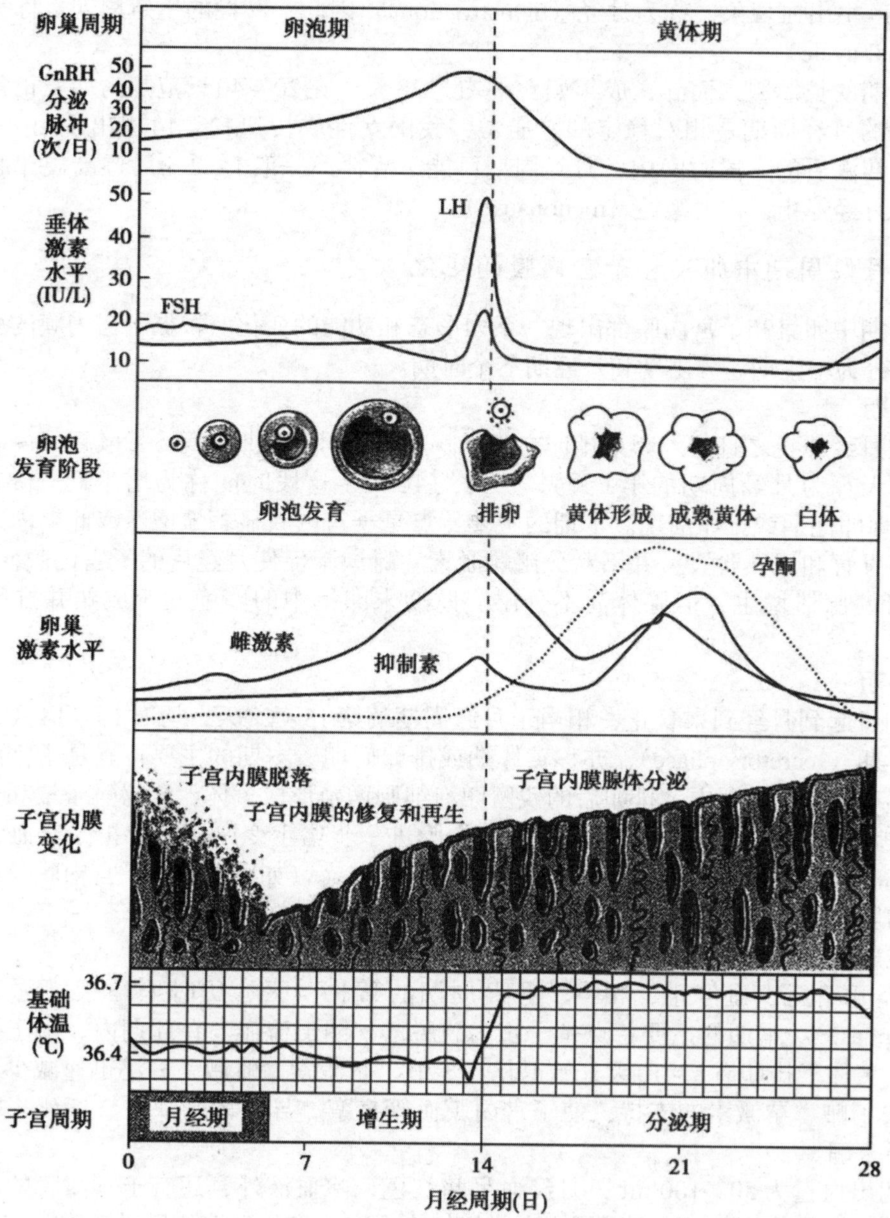

图9-4 月经周期与卵巢周期变化示意图

四、月经周期

女性在生育年龄，卵泡的生长发育、排卵与黄体形成呈现周期性变化，这种现象称为生殖周期。

（一）月经周期的概念

女性自青春期起，随着卵巢功能的周期性变化，在卵巢激素的作用下，子宫内膜发生周期性脱落，产生出血现象，称为月经（menstruation）。因此，女性的生殖周期也称为月经周期（menstrual cycle）。

月经周期的长短因人而异，成年妇女平均为28天，在20～40天范围内均属正常。但每个女性自身的月经周期是相对稳定的。通常，我国女性成长到12～14岁出现第一次月经，称为初潮。初潮后的一段时间内，月经周期可能不规律，一般1～2年后逐渐规律起来。至50岁左右，月经停止，称为绝经（menopause）。

（二）月经周期中卵巢和子宫内膜的变化

月经周期中卵巢和子宫内膜都出现一系列形态和功能的变化。根据子宫内膜的变化，可将月经周期分为增生期、分泌期和月经期三个时期。

1. 增生期

从上次月经停止之日起到卵巢排卵之日止，相当于月经周期的第5～14天（一般以月经开始的第1天算为月经周期的第1天），历时约10天，这段时间称为增生期（proliferative phase），亦称卵泡期或排卵前期。本期的主要特点是子宫内膜显著地增生，此期内，卵巢中的卵泡处于发育和成熟阶段，并不断分泌雌激素。雌激素促使月经后的子宫内膜修复增殖，其中的血管、腺体增生，但腺体尚不分泌。此期末卵巢中的卵泡发育成熟并排卵（如图9-4）。

2. 分泌期

从排卵日起到月经到来日止，相当于月经周期的第15～28天，历时13～14天，这段时间称为分泌期（secretory phase），亦称黄体期或排卵后期。本期的主要特点是子宫内膜的腺体出现分泌现象。在此期内，排卵后的残留卵泡细胞增殖形成黄体，分泌雌激素和大量孕激素。这两种激素，特别是孕激素能促使子宫内膜进一步增生变厚，血管扩张充血，腺体增大，腺细胞的胞质出现许多颗粒，内膜呈现高度分泌状态（如图9-4）。子宫内膜变得松软并富含营养物质，子宫平滑肌相对静止，为胚泡着床和发育做好准备。

3. 月经期

从月经开始至出血停止，相当于月经周期的第1～4天，历时4～5天，称为月经期（menstrual phase）。本期的主要特点是子宫内膜脱落、阴道流血。在此期内，由于排出的卵子未受精，黄体于排卵后8～10天开始退化、萎缩，孕激素、雌激素分泌迅速减少。子宫内膜由于失去了雌、孕激素的支持，使子宫内膜血管痉挛，导致内膜缺血、坏死、脱落和出血，即月经来潮。

月经期出血量为50～100 mL，月经血呈暗红色，除血液外，还有子宫内膜的碎片、宫颈黏膜及脱落的阴道上皮细胞。因子宫内膜组织中含有丰富的纤溶酶原激活物，使经血中的纤溶酶原被激活成纤溶酶，降解纤维蛋白，故月经血不凝固。月经期内，子宫内膜脱落形成的创面容易感染，应注意保持外阴清洁，并避免剧烈运动。

如果排出的卵子受精，月经黄体则不退化而生长发育形成妊娠黄体，继续分泌孕激素和雌激素，子宫内膜继续增厚形成蜕膜，月经不再来潮，月经周期停止，进入妊娠状态。直至分娩以后，月经周期再逐渐恢复。

（三）月经周期形成的机制

在月经周期的形成过程中，子宫内膜的周期性变化是由卵巢分泌的激素引起的。其中，增生期的变化是雌激素的作用所致，分泌期的变化是雌激素和孕激素共同作用的结果，月经期的出现则是由于子宫内膜失去雌激素和孕激素的支持所致。

1. 增生期的形成

青春期前，下丘脑、腺垂体发育尚未成熟，GnRH分泌很少，腺垂体FSH、LH分泌极少，不足以引起卵巢和子宫内膜的周期性变化。随着青春期的到来，下丘脑发育成熟，下丘脑分泌的GnRH增多，使腺垂体分泌FSH和LH也增多，FSH促使卵泡生长发育成熟，并与LH配合，使卵泡分泌雌激素。在雌激素作用下子宫内膜发生增殖期的变化。在增殖期末，约相当于排卵前一天左右，雌激素在血中的浓度达到高峰，通过正反馈作用使GnRH分泌进一步增加，进而使FSH和LH分泌增加，尤其以LH分泌增加更为明显，形成LH高峰。在高浓度LH的作用下，引起已发育成熟的卵泡破裂排卵。

2. 分泌期和月经期的形成

卵泡排卵后，在LH作用下，其残余部分形成月经黄体，继续分泌雌激素和大量孕激素，这两种激素，特别是孕激素，使子宫内膜发生分泌期变化。随着黄体的不断增长，雌激素和孕激素的分泌也不断增加，到排卵后的5～10天，血中的浓度达到高水平，通过负反馈作用使下丘脑和腺垂体受到抑制，导致GnRH、FSH和LH分泌减少。由于LH的减少，黄体开始退化、萎缩，故而雌激素和孕激素分泌减少。子宫内膜由于失去了这两种激素的支持，便脱落、出血，引起月经期的变化。随着血中雌激素、孕激素浓度的降低，对下丘脑、腺垂体的抑制作用解除，卵巢中的卵泡又在FSH和LH的共同作用下生长发育，新的月经周期便又开始。

月经周期是较容易受社会和心理因素影响并对身体健康状况较敏感的一种生理过程。强烈的精神刺激，急剧的环境变化以及体内其他系统的严重疾病，都引起月经失调。妇女到50岁左右，卵巢功能退化，对腺垂体促性腺激素的反应性降低，卵泡停止发育，雌激素、孕激素分泌减少，子宫内膜不再呈现周期性变化，月经停止，进入绝经期。

第十章　神 经 系 统

第一节　神经系统功能活动的基本原理

一、神经元和神经胶质细胞

（一）神经元

1. 神经元的基本结构与功能

神经系统内含有神经细胞和神经胶质细胞两大类细胞。神经细胞又称神经元（neurou），是神经系统结构与功能的基本单位。人类中枢神经系统内约有10^{11}个神经元。一个神经元可以与成千上万个其他神经元构成联系，形成极为复杂的神经网络系统。神经元的形态与功能多种多样，但其结构大致可分成胞体和突起两部分，突起又分为树突（dendrite）和轴突（axon）。一般的运动神经元可有多个树突，数量多而且分支也多，而轴突则只有一个。胞体发出轴突的部位称为轴丘，轴突起始的部分称为始段（initialsegment），轴突末梢分成许多分支，每个分支末梢的膨大部分称为突触小体（synaptic knob），突触小体与另一神经元相接触而形成突触。神经元胞体是神经元代谢和营养中心，胞体能合成蛋白质和酶，对神经递质和神经分泌物的形成以及接受和整合信息的功能活动具有重要意义。一般认为，胞体和树突是接受信息的主要部位，轴突始段是产生动作电位的部位，轴突是传导神经冲动的部位，轴突末梢是引起递质释放的部位。

神经元的主要功能是接受信息、传导信息和整合信息。中枢神经元通过传入神经接受来自体内外环境变化的刺激信息，并对这些信息加以分析、整合和储存，再经过传出神经将调控信息传到所支配的器官和组织，产生调节和控制效应。此外，有些神经元还能分泌激素，将神经信号转变为体液信号。

2. 神经纤维的功能与分类

运动神经元的轴突和感觉神经元的长树突两者统称为轴索，轴索由髓鞘或神经膜包裹，成为神经纤维（nerve fiher）。习惯上把神经纤维分为有髓神经纤维与无髓神经纤维两种，神经纤维的末端称为神经末梢（nerve terminal）。神经纤维的主要功能是传导兴奋。在神经纤维上传导的兴奋或动作电位称为神经冲动（nerve impulse）。不同类型神经纤维传导兴奋的速度差别很大，这与神经纤维直径的大小、有无髓鞘、髓鞘的厚度以及温度的高低等因素有关。神经纤维的直径越粗，其传导速度也越快，其大致关系为：传导速度（m/s）≈6×直径

(μm)。一般所说的直径是指包括轴索与髓鞘在一起的总直径。有髓神经纤维是以跳跃式形式传导兴奋的，因而其传导速度远比无髓神经纤维快；另外，在一定范围内增加髓鞘的厚度可加快传导速度。温度在一定范围内增高也可加快传导速度。测定传导速度有助于诊断神经纤维的疾患和估计神经损伤的预后。

神经纤维传导具有以下特征。①完整性：神经纤维只有在其结构和功能都完整时才能传导兴奋。如果神经纤维被切断、损伤，其结构上不能保持完整，神经冲动则不能通过；在应用麻醉药或低温处理后，虽然结构上完整，但正常功能受到抑制，冲动的传导也会发生阻滞。②绝缘性：一条神经干包含着多条神经纤维，但任何一条神经纤维在传导兴奋时，一般不会干扰邻近纤维，这种彼此绝缘的特性称为绝缘性。③双向性：刺激神经纤维上任何一点时，所产生的兴奋，可向神经纤维的两端同时传导，称为双向传导。但在整体情况下，兴奋的传导是按反射弧的一定方向进行的，轴突总是将神经冲动由胞体传向末梢，故体内神经纤维动作电位的传导表现为单向性。④相对不疲劳性：连续电刺激神经数小时至十几小时，神经纤维仍能保持其传导兴奋的能力，这是由于神经冲动在神经纤维上传导耗能极少。

根据神经纤维兴奋传导速度的差异，将哺乳类动物的周围神经纤维分为A、B、C三类，其中A类为有髓鞘的躯体传入和传出纤维，又可分为α、β、γ、δ四个亚类；B类为有髓鞘的自主神经节前纤维；C类为无髓鞘的躯体传入纤维和自主神经节后纤维。在感觉神经中，根据纤维直径的大小和来源将传入纤维分为Ⅰ（包括$Ⅰ_a$和$Ⅰ_b$）、Ⅱ、Ⅲ、Ⅳ四类。两种分类方法有一定的相关关系，但又不完全相等。目前，对传出纤维多采用第一种分类法，对传入纤维则常用第二种分类法。

3. 神经纤维的轴浆运输

神经元胞体与轴突之间经常进行物质运输和交换。轴突内的轴浆是经常在流动的，轴浆流动具有运输物质的作用，故称为轴浆运输（axoplasmic transport）。轴浆流动是双向的，轴浆由胞体流向轴突末梢称为顺向轴浆运输；反之，轴浆由轴突末梢流向胞体称为逆向轴浆运输。胞体内具有高速合成蛋白质的结构，其合成的物质借轴浆流动向轴突末梢运输；而反向的轴浆流动可能起着反馈控制胞体合成蛋白质的作用。通常以顺向运输为主。如果切断轴突，不仅轴突远端会发生变性，而且近端部分甚至胞体也会发生变性。因此，轴浆运输对维持神经元的结构和功能具有重要意义。

根据轴浆运输的速度，可将顺向轴浆运输分两类：一类是快速轴浆运输，一些具有膜的细胞器，如线粒体、递质囊泡、分泌颗粒等可快速由胞体到达末梢，在猴、猫等动物的坐骨神经内其运输速度为410 mm/d；另一类是慢速轴浆运输，是指由胞体合成的蛋白质所构成的微管和微丝等结构不断向前延伸，其他轴浆的可溶性成分也随之向前运输，其速度为1～12 mm/d。

逆向轴浆运输可运送一些能被轴突末梢摄取的物质，如神经营养因子、破伤风毒素、狂犬病病毒等，这些物质入胞后可沿轴突被逆向运输到胞体。这种逆向流动的速度约为快速顺向运输速度的一半，速度为205 mm/d。

4. 神经的营养性作用

神经纤维对其所支配的组织有两方面的作用：一方面是借助神经冲动的传导，引起末梢释放神经递质，递质与后膜受体结合后，改变所支配的器官组织的功能活动，这一作用称为功能性调节作用；另一方面是神经纤维通过末梢释放某些物质，持续地调整被支配组织的内在代谢活动，从而对其组织细胞的形态结构、代谢类型和生理功能产生缓慢持久的影响，这一作用称为神经纤维的营养性作用（trophic action）。神经的营养作用与神经冲动无关。神经的营养作用在正常情况下不易被觉察，但在神经损伤后可明显地表现出来。例如，肌肉去神经后，肌肉内糖原合成减慢，蛋白质分解加速，出现肌肉萎缩。

目前，还发现神经所支配的组织（如肌肉、腺体等）和神经胶质细胞也能产生支持神经元的神经营养因子（neurotrophin，NT）。这些因子大多是蛋白质，由组织细胞产生后，被神经末梢摄取，经逆向轴浆运输到达胞体，从而对神经元的生长、发育和功能完整性产生支持和促进作用。目前已被确定的NT有神经生长因子（nerve growt factor，NGF）、脑源性神经营养因子、神经营养因子3（NT3）和神经营养因子4/5（NT-4/5）等。

（二）神经胶质细胞

1. 神经胶质细胞的特征

神经胶质细胞是神经系统内除神经元外的另一重要组成部分，广泛分布于中枢和周围神经系统中。在中枢神经系统，主要有星形胶质细胞、少突胶质细胞和小胶质细胞；在周围神经系统，有施万细胞和卫星细胞。胶质细胞数量可为神经元的10～50倍。与神经元相比，其形态多样，胞质内无尼氏体，突起无轴突、树突之分，和神经元之间不形成化学性突触联系，但普遍存在缝隙连接。也有随细胞外液环境变化而改变的膜电位，但不能产生动作电位。在星形胶质细胞膜上还存在多种神经递质的受体。胶质细胞终身具有分裂增殖的能力。

2. 神经胶质细胞的功能

神经胶质细胞的主要功能有：①支持和引导神经元迁移。中枢内大量的星形胶质细胞，其长突起在脑和脊髓内交织成网，构成支持神经元的支架；同时引导发育中的神经元沿着胶质细胞突起的方向迁移到它们最终的定居部位。②修复和再生作用。如脑和脊髓受伤时，小胶质细胞能转变成巨噬细胞，清除变性的神经组织碎片；而星形胶质细胞则能依靠增生来充填缺损，但过度增生则可能形成脑瘤；在周围神经再生中，轴突沿施万细胞所构成的索道生长。③免疫应答作用。星形胶质细胞可作为中枢的抗原呈递细胞，其细胞膜上存在特异性的主要组织相容性复合物Ⅱ类蛋白分子，后者能与处理过的外来抗原结合，将其呈递给T淋巴细胞。④绝缘和屏障作用。少突胶质细胞和施万细胞可分别在中枢和外周形成神经纤维髓鞘，除了能提高动作电位的传导速度外，也起一定的绝缘作用；星形胶质细胞的血管周足和突起连接毛细血管和神经元，是构成血-脑屏障的重要组成部分。⑤稳定细胞外的K^+浓度。星形胶质细胞细胞膜上的钠泵活动可将细胞外过多的K^+泵入细胞内，并通过缝隙连接将其分散到其他神经胶质细胞，以维持细胞外合适的K^+浓度，有助于神经元电活动的正常进行。⑥参与物质代谢以及营养作用和分泌功能。星形胶质细胞一方面通过血管周足和突起连接毛细血管与神经元，对神经元起运输营养物质和排除代谢产物的作用，参与对神经递质的摄取和清除调节；另一方面还能产生神经营养因子，以及分泌多种生物活性物质，如血管紧张素原、前列腺素和细胞介素等，以维持神经元的生长、发育和功能的完整性。

二、神经元的信息传递

神经元之间在结构上并无原生质相连，每一个神经元的轴突末梢与其他神经元的胞体或突起相接触，此相接触并能传递信息的部位称为突触（synapse）。神经元与效应器细胞之间的突触也称为接头（junction）。中枢内约有2×10^{14}个突触，突触传递是神经系统中信息交流的重要方式。

根据突触传递媒介物性质的不同，可将突触分为化学性突触（chemical synapse）和电突触（electrical synapse）两类，前者的信息传递媒介物是神经递质，而后者的信息传递媒介则为局部电流。根据突触前后成分的解剖学关系可将化学性突触分为定向突触（directed synapse）和非定向突触（non-directedpse）两种模式。

（一）定向的化学突触传递

1. 突触的微细结构

定向的化学突触也称为经典的突触，由突触前膜、突触间隙和突触后膜三部分组成（如图10-1）。在电子显微镜下，突触前膜和突触后膜较一般神经元膜稍有增厚，约7.5nm，突触间隙宽20 ~ 40 nm。在突触前膜内侧的轴浆内，含有较多的线粒体和大量的突触小泡（也称为突触囊泡），内含高浓度神经递质。不同的突触内含突触囊泡的大小和形态不完全相同。突触间隙内含有黏多糖和糖蛋白，与组织间隙相通。在间隙两侧膜上存在一些分解相应递质的酶，以控制递质与受体作用的时间和强度。突触后膜是受体密集的部位，它能与突触前膜释放的递质结合，在突触后神经元上发挥生理效应。

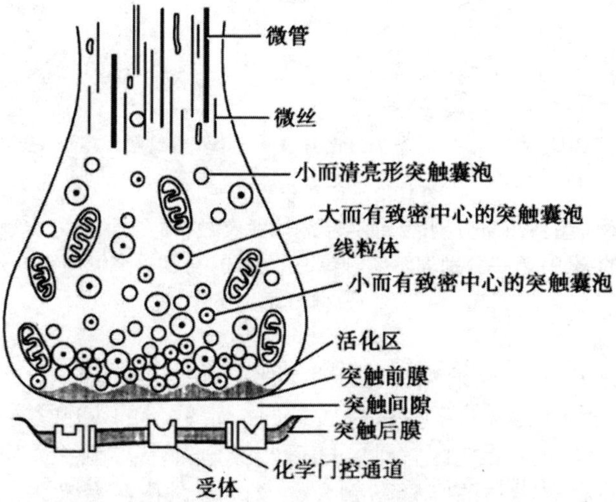

图10-1 突触微细结构模式图

2. 突触的分类

根据神经元相互接触的部位，通常将经典的突触分为三类：轴突–胞体式、轴突–轴突式和轴突–树突式突触（如图10-2A），它们分别是由前一神经元的轴突与后一神经元的胞体、轴突或树突相接触而形成的突触。这些类型的突触较多见，此外，还有较少见的树突–树突式、树突–轴突式、树突–胞体式、胞体–胞体式、胞体–树突式和胞体–轴突式突触等，它们在局部神经元构成的局部神经元回路中多见。另外，还有两个化学性突触以及化学性突触与电突触组成的交互性突触、串联性突触和混合性突触等（如图10-2B）。

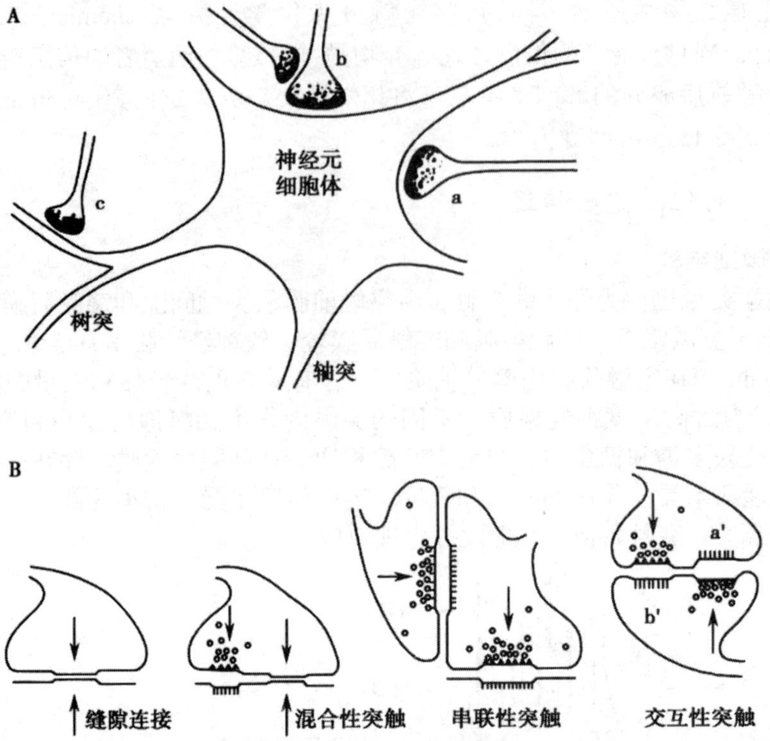

图10-2 突触类型模式图

A.突触的基本类型：a、b、c分别表示轴突-胞体式突触、轴突-轴突式突触、轴突-树突式突触；B.几种特殊形式的突触：箭头分别表示突触传递的方向，交互式突触中a'、b'分别代表两个不同方向的突触传递

3. 突触传递过程

当神经冲动抵达末梢时，末梢去极化产生动作电位，前膜上电压门控性Ca^{2+}通道开放，胞外Ca^{2+}进入前膜，激活轴浆内的某些蛋白质，使一定数量的突触囊泡从细胞骨架上游离出来，游离的囊泡逐渐向前膜的活化区移动，随后与突触前膜接触并固定于前膜上，在某些蛋白质的帮助下，着位的囊泡膜与前膜紧贴融合，形成融合孔；囊泡内的递质通过小孔出胞到突触间隙，并扩散到达突触后膜，作用于后膜上特异性受体或化学门控通道，引起突触后膜对某些离子通透性改变，使某些带电离子进出后膜，从而引起后膜的膜电位发生去极化或超极化。这种突触后膜上的电位变化称为突触后电位（postsynaptic potential）。

突触前膜释放递质的过程中，Ca^{2+}的转移很重要。Ca^{2+}进入前膜，使得前膜内的Ca^{2+}浓度瞬时升高，从而触发神经递质的释放。因此，细胞外液Ca^{2+}浓度降低，则递质释放就受到抑制；反之，则递质释放增加，轴浆内的Ca^{2+}通过Na^{+}-Ca^{2+}交换迅速外流，从而恢复细胞内的Ca^{2+}浓度。

4. 突触后电位

根据突触后膜发生去极化或超极化电位变化，可将突触后电位分为兴奋性突触后电位和抑制性突触后电位两种；根据后电位发生的快慢和持续时间短长可分为快突触后电位和慢突触后电位两种。

（1）兴奋性突触后电位。突触后膜在某种神经递质的作用下发生的局部去极化电位变化，使该突触后神经元的兴奋性增高，这种电位变化称为兴奋性突触后电位（excitatory postsynaptic potential，EPSP）。例如，脊髓前角运动神经元与肌梭的传入纤维形成突触联系，当电刺激肌梭的传入纤维后约0.5 ms，在运动神经元胞体的突触后膜上会记录到去极化的电位（如图10-3A和图10-3B）。这是一种快EPSP。EPSP产生的机制为：突触前膜释放兴奋性递质，递质经突触间隙扩散并作用于突触后膜相应的受体，导致突触后膜对一价正离子（包括Na^+和K^+，尤其是Na^+）的通透性升高，使得后膜发生去极化电位变化，形成EPSP，EPSP在突触后神经元始段转化成峰电位，爆发扩布性兴奋传至整个神经元。

（2）抑制性突触后电位。突触后膜在某些神经递质的作用下发生的局部超极化电位变化，使该突触后神经元的兴奋性降低，这种电位变化称为抑制性突触后电位（inhibitory postsynaptic potential，IPSP）。如来自伸肌肌梭的传入冲动在兴奋脊髓伸肌运动神经元的同时，通过抑制性中间神经元抑制脊髓屈肌运动神经元。当刺激伸肌肌梭传入纤维时，在屈肌运动神经元膜上会记录到超极化的电位（如图10-3A和图10-3C）。这种IPSP与快EPSP在变化时程上相似，是一种快IPSP。IPSP产生的机制为：突触前膜释放抑制性递质，导致突触后膜对Cl^-的通透性升高，从而引起后膜发生超极化电位变化，形成IPSP。突触后膜在超极化状态下，轴突始段部位不易爆发动作电位。此外，IPSP的形成可能还与钾通道的开放或钠通道和钙通道的关闭有关。

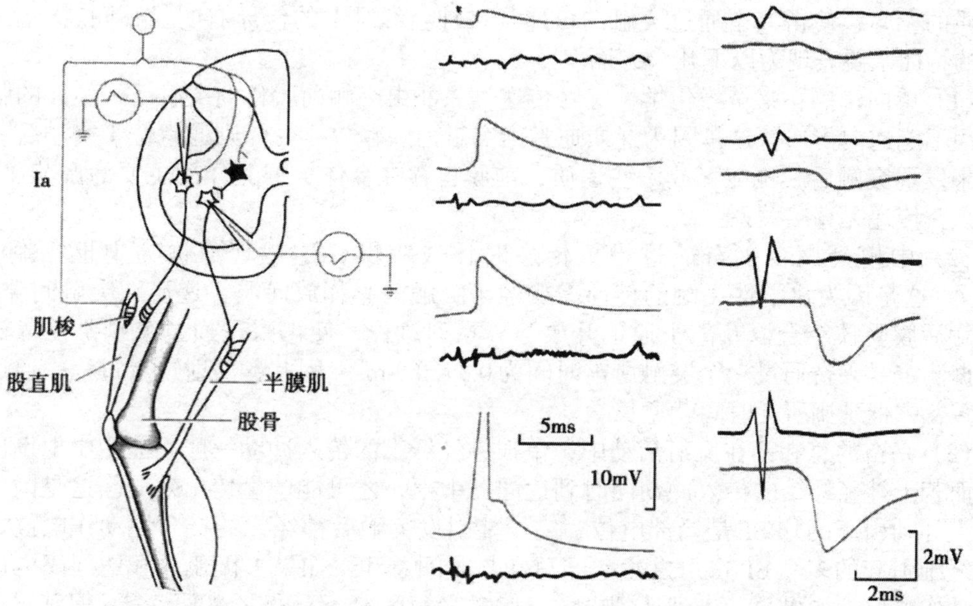

图10-3　兴奋性突触后电位(EPSP)和抑制性突触后电位(IPSP)

A.电位记录：图中记录电极插入支配股直肌(伸肌)的脊髓前角运动神经元胞体内，以适当强度电刺激相应的后根传入纤维，在该运动神经元内可记录到EPSP，如果电极插入支配半膜肌(屈肌)的运动神经元内，则可记录到IPSP，黑色神经元为抑制性中间神经元；B.EPSP：在一定范围内加大刺激强度，EPSP的去极化程度随之增大(上面三个记录)，当去极化达到阈电位时，即可爆发动作电位(最下面一个记录)，上线为神经元细胞内电位记录，下线为后根传入神经电位记录；C.IPSP：当刺激强度逐渐加大时，IPSP的超极化程度随之增大(自上而下)，上线为后根传入神经电位记录，下线为神经元细胞内电位记录

（3）慢突触后电位。在自主神经节和大脑皮质的神经元中常可记录到慢EPSP和慢IPSP，其潜伏期通常为100～500 ms，并可持续数秒到数十秒。一般认为，慢EPSP由膜的K^+电导降低所致，而慢IPSP则由K^+电导增高而引起。此外，在交感神经节的神经元中还发现一种迟慢EPSP，其潜伏期为1～5 s，持续时间可达10～30 min。这种迟慢EPSP的形成可能部分由膜的K^+电导降低所致。

5. 突触后神经元的兴奋与抑制

由于一个突触后神经元常与多个突触前神经末梢构成突触，而产生的突触后电位既有EPSP，也有IPSP，因此，突触后神经元胞体就好比是个整合器，突触后膜上电位改变的总趋势取决于同时产生的EPSP和IPSP的代数和。当总趋势为超极化时，突触后神经元表现为抑制；而当突触后膜去极化时，则神经元的兴奋性升高，如去极化达阈电位，即可爆发动作电位。动作电位并不是首先发生在胞体，而是发生在轴突始段。这是因为始段较为细小，EPSP扩布至该处引起的跨膜电流密度较大；更重要的可能是由于此处膜上电压门控Na^+通道的密度较大，而在神经元胞体和树突膜上Na^+通道的分布很少。在轴突始段爆发的动作电位，可沿轴突扩布至末梢而完成兴奋传导，也可逆向传到胞体，其意义可能在于消除细胞此次兴奋前不同程度的去极化或超极化，使其状态得到一次刷新。

6. 突触传递的特征

兴奋在反射弧中枢部分传递时，往往需要通过多次突触传递。由于化学突触的结构和神经递质的参与，使得兴奋通过突触的传递与在神经纤维上的传导有明显不同。突触（中枢）传递的特征主要表现为以下几个方面。

（1）单向传播：兴奋经化学性突触传递，只能由突触前膜传向突触后神经元的胞体或突起，而不能逆向传递。这是因为递质通常由突触前膜释放，受体则通常位于突触后膜。虽然近年来发现突触后膜也能释放一些递质，前膜也存在受体，但其作用主要为调节递质释放，而与兴奋传递无直接关系。

（2）中枢延搁：兴奋通过中枢传递时比较缓慢，这一现象称为中枢延搁（central delav）。这是因为化学性突触的传递需要经历突触前膜释放递质、递质在突触间隙的扩散、与突触后膜受体结合以及离子通道开放等一系列过程，使得兴奋通过突触要耗费较长的时间。据测定，兴奋通过一个突触所需时间为0.3～0.5 ms。因此，反射进行过程中通过的突触数愈多，中枢延搁所耗时间就愈长。

（3）兴奋的总和：在反射活动中，单根神经纤维的传入冲动一般不能使中枢发出传出效应，而若干神经纤维的传入冲动同时到达同一中枢，才可能产生传出效应。这是因为单根纤维传人冲动引起的EPSP是局部电位，它不能引发突触后神经元的扩布性动作电位。但若干传人纤维引起的多个EPSP可发生空间总和与时间总和，如果去极化总和达到阈电位，即可爆发动作电位；如果总和未到达阈电位，此时突触后神经元虽未出现兴奋，但其兴奋性有所提高，即表现为易化（facilitation）。

（4）兴奋节律的改变：在一个反射弧同时分别记录传入与传出的冲动频率，则可测得两者的频率不同，因为传出神经的兴奋节律来自传出神经元，而传出神经元的兴奋节律除取决于传入冲动的节律外，还取决于中间神经元和传出神经元的功能状态，因而最后传出冲动的频率取决于各种因素总和后的突触后电位的水平。

（5）后发放：即使原先刺激已经停止，传出通路仍可在一定时间内持续发放冲动，称为后发放（after discharge）。此现象可发生在环式联系的反射通路中。此外，在各种神经反馈活动中，如随意运动时，中枢发出的冲动到达骨骼肌引起肌肉收缩后，骨骼肌内的肌梭不断发出传入冲动，将肌肉的运动状态和被牵拉的信息传入中枢。这些反馈信息用于纠正和维持原先的反射活动，并且也是产生后发放的原因之一。

（6）对内环境变化敏感和易疲劳：在反射活动中，突触部位最容易受内环境变化的影响。由于突触间隙与细胞外液相通，因此，缺氧、二氧化碳和某些药物等因素均可影响化学性突触传递。另外，突触部位也是反射弧中最易疲劳的环节。在用较高频率连续刺激突触前神经元几毫秒或几秒钟后，突触后神经元的放电频率即很快减少，反射活动也明显减弱，这可能与递质的耗竭有关。

7. 突触传递的可塑性

突触的可塑性（synaptic plasticity）是指突触的形态和传递效能可发生较持久改变的特征或现象。这些改变普遍存在于中枢神经系统中，尤其是脑的学习和记忆等高级功能活动的部位，因此，被普遍认为是学习和记忆产生机制的生理学基础。突触的可塑性有以下几种形式。

（1）强直后增强。突触前末梢在接受一短串高频刺激后，突触后电位发生明显增强的现象，称为强直后增强（posttetanic potentiation）。强直后增强的持续时间可长达数分钟，最长可达1小时或1小时以上。这可能是强直性刺激使Ca^{2+}大量进入突触前神经末梢，轴浆内游离Ca^{2+}的浓度暂时过剩，使突触前末梢持续释放神经递质，导致突触后电位持续增强。

（2）习惯化和敏感化。当重复给予较温和的刺激时，突触对刺激的反应逐渐减弱甚至消失，这种可塑性称为习惯化（habituation）。敏感化（sensitization）是指用重复出现的较强的刺激（尤其是伤害性刺激）使突触对刺激的反应增强或延长，传递效能提高的现象。习惯化是由于重复刺激使突触前膜Ca^{2+}通道逐渐失活，Ca^{2+}内流减少，突触前末梢递质释放减少所致。与此相反，敏感化则是由于突触前末梢Ca^{2+}内流增加，递质释放增多所致。

（3）长时程增强和长时程抑制。长时程增强（long-term potentiation，LTP）是指突触前神经元在短时间内受到快速重复性的刺激后，在突触后神经元快速形成的持续时间较长的突触后电位增强的现象。表现为EPSP幅度增高、斜率增大、潜伏期缩短。LTP比强直后增强的持续时间要长得多，最长可达数天。其形成机制也和强直后增强不同，是由突触后神经元胞质内Ca^{2+}增加（而不是突触前神经元胞质内Ca^{2+}增加）所致。LTP可以在中枢许多部位，尤其在海马等与学习记忆有关的脑区发生。长时程压抑（long-term depression，LTD）则与LTP相反，是指突触传递效率的长时程降低。在海马、小脑皮质和新皮质等脑区可观察到LTD。

（二）非定向化学突触传递

除了经典的定向化学突触传递，神经元信息传递还存在非定向化学突触传递。这首先是在交感神经与其所支配的平滑肌中发现的。交感神经肾上腺素能神经末梢有许多分支，在分支上有大量的串珠状的膨大结构，称为曲张体（varicosity）。曲张体内含有大量的小泡（如图10-4），内含大量高浓度的去甲肾上腺素。一个神经元的轴突末梢可以具有30 000个曲张体，因此一个神经元具有大量的递质释放部位。但是，曲张体并不与效应细胞形成经典的突触联系，而是处在效应细胞附近。当神经冲动抵达曲张体时，递质从曲张体释放出来，通过弥散作用到效应细胞的受体，使效应细胞发生反应。由于这种化学传递不是通过定向的突触进行的，因此也称为非突触性化学传递（non-synaptic chemical transmission）。在中枢神经系统内，如大脑皮质肾上腺素能神经元和黑质多巴胺能神经元的信息传递也有这种方式存在。

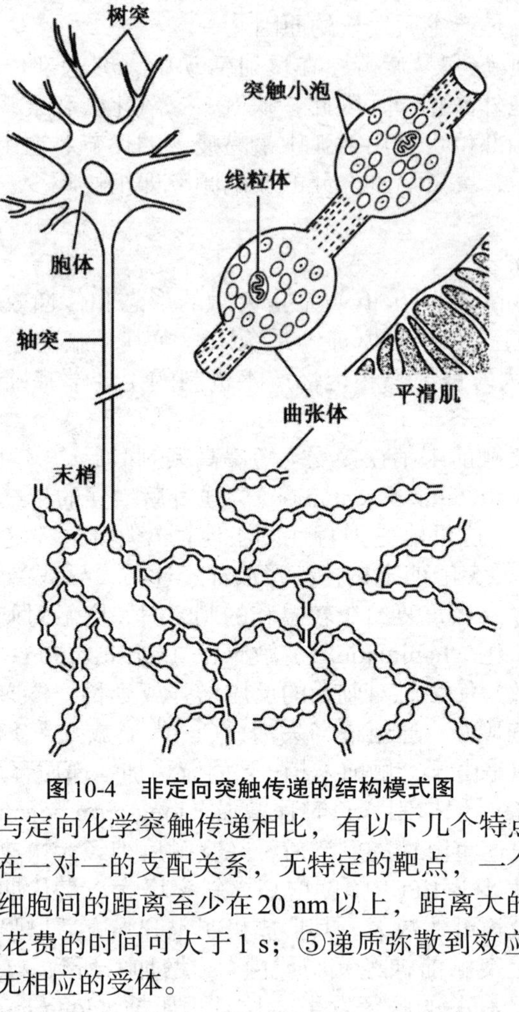

图10-4　非定向突触传递的结构模式图

非定向化学突触传递与定向化学突触传递相比，有以下几个特点：①不存在突触前膜与后膜的特化结构；②不存在一对一的支配关系，无特定的靶点，一个曲张体能支配较多的效应细胞；③曲张体与效应细胞间的距离至少在20 nm以上，距离大的可达几十微米；④递质弥散的距离大，因此传递花费的时间可大于1 s；⑤递质弥散到效应细胞时，能否发生传递效应取决于效应细胞上有无相应的受体。

（三）电突触传递

电突触传递（electrical synaptic transmission）是以电紧张扩布方式直接传递信息的。其结构基础是缝隙连接（gap junction）（如图10-5）。构成电突触的两个神经元的对应膜均无增厚，膜内侧无囊泡，突触间隙仅2 nm。电突触的两膜相对应的部位，横架有一些整齐的蛋白质结构，它们围成细胞间的通道。这些通道是亲水的，对离子通透性大，电阻低，允许带电小离子和小分子通过。局部电流和EPSP也能以电紧张方式从一个细胞传向另一个细胞。因此电突触的传递一般是双向性的，由于两个神经元间的电阻低，因此兴奋传导速度快，几乎不存在潜伏期。电突触广泛存在于中枢神经系统和视网膜中，大多数发生在同类神经元之间，可促进神经元活动同步化。

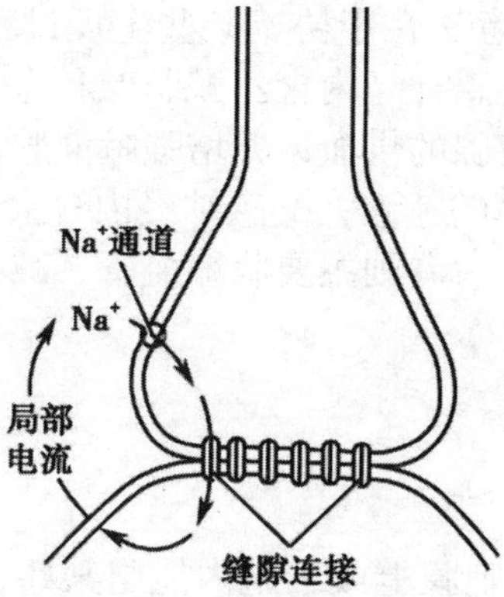

图10-5　电突触传递模式图

三、神经递质和受体

（一）神经递质

1. 神经递质

神经递质（neurotransminer）是指由突触前神经元合成并在末梢处释放，经突触间隙扩散，特异性地作用于突触后神经元或效应器细胞上的受体，导致信息从突触前传递到突触后的一些化学物质。神经元的化学性突触传递，无论是定向突触传递还是非定向突触传递，都需要通过突触前膜释放神经递质作用于相应的受体来完成。另外，在神经系统中还有一类化学物质，虽由神经元产生，也作用于特异性受体，但并不是在神经元之间起传递信息的作用，而是调节信息传递的效率、增强或减弱递质传递的效应，这类化学物质称为神经调质（neuromodulator）。通常递质与调质并无明确划分的界限，不少情况下递质包含调质，调质也起递质的作用，统称为递质。

在神经系统内存在许多化学物质，但不一定都是神经递质。一般认为，经典的神经递质应符合或基本符合以下条件：①在突触前神经元内，应具有合成该递质的原料及相应的酶系统，能够合成该递质；②合成的递质贮存于囊泡中，以防止被胞质中相应的酶所破坏。当神经冲动到达突触末梢时，囊泡能释放递质入突触间隙；③递质在突触间隙中扩散，能与突触后膜相应的受体结合，并产生特定的生理效应。用人工方法将递质施加到神经元或效应细胞旁能引起相同的生理效应；④突触部位存在使递质失活的酶或其他环节（摄取回收）；⑤用递质的激动剂或受体阻断剂，能增强或阻断递质的突触传递效应。上述鉴定递质的条件并不是绝对的，目前新发现的一些递质，如一氧化氮、一氧化碳等就不完全符合上述条件，但所起的作用与递质相同。

2. 神经递质的分类

目前已知的神经递质和调质超过100种，根据其化学结构，可将其分为若干个大类。

3. 递质共存现象

以往一致认为，一个神经元内只存在一种神经递质，其全部神经元末梢只释放同一种递质，这一现象称为戴尔原则（Dale principle）。现在这一观点应该加以修正。目前已发现可有两种或两种以上的神经递质（包括调质）共存于同一神经元内，这种现象称为递质共存

(neurotransmitter coexistence)。其意义在于协调某些生理过程。例如，猫唾液腺接受副交感神经和交感神经的双重支配，副交感神经内含乙酰胆碱和血管活性肠肽，前者能引起唾液分泌，后者则可舒张血管，增加唾液腺的供血，并增强唾液腺上胆碱能受体的亲和力，两者共同作用，引起唾液腺分泌大量稀薄的唾液；交感神经内含去甲肾上腺素和神经肽Y，前者有促进唾液分泌和减少供血的作用，后者则主要收缩血管、减少供血，结果使唾液腺分泌少量黏稠的唾液。

（二）受体

1. 受体的概念

受体（Teceptor）是指位于细胞膜上或细胞内能与某些化学物质（如递质、调质、激素等）发生特异性结合并诱发生物效应的特殊生物分子。位于细胞膜上的受体称为膜受体，为带有糖链的蛋白质分子。与递质结合的受体主要为膜受体，且主要分布于突触后膜上。有些受体还存在于突触前膜，称为突触前受体（presynaptic reeeptor）或自身受体。大多数突触前受体起负反馈调节突触前递质释放的作用，如去甲肾上腺素作用于突触前α_2受体，可抑制突触前膜对去甲肾上腺素的进一步释放；突触前受体也可易化递质释放，如交感神经末梢的突触前血管紧张素受体激活后，可促进前膜释放去甲肾上腺素。

能与受体发生特异性结合并产生生物效应的化学物质称为受体的激动剂（agonist），能与受体发生特异性结合但不产生生物效应的化学物质称为受体的拮抗剂（antagonist）或阻断剂（blocker），两者统称为配体（1igand）。

2. 受体的分类

目前，主要以不同的天然配体进行分类和命名，如以乙酰胆碱为天然配体的胆碱能受体和以去甲肾上腺素为天然配体的肾上腺素能受体。各类受体还可进一步分出若干层次的亚型。如胆碱能受体N受体可再分为N_1和N_2受体亚型；肾上腺素能受体α受体和β受体可分别再分为α_1、α_2受体亚型和β_1、β_2、β_3受体亚型。受体亚型的出现，表现一种递质能选择性作用于多种效应器细胞而产生多种多样的生物学效应。

根据递质和受体发生特异性结合而被激活的机制，可将受体分为两类。①离子通道型受体或促离子型受体（ionotropic receptor）。这类受体与离子通道耦联，如神经-骨骼肌接头处的N型乙酰胆碱门控通道。这类受体为数不多，主要是烟碱受体和部分氨基酸类递质受体。②G蛋白耦联受体或促代谢型受体（metabotropic receptor）。大多数递质受体属于这个超家族的成员，如毒蕈碱受体、肾上腺素能受体、几乎所有肽类递质受体以及部分氨基酸类递质受体等。

3. 受体的调节

膜受体蛋白的数量和与递质结合的亲和力在不同的生理或病理情况下均可发生改变。当递质分泌不足时，受体的数量将逐渐增加，亲和力也逐渐升高，称为受体的上调（up regulation）；反之，当递质释放过多时，则受体的数量逐渐减少，亲和力也逐渐降低，称为受体的下调（down regtllation）。有些膜受体的上调可通过膜的流动性将暂时储存于胞内膜结构上的受体蛋白表达于细胞膜上而实现，而有些膜受体的下调则可通过受体蛋白的内吞入胞，即受体的内化（intemalization），以减少膜上受体的数量而实现，也有些膜受体的下调是由于受体蛋白发生磷酸化而降低其反应性所致。

（三）主要的递质和受体系统

1. 乙酰胆碱及其受体

乙酰胆碱（acetylcholine，ACh）是在中枢神经系统内分布较为广泛的一种递质。以ACh为递质的神经元称为胆碱能神经元（cholinergir neuron）。如脊髓前角运动神经元，包括其轴突发出到闰绍细胞的侧支，丘脑后部腹侧的特异性感觉投射神经元等都是胆碱能神经元，脑干网状结构上行激动系统的各个环节、纹状体、边缘系统的梨状区、杏仁核、海马等部位都有胆碱能神经元。以ACh为递质的神经纤维称为胆碱能纤维（cholinergic fiber）。在外周神经系统，交感和副交感神经的节前纤维、大部分副交感神经的节后纤维（除少数纤维释放肽类外）、部分交感神经节后纤维（引起温热性汗腺分泌的纤维和骨骼肌血管舒张的交感舒血管纤维）以及躯体运动神经纤维都是胆碱能纤维。

能与ACh特异性结合的受体称为胆碱能受体（cholinergic receptor）。根据其药理特性，胆碱能受体可分为两类：一类能与天然植物中的毒蕈碱结合，称为毒蕈碱受体（musca，rinic receptor），简称M受体；另一类能与天然植物中的烟碱结合，称为烟碱受体（nicotinic receptor），简称N受体。目前，M受体已分离出M_1～M_5五种亚型，它们均为G蛋白耦联受体；N受体有N_1和N_2两种亚型，两种都是离子通道受体。

两类受体广泛分布于中枢神经系统和周围神经系统。分布有胆碱能受体的神经元称为胆碱能敏感神经元。中枢胆碱能系统几乎参与了神经系统所有的功能，包括学习和记忆、觉醒与睡眠、感觉与运动、内脏活动以及情绪等多方面的调节活动。

在外周，M受体分布于大部分的副交感神经节后纤维（除少数释放肽类和嘌呤类递质的纤维外）支配的效应器细胞上和交感胆碱能节后纤维所支配的汗腺和骨骼肌血管的平滑肌。当这类受体与乙酰胆碱或毒草碱结合时会产生一系列胆碱能节后神经纤维兴奋的效应，包括心脏活动抑制；支气管平滑肌、胃肠道平滑肌、膀胱逼尿肌、瞳孔括约肌等的收缩；消化腺和汗腺的分泌以及骨骼肌血管舒张等。这些作用称为毒蕈碱样作用，简称M样作用。阿托品是M型受体的阻断剂。N受体分布于交感和副交感神经节的胞体和神经肌肉接头的终板膜上，当小剂量的ACh或烟碱与这类受体结合时，会引起自主神经节后神经元兴奋或骨骼肌收缩，但大剂量的ACh与N受体结合后可阻断自主神经节的突触传递。这些效应称为烟碱样作用，简称N样作用。由于N_1受体分布于自主神经节突触后膜和中枢神经系统，故称为神经元型烟碱受体（neuro-type nicotinic receptor）；而N_2受体主要位于神经-骨骼肌接头的终板膜上，也称为肌肉型烟碱受体（muscle type nicotinic receptor）。六烃季胺能阻断N_1受体的功能；十烃季胺能阻断N_2受体的功能，而筒箭毒碱可以阻断N_1受体和N_2受体的功能。

2. 去甲肾上腺素和肾上腺素及其受体

去甲肾上腺素（norepinephfine，NE或noradrenaline，NA）和肾上腺素（epinephrine，E或adrenaline，A）都属于儿茶酚胺类。在中枢神经系统中，以NE为递质的神经元称为去甲肾上腺素能神经元（noradrenergic neuron），其胞体绝大多数位于低位脑干，尤其是中脑网状结构、脑桥的蓝斑以及延髓网状结构的腹外侧部分。按其纤维投射途径的不同，分上行部分、下行部分和支配低位脑干部分。上行部分的纤维投射到大脑皮质、边缘前脑和下丘脑；下行部分的纤维下达脊髓后角的胶质区、侧角和前角。支配低位脑干部分的纤维，分布在低位脑干内部。以E为递质的神经元称为肾上腺素能神经元（adrenergic neuron），其胞体主要分布在延髓，其纤维投射也有上行和下行部分。在外周，多数交感节后纤维（除支配汗腺和骨骼肌血管的交感胆碱能纤维外）释放的递质是NE，以NE为递质的神经纤维称为肾上腺素能纤维（adrenergic fiber）。尚未发现以肾上腺素为递质的神经纤维。

能与NE或E结合的受体称为肾上腺素能受体（adrenergic receptor），主要分为a型肾上腺素能受体（简称α受体）和β型肾上腺素能受体（简称β受体）两种。α受体又有α_1和α_2受体两种亚型，β受体也有β_1、β_2和β_3受体三种亚型。所有的肾上腺素能受体都属于G蛋白耦联受体。它们广泛分布于中枢神经系统和周围神经系统。分布有肾上腺素能受体的神经元称为肾上腺素能敏感神经元。中枢内的去甲肾上腺素能神经元的功能主要涉及心血管活动、情绪、体温、摄食和觉醒等方面的调节。中枢内的肾上腺素能神经元的功能可能在心血管活动的调节中参与作用。

在外周，多数交感节后纤维末梢支配的效应器细胞膜上都有肾上腺素能受体，但在某一效应器官上不一定都有α和β受体，有的仅有α受体，有的仅有β受体，也有的兼有两种受体。如在心肌主要有β受体；在血管平滑肌上则有α和β受体，但在皮肤、肾、胃肠的血管平滑肌上以α_1受体为主，而骨骼肌和肝脏的血管则以β受体为主。α_2受体主要存在于突触前膜，属于突触前受体。NE对α受体的作用较强，对β受体的作用较弱。一般而言，NE与α受体（主要是α_1受体）结合后产生的平滑肌效应主要是兴奋性的，包括血管、子宫、虹膜辐射状肌等的收缩，但也有抑制的，如小肠平滑肌舒张；NE与β受体（主要是β_2受体）结合后产生的平滑肌效应是抑制性的，包括血管、子宫、小肠、支气管等的舒张，但与心肌β_1受体结合产生的效应却是兴奋性的。β_3受体主要分布于脂肪组织，与脂肪分解有关。

酚妥拉明能阻断α受体，包括α_1和α_2受体，但主要是α_1受体。哌唑嗪和育亨宾分别可选择性阻断a_1和a_2受体。普萘洛尔（心得安）能阻断β受体，但对β_1和β_2受体无选择性。阿替洛尔和美托洛尔主要阻断β_1受体，丁氧胺则主要阻断β_2受体。

3. 多巴胺及其受体

多巴胺（dopamine，DA）也属于儿茶酚胺。DA主要存在于中枢神经系统，包括黑质-纹状体、大脑边缘系统和结节漏斗三个部分。脑内的DA主要由黑质产生，沿黑质-纹状体投射系统分布，在纹状体贮存，其中以尾核含量最多。已发现并克隆出$D_1 \sim D_5$等5种受体亚型，它们都是G蛋白耦联受体。中枢DA系统主要参与躯体运动、精神和情绪活动、内分泌系统功能和心血管系统功能等的调节。

4. 5-羟色胺及其受体

5-羟色胺（5-hydroxytryptamine，5-HT或serotonin）系统也主要存在于中枢神经系统。5-HT能神经元主要集中于低位脑干的中缝核内。其纤维投射也分上行部分、下行部分和支配低位脑干部分。上行部分的神经元位于中缝核上部（此处5-HT含量最多），纤维投射到纹状体、丘脑、下丘脑、边缘前脑和大脑皮质；下行部分的神经元位于中缝核下部，纤维下达脊髓后角、侧角和前角；支配低位脑干部分的纤维分布在低位脑干内部。5-HT受体多而复杂，已知有$5\text{-}HT_1 \sim 5\text{-}HT_7$等7种受体，而有些受体又有多种亚型。其中$5\text{-}HT_3$受体是离子通道型受体，其余大多数是G蛋白耦联受体。5-HT在中枢主要有调节痛觉、精神和情绪、睡眠、体温、性行为、垂体内分泌、心血管活动和躯体运动等功能。

5. 组胺及其受体

组胺（histamine）系统分布于中枢和外周。中枢组胺能神经元胞体分布非常局限，主要集中在下丘脑后部的结节乳头核内，但其纤维投射广泛，几乎到达中枢的所有部位。组胺系统有H_1、H_2和H_3三种受体，广泛存在于中枢和周围神经系统内。中枢组胺系统可能与觉醒、性行为、腺垂体激素的分泌、血压、饮水和痛觉等调节有关。

6. 氨基酸类递质及其受体

主要有谷氨酸、门冬氨酸、γ-氨基丁酸和甘氨酸，前两种为兴奋性氨基酸，后两种为抑制性氨基酸。

（1）兴奋性氨基酸。谷氨酸（glutamic acid或glutamate，Glu）是脑和脊髓内主要的兴奋性递质，以大脑皮质和脊髓背侧部分含量相对较高。谷氨酸受体有促离子型受体和促代谢型受体两种类型。前者通常可再分为海人藻酸（kainate，KA）受体、AMPA（α-amino-3-hydroxy-5-methvy-4-isoxazole proprionate）受体和NMDA（N-methyl-D-a spartate）受体三种类型。KA受体和AMPA受体又合称为非NMDA型受体，它们对Glu的反应较快，其耦联通道的电导较低。KA受体激活时可允许Na^+内流和K^+外流；AMPA受体激活时，主要对Na^+通透，有些也允许Ca^{2+}通透；NMDA受体对Glu的反应较慢，其耦联通道的电导较高，激活时对Na^+、K^+和Ca^{2+}都可通透。NMDA受体广泛分布于中枢神经系统，仅存在于神经元上，谷氨酸的大多数靶神经元上常同时存在NMDA和AMPA受体；而KA和AMPA除分布于神经元外，还可存在于胶质细胞。促代谢型受体已有11种亚型被鉴定，也广泛分布于中枢，在突触前和突触后均有分布。谷氨酸及其受体在机体有各种功能，如兴奋传递、痛觉、中枢的可塑性和兴奋毒性，以及在神经系统退行性疾病中都有一定的作用。门冬氨酸多见于视皮层的锥体细胞和多棘星状细胞。目前有关门冬氨酸的资料尚不多。

（2）抑制性氨基酸。γ-氨基丁酸（γ-aminobutyric acid，GABA）在大脑皮质的浅层和小脑皮质的普肯耶细胞层含量较高，也存在于纹状体及其投射纤维中。GABA受体可分为$GABA_A$、$GABA_B$、$GABA_C$三种亚型。$GABA_A$和$GABA_B$广泛分布于中枢神经系统中，而GABAr则主要分布于视网膜和视觉通路中。$GABA_A$和$GABA_C$均属于促离子型受体，激活时主要允许$C1^-$内流；$GABA_B$为促代谢型受体，激活后则通过相耦联的G蛋白而增加F电导，两者都可引起突触后膜超极化而产生抑制效应。

甘氨酸（glycine，Gly）主要分布于脊髓和脑干中，脊髓闰绍细胞轴突末梢释放的递质就是甘氨酸。甘氨酸受体也是一种Cl^-通道，可被士的宁阻断。此外，甘氨酸也能结合于NMDA受体，但此时产生兴奋效应。

7. 神经肽及其受体

神经肽（neuropeptide）是指分布于神经系统起信息传递或调节信息传递作用的肽类物质。它们以调质、递质或激素的形式发挥作用。神经肽主要有以下几类。

（1）速激肽。哺乳类动物的速激肽（tachykinin）包括P物质（substance P）、神经激肽A、神经肽K、神经肽a、神经激肽A（10-10）和神经激肽B等6个成员。已发现和克隆出3种神经激肽受体，即NK-1、NK-2、和NK-3受体，分别对P物质、神经肽K和神经激肽B敏感，它们都是G蛋白耦联受体。P物质在脊髓初级传入纤维中含量丰富，很可能是慢痛传入通路中第一级突触的调质；在黑质–纹状体通路中P物质浓度也很高，其含量与多巴胺成正比；在下丘脑可能起神经内分泌调节作用；在外周，P物质可引起肠平滑肌收缩，血管舒张和血压下降等效应。

（2）阿片肽。阿片肽（opioid peptide）主要包括β-内啡肽（β-endorphin）、脑啡肽（enkephalin）和强啡肽（dynorphin）三类。β-内啡肽分布于下丘脑、丘脑、脑干、视网膜和腺垂体等处，主要起抑制性调制作用。脑啡肽在脑内分布广泛，尤其是在脊髓后角胶质区浓度很高，可能与痛觉传入的调制有关。强啡肽在脑内的分布与脑啡肽有较多重叠。但其浓度低于脑啡肽。已确定的阿片受体有μ、k和δ受体，均为G蛋白耦联受体。激活μ受体可增加K^+电导，引起中枢神经元的超极化；激活k和δ受体，则可导致Ca^{2+}通道关闭。近年来，又相继发现与多种阿片受体亲和力较低的孤儿受体及其内源性配体孤啡肽（orphanin），以及μ受体真正的自然配体内吗啡肽。阿片肽的生理作用极为广泛，在调节感觉（主要是痛觉）、内脏活动、免疫、内分泌、体温、摄食活动等方面均有作用。

（3）下丘脑调节肽和神经垂体肽。下丘脑调节腺垂体功能的肽类激素称为下丘脑调节肽（hypothalamic regulatory peptides），其中大部分激素及其受体也存在于下丘脑以外的脑区和周围神经系统。如生长抑素可在许多脑区发挥神经递质的作用，参与感觉传入、运动传出和智能活动等方面的调节。已发现5种生长抑素受体，即SSTR 1 ~ SSTR 5受体。它们都与G蛋白耦联。肾上腺皮质激素释放激素（CRH）存在于大脑皮质、橄榄–小脑通路处。含促甲状腺激素释放激素（TRH）的神经末梢分布在脊髓前角运动神经元周围，同时在海马、大脑皮质和视网膜中也很高。此外，室旁核含有催产素和血管升压素的纤维向脑干和脊髓投射，具有调节交感和副交感神经活动的作用，并能抑制痛觉。

（4）脑–肠肽：脑–肠肽（hraingut peptide）是指在胃肠道和脑内双重分布的肽类物质。主要有缩胆囊素（CCK）、血管活性肠肽（VIP）、胃泌素、神经降压素、甘丙肽和胃泌素释放肽等子脑内的CCK前体经加工后产生长短不一的活性片段，以CCK-8为主，主要分布于大脑皮质、纹状体、杏仁核、下丘脑和中脑等处。脑内有两种CCK受体，即CCK-A受体和CCK-B受体，均为G蛋白耦联受体。CCK在脑内具有抑制摄食行为等多种作用。

神经系统中还发现多种其他肽类物质，如血管紧张素Ⅱ、心房钠尿肽、降钙素基因相关肽、神经肽Y、肾上腺髓质素、内皮素等均存于许多脑区，参与多种功能活动的调节。

8. 嘌呤类递质及其受体

嘌呤类递质主要有腺苷（adenosine）和ATP。腺苷是中枢神经系统中的一种抑制性调质。咖啡和茶的中枢兴奋效应是由咖啡因和茶碱抑制腺苷的作用而产生的。ATP在体内也具有广泛的受体介导效应，如自主神经系统的快速突触反应和缰核的快反应。嘌呤能受体可分为腺苷（P1）受体和嘌呤核苷酸（P2）受体两类：前者以腺苷为自然配体，后者则以ATP为自然配体P1受体在中枢和周围神经中均有分布有A_1、A_2和A_3三种类型，它们均为G蛋白耦联受体。P2受体主要存在于周围神经系统中，主要有P2Y、P2U、P2X和P2Z四种受体。P2Y和P2L是G蛋白耦联受体，P2X和P2Z则为化学门控通道。此外，ADP能激活P2T受体，该受体可能是一种离子通道。

9. 其他可能的递质

一些气体分子，如一氧化氮（nitric oxide，NO）和一氧化碳（carbon monoxide，CO）具有某些神经递质的特征。NO与经典的递质不同，不储存于突触囊泡内，不以出胞形式释放，也不与靶细胞膜上特异性受体结合，而是以扩散方式到达临近的靶细胞，直接结合并激活一种可溶性的鸟苷酸环化酶，使胞质内cGMP水平升高，引起一系列生物效应。NO广泛分布于脑内，海马内某些神经元释放的NO可逆向作用于突触前神经元，使突触前末梢递质释放增加，在IXP形成中起着重要的作用。CO的作用与NO相似，也能激活鸟苷酸环化酶而发挥作用。此外，前列腺素和糖皮质激素及性激素等神经活性类固醇也被视为可能的递质。

四、神经反射

反射是神经调节的基本方式，反射弧结构和功能的完整是其发挥作用的前提。反射和反射弧的概念详见绪论，以下主要介绍反射弧中枢部分的活动规律。

（一）反射的分类及中枢控制

1. 反射的分类

巴甫洛夫将反射分为非条件反射和条件反射两类。非条件反射（unconditioned reflex）是指在出生后无须训练就具有的反射，如防御反射、食物反射、性反射等。这类反射具有生来就有、数量有限、形式固定和较低级等特点，它的建立可无须大脑皮质的参与，通过皮质下各级中枢即可形成。在机体初步适应环境，以及个体生存和种系延续方面有重要的生理意义。条件反射（conditioned renex）是指通过后天学习和训练而形成的反射，是人和动物在个体生活过程中按照所处的生活环境，在非条件反射的基础上不断建立起来的。它可以建立，也可消退，数量可以不断增加，其形成的主要中枢部位在大脑皮质，因此是反射的高级形式。条件反射的建立扩大了机体的反应范围，条件反射较非条件反射有更大的灵活性，更适应于复杂变化的生存环境。

2. 反射的中枢控制和调节

反射是信息经感受器、传入神经、中枢、传出神经和效应器等五个环节构成的反射弧传递的过程。中枢是反射弧中最复杂的部位。一般来说，在传入神经元和传出神经元之间（中枢）只经过一次突触传递的反射称为单突触反射（monosynaptic renex）。这种反射中枢范围较窄，是最简单的反射。体内唯一的单突触反射为腱反射。在中枢经过多次突触传递的反射，称为多突触反射（polysynaptic renex）。机体内大部分反射都属于多突触反射。在整体情况下，反射活动发生时，感觉冲动传入脊髓或脑干后，除了在同一水平与传出部分发生联系并发出传出冲动，还有上行冲动传导到更高级中枢，乃至大脑皮质的中枢，进一步通过高级水平的整合，再发出下行冲动来调整反射的传出冲动，使反射活动更具有适应性。同时，在效应器产生效应后，效应器的输出变量中有部分信息可反过来（正反馈或负反馈调节）不断地改变中枢或其他环节的活动状态，用以纠正反射活动中出现的偏差，以实现反射的精确性。因此，在反射发生时，既有外周和初级水平的整合活动，也有较高级和最高级水平的整合活动，通过多级水平的整合后，反射活动便具有更大的复杂性和适应性。另外，神经反射还可通过体液的途径间接作用于效应器，这种反射效应在内分泌系统的参与下，往往就变得比较缓慢、广泛而持久。

（二）中枢神经元的联系方式

神经元依其在反射弧中所处地位的不同可分为传入神经元、中间神经元和传出神经元三种。人体中枢神经系统的传出神经元的数目总计为数十万，传入神经元约较传出神经元多1～3倍，其余数目最大的是中间神经元。中枢神经元相互连接成网，形成复杂的相互连接方式（如图10-6）。一个突触前神经元仅与一个突触后神经元发生突触联系，称为单线式联系（single line connection）。这种联系可使功能活动更精确和准确，但在神经系统中这种联系方式很少见。一个神经元的轴突可以通过分支与许多神经元建立突触联系，称为辐散式联系（divergerlce connection）。这种联系有可能使一个神经元的兴奋引起许多神经元同时兴奋或抑制。这种方式在传入神经元与其他神经元发生的突触联系中多见。一个神经元的细胞体或树突可接受许多不同轴突来源的突触联系，称为聚合式联系（convergellce connection）。这种联系有可能使许多神经元都同时作用于同一神经元，从而使兴奋和抑制在同一神经元上发生整合，使后者发生兴奋或抑制。这种方式在传出神经通路中多见。在中间神经元之间由于辐散与聚合式联系同时存在而形成链锁式联系（chain connection）或环式联系（recurrent connection）。神经冲动通过链锁状联系，在空间上加大了作用范围；兴奋冲动通过环式联系，可因正反馈活动使兴奋增强或延续，或因负反馈活动使兴奋及时终止。在环式联系中，即使最初的刺激已经停止，传出通路上的冲动仍会持续一段时间，产生后发放现象。

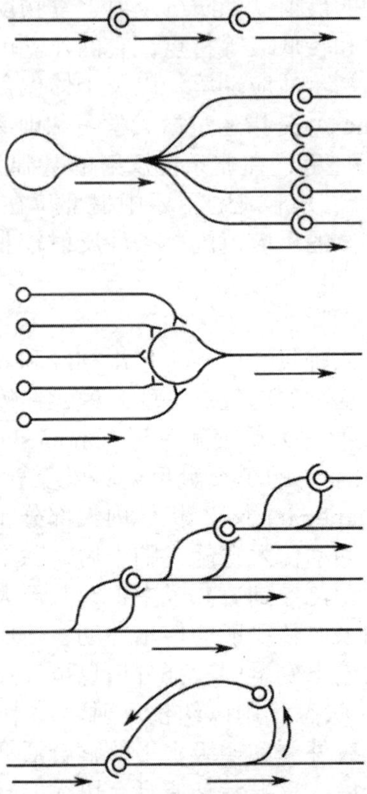

图10-6　中枢神经元的联系方式模式图

A.单线式联系；B.辐散式联系；C.聚合式联系；D.链锁式联系；E.环式联系

（三）中枢抑制和中枢易化

反射活动能协调进行，是因为中枢内既有兴奋活动又有抑制活动。通过中枢抑制（central inhibition）和中枢易化（central faciHtation）活动，使各种功能活动准确和精确地完成。

1. 中枢抑制

根据抑制发生在突触的部位，将其分为突触后抑制和突触前抑制两种类型。

（1）突触后抑制：由抑制性中间神经元末梢释放抑制性递质，使突触后膜产生IPSP，从而使突触精神经元发生抑制，称为突触后抑制（postsynaptic inhibition）。突触后抑制又可分为传入侧支性抑制和回返性抑制两种形式。①传入侧支性抑制。传入纤维进入中枢后，一方面通过突触直接兴奋某一中枢的神经元，另一方面通过侧支兴奋另一抑制性中间神经元，通过后者的活动再抑制另一中枢的神经元，这种抑制称为传入侧支性抑制（afferent collateral inhihition）。例如，伸肌的肌梭传入纤维进入脊髓后，直接兴奋伸肌的a运动神经元，同时发出侧支兴奋一个抑制性神经元，转而抑制屈肌的a运动神经元，导致伸肌收缩而屈肌舒张，这种抑制又被称为交互抑制（如图10-7 A）。这种抑制能使不同中枢之间的活动协调起来。②回返性抑制。中枢神经元兴奋时，传出冲动沿轴突外传，同时又经轴突侧支兴奋另一抑制性中间神经元，后者释放抑制性递质，反过来抑制原先发生兴奋的神经元及同一中枢的其他神经元，这种抑制称为回返性抑制（recuitent inhibition）。如脊髓前角运动神经元发出轴突支配外周的骨骼肌，同时也在脊髓内发出侧支兴奋闰绍细胞，后者兴奋时释放抑制性递质甘氨酸，其活动经轴突回返作用于原先发动运动的脊髓前角运动神经元和其他同类神经元（如图10-7 B）。这种抑制能使神经元的活动及时终止，也促使同一中枢内许多神经元之间的活动步调一致，这种形式的抑制在海马和丘脑内也明显存在。

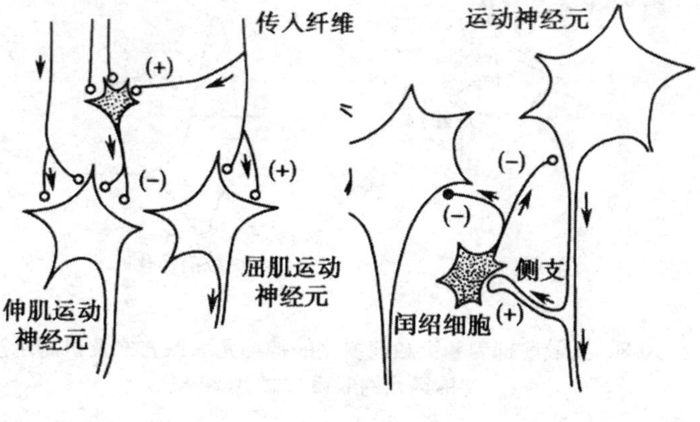

图10-7 两类突触后抑制

A. 传入侧支性抑制；B. 回返性抑制；黑色神经元代表抑制性神经元；(+)表示兴奋；(一)表示抑制

（2）突触前抑制：通过改变突触前膜的活动，使突触后神经元产生的抑制，称为突触前抑制（presynaptic inhibition）。如图10-8所示，轴突末梢A与运动神经元构成轴突-胞体式突触；轴突末梢B与末梢A构成轴突-轴突式突触，但与运动神经元不直接形成突触。若仅兴奋末梢A，则引起运动神经元产生一定大小的EPSP；若仅兴奋末梢B，则运动神经元不发生反应；若末梢B先兴奋，一定时间后末梢A再兴奋，则运动神经元产生的EPSP将明显减小。目前认为可能的机制是：①末梢B兴奋时，释放GABA作用于末梢A上的$GABA_A$受体，引起末梢A的Cl^-电导增加，膜发生去极化，使其跨膜静息电位变小，而致使传导到末梢A的动作电位幅度变小，时程缩短，结果使进入末梢A的Ca^{2+}减少，由此而导致突触前递质释放减少，进而使突触后的运动神经元的EPSP减小；②在某些轴突末梢上（如末梢A）还存在$GABA_B$受体，该受体激活时，通过耦联的G蛋白，使膜上K^+通道开放，引起K^+外流，使膜的复极化加快，同时也减少末梢A的Ca^{2+}内流而产生抑制效应。突触前抑制在中枢内广泛存在，尤其多见于感觉传入通路中，对调节感觉传入活动具有重要意义。

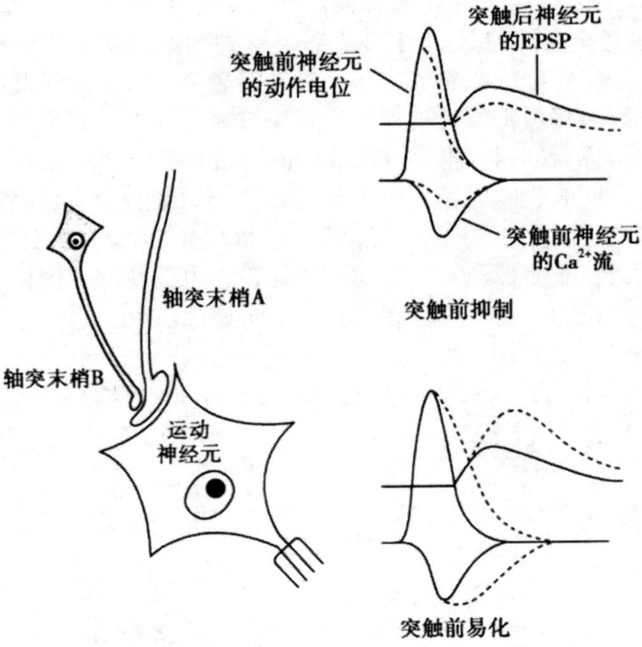

图10-8　突触前抑制和突触前易化的神经元联系方式及机制示意图

A.神经元的联系方式;B.机制

2. **中枢易化**

中枢易化可分为突触后易化和突触前易化。突触后易化（postsynaptic facilitation）表现为EPSP的总和。由于突触后膜的去极化，使膜电位靠近阈电位水平，如果在此基础上再出现一个刺激，就较容易达到阈电位而爆发动作电位。突触前易化（presynaptic facilitation）与突触前抑制具有同样的结构基础。在图10-8中，如果到达末梢A的动作电位时程延长，则Ca^{2+}通道开放的时间延长，因此进入末梢A的Ca^{2+}数量增多，末梢A释放递质增多，最终使运动神经元的EPSP增大，即产生突触前易化。至于末梢A的动作电位时程延长，可能是由于轴突–轴突式突触末梢释放某种递质（如5-羟色胺），引起细胞内cAMP水平升高，使K^+通道发生磷酸化而关闭，从而延缓动作电位的复极化过程。

第二节　神经系统的感觉功能

一、脊髓的感觉传导功能

由脊髓上传到大脑皮质的感觉传导路径可分为两类，一类为浅感觉传导路径，另一类为深感觉传导路径。浅感觉传导路径传导痛觉、温度觉和触觉，其传入由脊神经后根的外侧部（细纤维部分）进入脊髓，然后在后角更换神经元，再发出纤维在脊髓白质前联合处进行交叉到对侧，分别经脊髓丘脑侧束（痛觉、温觉）和脊髓丘脑前束（轻触觉）上行抵达丘脑。

深感觉传导路径传导肌肉本体感觉和深部压觉，其传入纤维由脊神经后根的内侧部（粗纤维部分）进入脊髓后，其上行分支在同侧后索上行，抵达延髓下部薄束核和楔束核后更换神经元，再发出纤维进行交叉到对侧，经内侧丘系至丘脑。皮肤触觉中的辨别觉，其传导路径却和深感觉传导路径一致。因此，浅感觉传导路径是先交叉再上行，而深感觉传导路径是先上行再交叉；在脊髓半离断的情况下，浅感觉的障碍发生在离断的同侧。对于脊髓空洞症患者，中央管部分有空腔形成，破坏了在中央管前进行交叉的浅感觉传导路径，造成浅感觉障碍。但由于痛觉、温觉传入纤维进入脊髓后，在进入水平的1～2个节段内更换神经元交叉到对侧，而轻触觉传入纤维进入脊髓后分成上行与下行纤维，分别在多个节段内更换神经元交叉至对侧，因此较局限地破坏中央管前交叉的浅感觉传导路径，仅使相应节段双侧皮节的痛觉、温觉发生障碍，而轻触觉基本不受影响（辨别觉完全不受影响），造成脊髓空洞症患者出现痛觉、温觉和触觉障碍的分离现象。

二、丘脑及其感觉投射系统

（一）丘脑的核团

根据丘脑的感觉功能特点，将其核团大致分为三大类（如图10-9）。

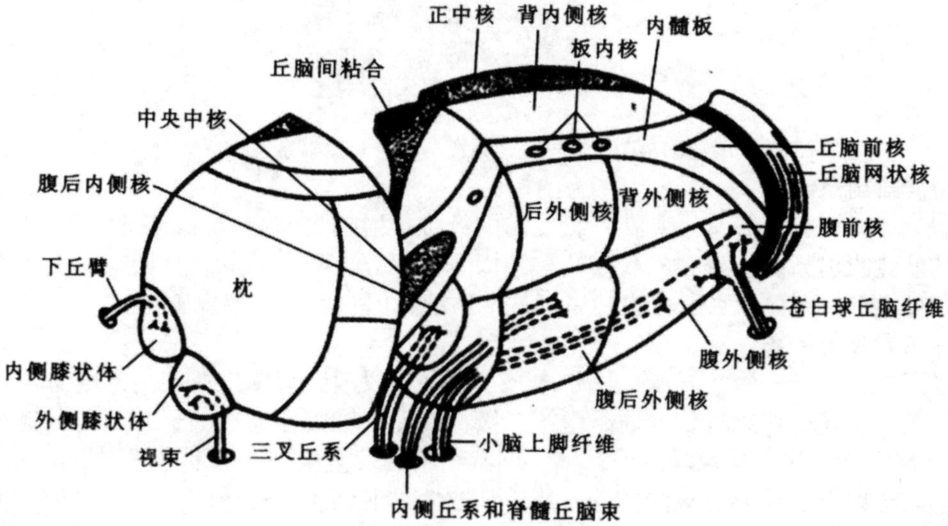

图10-9　丘脑主要核团示意图

1. 感觉接替核

这类核团主要有后腹核和内、外侧膝状体。它们是机体所有特定感觉（嗅觉除外）纤维投射到大脑皮质特定区域的换元接替部位。各种感觉功能在丘脑内有严格的定位，其中腹后外侧核（后外侧腹核）接受脊髓丘脑束与内侧丘系的纤维投射，传导来自躯体的感觉，腹后内侧核（后内侧腹核）则接受三叉丘系的纤维投射，传导来自头面部的感觉；由后腹核发出的纤维投向大脑皮质感觉区。内侧膝状体与外侧膝状体分别接受听觉、视觉传导的纤维投射，并发出纤维相应投向大脑皮质听区与视区。

2. 联络核

联络核主要包括腹枕核、腹外侧核与前核等。这类核团并不直接接受感觉的纤维投射，但接受来自丘脑感觉接替核和其他皮质下中枢的纤维，换元后投射到大脑皮质的特定区域，其功能与各种感觉在丘脑和大脑皮质水平的联系协调有关，故称联络核。

3. 髓板内核群

髓板内核群主要有中央中核、束旁核和中央外侧核等。这类核团没有直接投射到大脑皮质的纤维，但它们接受脑干网状结构的上行纤维，经多突触接替换元后，弥散地投射到整个大脑皮质，起着维持和改变大脑皮质兴奋状态的重要作用。

（二）感觉投射系统

根据丘脑核团向大脑皮质投射途径与功能的不同，可将丘脑的感觉投射系统分为两大系统，即特异投射系统与非特异投射系统（如图10-10）。

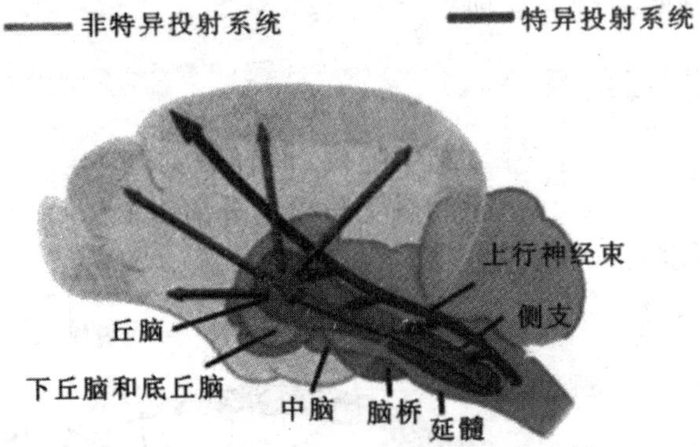

图10-10 特异投射系统与非特异投射系统

1. 特异投射系统特

异投射系统是指从丘脑感觉接替核发出的纤维投射到大脑皮质特定区域，具有点对点投射关系的感觉投射系统。丘脑的联络核在结构上大部分也与大脑皮质有特定的投射关系，投射到大脑皮质的特定区域，所以也归属于这一系统，但它不引起特定感觉。

2. 非特异投射系统

非特异投射系统是指由丘脑的髓板内核群弥散地投射到大脑皮质广泛区域的非专一性感觉投射系统。上述经典感觉传导通路中第二级神经元的轴突在经过脑干时，发出侧支与脑干网状结构的神经元发生突触联系，在脑干网状结构内反复换元，各种来源的兴奋互相会聚，形成共同的通路抵达丘赫髓板内核群，然后弥散性投射到大脑皮质广泛区域，其功能是维持和改查大脑皮威的兴奋状态，但不声生特定感觉。

动物实验表明，破坏脑干头端部网状结构，保留上传的特异感觉传导通路，动物即进入昏睡状态，脑电波呈同步化慢波。若在中脑水平切断特异感觉通路而不损害内侧网状结构，则动物仍处于清醒状态，脑电波呈现去同步化快波。由此可见，在脑干网状结构内存在具有上行唤醒作用的功能系统，这一系统称为脑干网状结构上行激动系统（ascending reticular activating system，ARAS）。目前认为，ARAS主要是通过丘脑非特异投射系统来发挥作用。丘脑非特异投射系统可视为ARAS的丘脑部分，因此，在功能上这两者是一个不可分割的统一系统。由于这一系统是一个多突触接替的上行系统，所以容易受药物的影响而产生传导阻滞。如巴些妥类催眠药的作用，可能就是阻断ARAS的传导，从而使大脑皮质进入抑制状态。

非特异与特异投射系统虽各自具有形态与功能上的特征，但两者又是有密不可分的关系。特异投射系统传递特异感觉冲动，产生特定感觉，但感觉的产生有赖于非特异投射系统提高大脑皮质的兴奋水平及其所保持的觉醒状态，而非特异性传入冲动又来源于特异投射系统的感觉传入信息。正常情况下，由于这两者之间的相互作用与配合，才能使大脑皮质既能处于觉醒状态，又能产生各种特定感觉。

三、大脑皮质的感觉分析功能

（一）体表感觉

体表感觉代表区主要有以下两个。

1. 第一感觉区

第一感觉区主要位于大脑皮质中央后回。该皮质感觉区产生的感觉定位明确，性质清晰。其感觉投射有如下规律：①投射纤维左右交叉，即一侧的体毒感觉投射到对侧大脑皮质的相应区域，但头面部感觉的投射是双侧性的；②投射区域的空间安排是倒置的，即下肢代表区在顶部（膝以下的代表区在皮质内侧面），上肢代表区在中间部，头面部代表区在底部，但头面部代表区内部的安排是正立的（如图10-11）；③投射区的大小与体表感觉的灵敏度有关，感觉灵敏度高的拇指、食指、舌唇的代表区大，而感觉灵敏瘦低的背部代表区小。这是因为感觉灵敏的部位具有较多的感受器，皮质与其相联系的神经元数量也较多，这种结构特点有利于精细的感觉分析。

2. 第二感觉区

第二感觉区位于中央前回与岛叶之间的皮质区域，其面积较小，体表感觉在，此区的投射是双侧性的，空间安排呈正立位。它对感觉仅有粗糙的分析作用，其感觉定位不明确，性质不清晰。

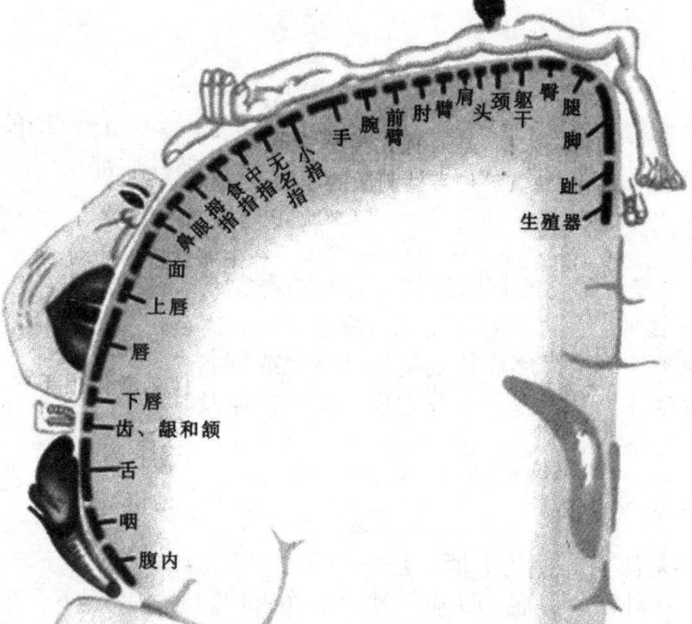

图10-11　人大脑皮质体表感觉区示意图

（二）内脏感觉

内脏感觉投射的范围较弥散，并与体表感觉区有一定的重叠。第一感觉区的躯干与下肢部位有内脏感觉代表区。人脑的第二感觉区和运动辅助区都与内脏感觉有关。边缘系统的皮质部位也是内脏感觉的投射区。

（三）本体感觉

本体感觉是指肌肉、关节等的运动觉与位置觉。目前认为，中央前回（4区）既是运动区，也是肌肉本体感觉投射区。刺激人脑的中央前回，可引起受试者试图发动肢体运动的主观感觉。

（四）视觉

枕叶皮质的距状裂上、下缘（17区）是视觉的主要投射区：左眼颞侧和右眼鼻侧视网膜的传入纤维投射到左侧枕叶皮质；同样，右眼颞侧和左眼鼻侧视网膜的传入纤维投射到右侧枕叶皮质。所以，一侧枕叶皮质受损可造成两眼对侧视野偏盲，双侧枕叶皮质损伤时可导致全盲。此外，视网膜的上半部投射到距状裂的上缘，下半部投射到下缘，视网膜中央的黄斑区投射到距状裂的后部，周边区投射到距状裂的前部。

（五）听觉

人的听觉皮质投射区位于颞横回与颞上回（41区与42区）。41区是接受来自内侧膝状体听觉投射纤维的主要投射区，42区也接受少量投射纤维，并有纤维与41区联系。听觉投射是双侧性的，即一侧皮质代表区接受来自双侧耳蜗感受器的传入投射，故一侧代表区受损不会引起全聋。

（六）嗅觉与味觉

嗅觉的皮质投射区位于边缘系统的前底部区域，包括梨状区皮质的前部、杏仁核的一部分。味觉投射区在中央后回头面部感觉投射区的下侧和岛叶后部皮质。

四、痛觉

疼痛（pain）是最常见的临床症状。它是伤害性或潜在伤害性刺激引起的不愉快的主观体验，常伴有自主神经活动、运动反射与情绪反应。疼痛可作为机体受损害时的一种报警系统，对机体起保护作用。但疼痛特别是慢性疼痛或剧痛，往往使患者深受折磨，导致机体功能失调，甚至发生休克。所以，研究疼痛产生的规律及其机制，对临床诊断与解除疼痛具有重要意义。

（一）痛觉感受器

痛觉感受器是游离的神经末梢，是一种化学感受器，广泛地分布于皮肤、肌肉、关节、内脏器官等处。在外伤、炎症、缺血、缺氧等伤害性刺激的作用下，损伤组织局部释放或合成一些致痛的化学物质，主要包括H^+、K^+、5-羟色胺、缓激肽、P物质、前列腺素、白三烯、血栓素与血小板激活因子等，它们在达到一定浓度时，兴奋痛觉感受器，产生痛觉传入冲动，进入中枢引起痛觉。

（二）痛觉的分类

痛觉分为躯体痛和内脏痛。躯体痛包括体表痛和深部痛。

1. 体表痛

发生在体表某处的痛觉称为体表痛。当伤害性刺激作用于皮肤时，可先后出现两种性质不同的痛觉，即快痛和慢痛。快痛在受到刺激时很快发生，是一种尖锐而定位清楚的"刺痛"，慢痛则表现为一种定位不明确的"烧灼痛"，一般在受刺激后0.5 ~ 1.0 s才被感觉到，痛感强烈而难以忍受，撤除刺激后还可持续几秒钟，常伴有不愉快的情绪及心血管和呼吸等方面的改变。快痛和慢痛分别由A_{δ}和C类纤维传导。快痛主要经特异投射系统到达大脑皮层的第一和第二感觉区；而慢痛主要投射到扣带回。此外，许多痛觉纤维经非特异投射系统投射到大脑皮质的广泛区域。

2. 深部痛

发生在躯体深部，如骨、关节、骨膜、肌腱、韧带和肌肉等处的痛觉称为深部痛。深部痛一般表现为慢痛，其特点是定位不明确，可伴有恶心、出汗和血压改变等自主神经反应。出现深部痛时，可反射性地引起邻近骨骼肌收缩而导致局部组织缺血，而缺血又使疼痛进一步加剧。缺血性疼痛的可能机制是肌肉收缩时局部组织释放某种致痛物质（Lewis P因子）。当肌肉持续收缩而发生痉挛时，血流受阻而使该物质在局部堆积，持续刺激痛觉感受器，于是形成恶性循环，使痉挛进一步加重；当血供恢复后，该致痛物质被带走或被降解，因而疼痛也得到缓解。P因子的本质尚未确定，有人认为可能是K^+。

（三）内脏痛与牵涉痛

1. 内脏痛

内脏痛是伤害性刺激作用于内脏器官引起的疼痛。内脏痛是临床上常见的症状，常为病理性疼痛。与皮肤痛相比，内脏痛的特征如下：①性质缓慢、持续、定位不明确和对刺激的分辨能力差，常伴有明显的自主神经活动变化，情绪反应强烈，有时更甚于疾病本身；②对切割、烧灼等刺激不敏感，而对机械性牵拉、缺血、痉挛、炎症等刺激敏感。临床上观察到，肠管发生梗阻而出现异常运动、循环障碍与炎症时，往往引起剧痛，严重时甚至危及生命；③常伴有牵涉痛。还有一种内脏痛是由于体腔壁层浆膜（胸膜、腹膜、心包膜）受到炎症、压力、摩擦或牵拉等伤害性刺激时所产生的疼痛，称为体腔壁痛。

2. 牵涉痛

某些内脏疾病往往可引起体表一定部位发生疼痛或痛觉过敏，这种现象称为牵涉痛。每一内脏有特定牵涉痛区，如心肌缺血时，可出现左肩、左臂内侧、左侧颈部和心前区疼痛；胆囊炎、胆结石时，可出现右肩胛部疼痛；阑尾炎初期，常感上腹部或脐区疼痛。牵涉痛并非内脏痛所特有的现象，深部躯体痛、牙痛也可发生牵涉痛。

产生牵涉痛的机制，有会聚学说与易化学说（如图10-12）。会聚学说认为，患病内脏的传入纤维等与被牵涉部位的皮肤传入纤维，由同一背根进入脊髓同一区域，聚合于同一脊髓神经元，并由同一纤维上传入脑，在中枢内分享共同的传导通路。由于大脑皮质习惯于识别来自皮肤的刺激，因而误将内脏痛当作皮肤痛，故产生了牵涉痛。易化学说认为，内脏痛觉传入冲动，可提高内脏-躯体会聚神经元的兴奋性，易化了相应皮肤区域的传入，可导致牵涉性痛觉过敏。

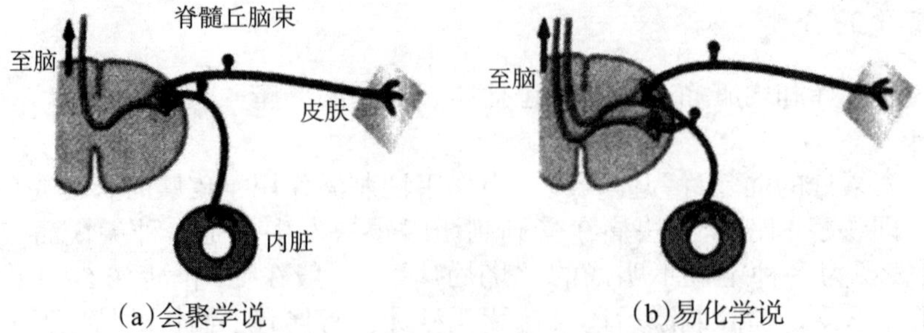

图 10-12　牵涉痛产生机制示意图

第三节　神经系统对躯体运动的调节

运动是人和动物最基本的功能之一。人体的姿势和躯体运动都以骨骼肌的活动为基础。而骨骼肌的舒缩活动、不同肌群之间的相互协调，有赖于神经系统各级中枢的调节。躯体运动中枢从低级到高级，可分为脊髓、脑干下行系统和大脑皮质运动区三个水平，另外，还接受小脑和基底神经节的调节。

一、脊髓对躯体运动的调节

在脊髓前角以及脑干中绝大多数脑神经核内（除第Ⅰ、Ⅱ和Ⅷ对脑神经核外）存在大量运动神经元。它们接受来自躯干四肢和头面部皮肤、肌肉和关节等处的外周传入信息，同时也接受从脑干到大脑皮质各级高位中枢的下传信息，产生反射传出冲动，直达所支配的骨骼肌，因此，它们是躯体运动反射的最后公路（final common path）。最后公路的结果最终可引发以下作用：①引发随意运动；②调节姿势，为运动提供一个合适而又稳定的背景或基础；③协调不同肌群的活动，使运动得以平稳和精确地进行。

脊髓是躯体运动反射的最后公路，但作为调节躯体运动的最基本反射中枢，脊髓单独也可完成一些简单的反射。因此，脊髓包括两方面的功能，即传导和反射功能。

（一）脊髓前角运动神经元和运动单位

脊髓前角存在大量运动神经元，主要包括α、γ运动神经元，它们经前根离开脊髓后直达所支配的肌肉。

1. α运动神经元和运动单位

α运动神经元发出的A_{α}传出纤维末梢分出许多小支，每一小支支配一根骨骼肌纤维。由一个α运动神经元或脑干运动神经元及其所支配的全部肌纤维构成的功能单位，称为运动单位（motor unit）。运动单位的大小根据功能的不同有很大的差别，如一个四肢肌肉的运动神经元所支配的肌纤维数目可达2000根左右，而一个眼外肌运动神经元只支配6～12根肌纤维。前者有利于产生巨大的肌张力，而后者则有利于支配肌肉进行精细运动。同一个运动单位的肌纤维，可以和其他运动单位的肌纤维交叉分布，以维持肌肉收缩的协调和均衡。

2. γ运动神经元

γ运动神经元发出的A_γ传出纤维分布于肌梭感受器内梭内肌纤维的两端。γ运动神经元兴奋性较高，常以较高频率持续放电，其主要功能是调节肌梭对牵张刺激的敏感件。

（二）脊髓的运动反射

脊髓的运动反射主要包括牵张反射、屈肌反射、对侧伸肌反射和节间反射等。其中对侧伸肌反射、牵张反射、节间反射属于姿势反射，即中枢神经系统通过调节骨骼肌的紧张度或产生相应的运动，以保持或纠正身体在空间的姿势，这种反射活动称为姿势反射（postural-reflex）。

1. 牵张反射

牵张反射（stretch reflex）是指有神经支配的骨骼肌受外力牵拉而伸长时，引起受牵拉的同一肌肉收缩的反射活动。

（1）牵张反射的类型

牵张反射可分为腱反射和肌紧张两种类型。

①腱反射：腱反射（tendon reflex）是指快速牵拉肌腱时发生的牵张反射，又称位相性牵张反射（phaSic stretch reflex）。例如膝反射，当膝关节半屈曲时，叩击髌骨下方的股四头肌肌腱，可引起股四头肌发生一次快速收缩，引起膝关节伸直二此外，跟腱反射和肘反射都属于腱反射。腱反射的传入纤维直径较粗，传导速度较快，反射的潜伏期很短，只相当于一次突触传递的时间延搁，表明腱反射是单突触反射。临床上通过检查腱反射可了解神经系统的功能状态，如反射减弱或消失，常提示反射弧的某个环节受损；如反射亢进，常提示控制脊髓的高位中枢病变。

②肌紧张：肌紧张（muscle tonus）是指缓慢持续牵拉肌腱时发生的牵张反射，又称紧张性牵张反射（tonic stretch reflex）。其表现为受牵拉的肌肉发生持续、微弱地收缩，阻止肌肉被拉长。肌紧张是维持躯体姿势最基本的反射活动，是姿势反射的基础。例如，人体取直立姿势时，由于重力的作用，支持体重的关节趋向于弯曲，弯曲的关节势必使伸肌肌腱受到牵拉，从而产生牵张反射使伸肌的肌紧张增强，以对抗关节的屈曲从而保持直立的姿势。伸肌和屈肌都有牵张反射，但人类脊髓的牵张反射主要表现在伸肌。通过肌紧张中枢的突触接替不止一个，因而为多突触反射。肌紧张的收缩力量并不大，只是抵抗肌肉被牵拉，表现为同一肌肉的不同运动单位进行交替性的收缩，而不是同步收缩，因此不表现为明显的动作，并能持久进行而不易发生疲劳。

（2）牵张反射的感受器

肌梭是腱反射和肌紧张的感受器。肌梭的外层为一结缔组织囊，囊内所含的特殊肌纤维称为梭内肌纤维，囊外的一般肌纤维则称为梭外肌纤维。肌梭与梭外肌纤维呈并联关系。梭内肌纤维的收缩成分位于纤维两端，而感受装置位于中间部，两者呈串联关系。因此，当梭外肌收缩时，梭内肌感受装置所受牵拉刺激减少；当梭外肌被拉长或梭内肌收缩时，均可使肌梭感受器受到牵拉刺激而兴奋。

梭内肌纤维分核袋纤维和核链纤维两种类型。肌梭的传入神经纤维有I_a和Ⅱ类纤维两类，I_a类传入纤维直径较粗，末梢呈螺旋形缠绕于核袋纤维和核链纤维的感受装置部位；Ⅱ类传入纤维直径较细，末梢呈花枝状，主要分布于核链纤维的感受装置部位。I_a类纤维将肌梭的兴奋传入中枢，Ⅱ类纤维可能与本体感觉的传入有关。两类传入纤维都终止于脊筒前角的α运动神经元。α运动神经元发出A_α传出纤维支配梭外肌纤维。γ运动神经元发出的A_γ传出纤维支配梭内肌纤维，其末梢分别为支配核袋纤维的板状末梢和支配核链纤维的蔓状末梢（如图10-13）。

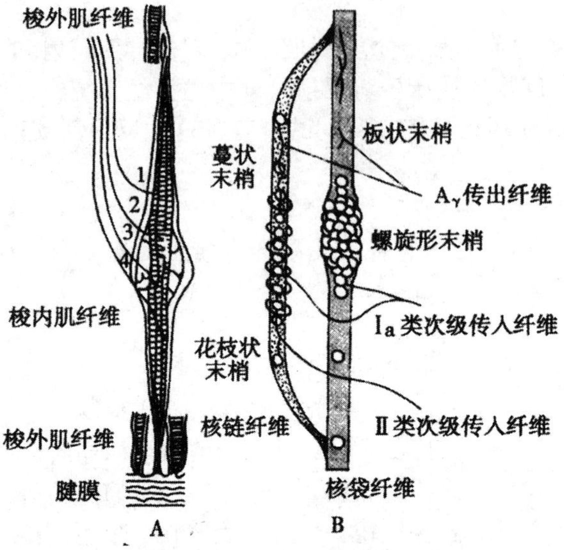

图10-13　肌梭与神经联系示意图
A.传出和传入神经支配：1、4为传出纤维，
2为I_a类传入纤维，3为Ⅱ类传入纤维；
B.核袋纤维与核链纤维

（3）牵张反射的作用和意义

当肌肉受外力牵拉时，梭内肌感受装置被拉长，使螺旋形末梢发生变形而导致I_a类传入纤维的传入冲动增加，神经冲动的频率与肌梭被牵拉程度成正比，肌梭的传入冲动引起支配同一肌肉的α运动神经元活动，通过A_α传出纤维引起梭外肌收缩，从而完成一次牵张反射。

刺激A_γ传出纤维并不能直接引起肌肉收缩，因为梭内肌收缩的强度不足以使整块肌肉缩短；但由γ运动神经元发出的传出纤维可使梭内肌收缩，从而牵拉核袋纤维感受装置，通过I_a类传入纤维改变α运动神经元兴奋状态，从而调节肌肉收缩。这种由γ运动神经元→梭内肌→感受器I_a类传入纤维→α运动神经元→梭外肌所形成的环路，称为γ环路（γ-loop）（如图10-14）。所以γ运动神经元发出活动可增加肌梭的敏感性。在整体情况下，γ运动神经元在很大程度上还受到来自许多高位中枢的下行传导通路的调节，通过调节和改变肌梭的敏感性和躯体不同部位的牵张反射的阈值，以适应控制姿势的需要。

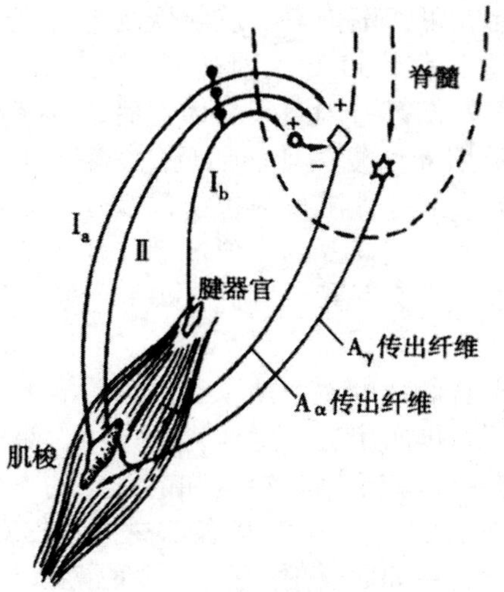

图10-14　γ环路示意图

（4）腱器官的作用和意义

在肌腱胶原纤维之间的牵张感受装置称为腱器官（tendon organ）。它与梭外肌纤维呈串联关系，其传入纤维是直径较细的I_b传入类纤维。腱器官是一种张力感受器，它对肌肉被动牵拉不太敏感，但对肌肉的主动收缩产生的牵拉异常敏感，其传入冲动对同一肌肉的α运动神经元起抑制作用。肌肉受牵拉时，肌梭首先兴奋而引起受牵拉肌肉的收缩；若进一步加大牵拉力量，则引起腱器官兴奋而抑制牵张反射，使肌肉收缩停止，从而避免肌肉被过度牵拉而受损。

2. 屈肌反射和对侧伸肌反射

脊动物在其皮肤受到伤害性刺激时，受刺激一侧肢体的屈肌收缩而伸肌弛缓，肢体发生屈曲运动，称为屈肌反射（flexor reflex）。屈肌反射使机体避开伤害性刺激，具有保护性意义。如果加大刺激强度，则可在同侧肢体发生屈肌反射的同时出现对侧肢体伸肌的反射性收缩，称为对侧伸肌反射（crossed extensor reflex）。对侧伸肌反射是一种姿势反射，具有维持躯体姿势的作用，对保持躯体平衡具有重要意义。

3. 节间反射

节间反射（intersegmental reflex）是指脊髓一个节段的神经元发出的轴突与邻近节段的神经元发生联系，通过上下节段之间神经元的协同活动所发生的反射活动。如在脊动物恢复后期刺激腰背皮肤引起后肢发生的搔爬反射（scratching reflex）。

（三）脊休克

脊休克（spinal shock）是指人和动物在脊髓与高位中枢之间离断后反射活动能力暂时丧失而进入无反应状态的现象。脊髓可单独完成许多反射，但由于脊髓经常处于高位中枢控制下，故其本身具有的功能不易单独表现出来。为了研究脊髓本身的功能，在动物实验中，常在脊髓第五颈段水平以下切断脊髓，保留膈神经对膈肌呼吸运动的支配，以保持动物的呼吸功能。这种脊髓与高位中枢离断的动物称为脊动物（spinal animal）。脊休克的主要表现为横断面以下脊髓所支配的躯体和内脏的反射活动均减退以至消失，如骨骼肌的紧张性降低甚至消失，外周血管扩张，血压下降，发汗反射消失，粪、尿潴留。脊休克是暂时的，以后，一些以脊髓为基本中枢的反射活动可逐渐恢复。反射恢复的速变与不同动物脊髓反射对高位中枢的依赖程度有关。低等动物依赖程度低，因此恢复较快，如蛙在数秒或数分钟内即可恢复；犬在数天后恢复；人类因外伤等原因引起脊休克后，则需数天以至数月才能恢复。恢复过程中，较简单和较原始的反射先恢复，如屈肌反射、腱反射等；较复杂的反射恢复较迟，如对侧伸肌反射、搔爬反射等。部分内脏反射也得以恢复，如血压逐渐回升到一定水平，并具有一定的排便和排尿能力，但这些恢复的反射活动往往不能很好地适应机体生理功能的需要。由于离断的中枢与高级中枢失去联系，因此，离断水平以下的知觉和随意运动能力将永久丧失。临床上将之称为截瘫。

脊休克的上述表现并非由脊髓离断本身所引起。因为脊髓反射恢复后，如再次在原脊髓断面下方切断脊髓，脊休克不会再次出现。脊休克的产生，是由于当脊髓突然失去了高位中枢的控制，特别失去了大脑皮质、脑干网状结构和前庭核的下行控制作用，从而使离断以下的脊髓反射活动能力暂时丧失而进入无反应状态。高位中枢对脊髓反射的控制既有易化作用，也有抑制作用。切断脊髓后，伸肌反射往往减弱而屈肌反射往往增强，说明平时高位中枢具有易化伸肌反射和抑制屈肌反射的作用。脊休克的恢复，说明脊髓能单独完成某些简单的反射，脊髓内存在一些低级的躯体反射和内脏反射中枢，但这些反射平时在高位中枢控制下不易表现出来。

二、脑干对肌紧张和姿势的调节

（一）脑干对肌紧张的调节

1. 脑干网状结构的易化区与抑制区

脑干网状结构中存在抑制或加强肌紧张及肌肉运动的区域，分别称为抑制区（inhibtory area）和易化区（facilitatory area）。抑制区位于延髓网状结构腹内侧部分；易化区分布范围较广，包括延髓网状结构背外侧部分、脑桥被盖、中脑中央灰质及被盖，也包括脑干以外的下丘脑和丘脑中线核群等部位。另外，大脑皮质运动区、纹状体、小脑前叶蚓部等区域也通过抑制区参与抑制肌紧张的作用；而前庭核、小脑前叶两侧部等部位则通过易化区参与易化肌紧张的作用（如图10-15）。

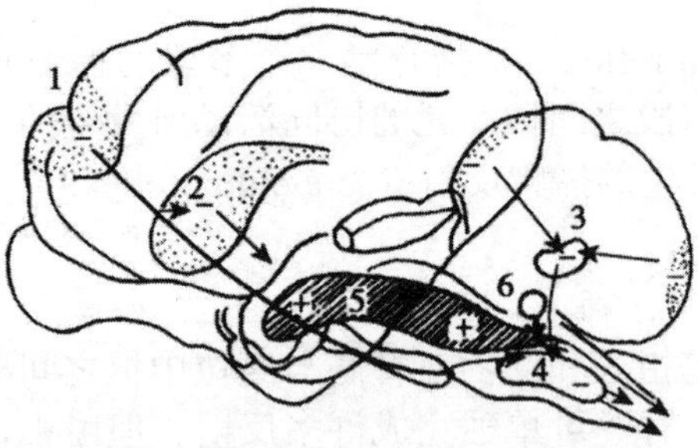

图10-15　猫脑内与肌紧张调节有关的脑区及其下行路径示意图
+表示易化区；−表示抑制区
1.基质；2.基底神经节；3.小脑；4.网状结构抑制区；
5.网状结构易化区；6.前庭核

在功能上，易化区与抑制区的活动相互拮抗，从而维持正常的肌紧张。从活动的强度比较，由于易化区具有持续的自发放电活动，其自主活动较强；而抑制区本身无自发放电活动，当在接受高位中枢传入冲动时，才被激活而发挥下行抑制作用。因此，在肌紧张的平衡调节中易化区略占优势。

2. 去大脑僵直

在中脑上、下丘之间横断脑干后，动物出现抗重力肌（伸肌为主）的肌肉紧张亢进，表现为四肢伸直，坚硬如柱，头尾昂起，脊柱挺硬，这一现象称为去大脑僵直（decerebrate rigidity）（如图10-16）。去大脑僵直是由于切断了大脑皮质和纹状体等部位与网状结构的功能联系，造成易化区活动明显占优势的结果。临床上脑损伤、脑出血等脑部患者，引起皮质与皮质下失去联系时，可出现明显的下肢伸肌僵直及上肢的半屈状态，称为去皮质僵直（decorticate rigidity）。

图10-16 去大脑僵直示意图

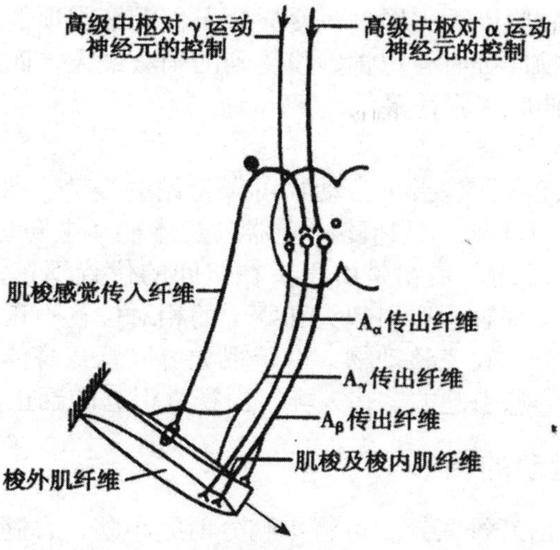

图10-17 高级中枢对骨骼肌运动控制的模式图

去大脑僵直的产生机制有两种：α僵直和γ僵直。α僵直主要是由于前庭核等高位中枢的下行性作用直接或间接通过脊髓中间神经元提高了α运动神经元的活动；γ僵直主要是网状结构易化区的下行性作用首先提高γ运动神经元的活动，使肌梭的传入冲动增多，转而增强α运动神经元的活动（如图10-17）。

实验表明，经典的去大脑僵直主要属于γ僵直。因为切断已经出现去大脑僵直动物腰骶部后根，破坏γ环路的传入以消除肌梭传入的影响，则可使后肢僵直消失；进一步的研究发现，如对上述切断后根的动物，切除小脑前叶以消除前叶蚓部对前庭核的抑制作用，能使僵直再次出现。由于此时后根已切断，γ僵直已不可能发生，因此属于α僵直。如在此基础上，进一步切断第Ⅷ对脑神经，以消除由内耳半规管和前庭传到前庭核的冲动，则α僵直再次消失，说明α僵直主要是通过前庭脊髓束而实现的。

（二）脑干对姿势的调节

机体正常姿势的维持，是靠中枢神经系统整合实现的。由脑干整合而完成的姿势反射有状态反射、翻正反射以及直线加速度反射等。

1. 状态反射

状态反射（attitudind reflex）是指头部在空间的位置发生改变以及头部与躯干的相对位置发生改变，反射性地引起躯体肌肉的紧张性改变的反射活动。状态反射包括颈紧张反射和迷路紧张反射。状态反射在完整动物处于高位中枢控制下不易表现出来，只有在去大脑动物才明显可见。

（1）颈紧张反射。颈紧张反射（tonicneck reflex）是指当颈部扭曲时颈部脊椎关节韧带和肌肉本体感受器传入冲动对四肢肌肉紧张性的反射性调节，其反射中枢位于颈部脊筒。将去大脑动物的头向一侧扭转时，下颏所指侧的伸肌紧张性增强；头后仰时，则前肢伸肌紧张性增强，后肢伸肌紧张性减弱；相反，若头前俯时，后肢伸肌紧张性增强，前肢伸肌紧张性减弱。

（2）迷路紧张反射。迷路紧张反射（tonic labyrinthine renex）是指内耳迷路的椭圆囊和球囊的传入冲动对躯体伸肌紧张性的反射性调节，其反射中枢主要是前庭核。该反射是由于头在空间位置改变时位觉砂膜因重力影响，使囊斑上各毛细胞顶部不同方向排列的纤毛所受的刺激不同引起的。如动物仰卧时，位觉砂膜受到的刺激最大，四肢伸肌紧张性最高；俯卧时，受到的刺激最弱，则伸肌紧张性最低。

2. 翻正反射

翻正反射（righting reflex）是指正常动物可保持站立姿势，如将其推倒则可翻正过来。这一反射包括一系列的反射活动，是迷路感受器以及体轴（主要是颈项）深浅感受器传入，在中脑水平整合作用下完成的。最初是由于头在空间的位置不正常，使迷路位觉砂膜受刺激，从而引起头部翻正；头部翻正后引起头和躯干的相对位置不正常，刺激颈部的本体感受器，导致躯干的位置也翻正。在完整动物，由于视觉可以感知身体位置的不正常，因此翻正反射主要是由于视觉传入信息引起的。在人类，由视觉引起的翻正反射尤为重要。

三、小脑对躯体运动的调节

根据小脑的传入、传出纤维联系，可将小脑分前庭小脑、脊髓小脑和皮质小脑三个主要功能部分（如图10-18）。其功能主要是维持身体平衡、协调随意运动、调节肌紧张和参与随意运动设计等。

（一）维持身体平衡

前庭小脑主要由绒球小结叶构成，与之邻近的小部分蚓垂也可归入此区。前庭小脑主要接受前庭器官的传入，传出纤维均在前庭核换元，再经前庭脊髓束抵达脊髓前角内侧部分的运动神经元。其反射途径为：前庭器官→前庭核→绒球小结叶→前庭核→脊髓运动神经元→

肌肉。前庭小脑接受前庭器官传入的有关头部位置改变和直线或旋转加速度运动情况的平衡感觉信息，通过脊髓运动神经元调节躯干和四肢近端肌肉的活动，以维持身体平衡。实验和临床表明，切除绒球小结叶的猴或绒球小结叶受肿瘤压迫的患者，都有步基宽（站立时两脚之间的距离增宽）、站立不稳、步态蹒跚和容易跌倒等症状，但随意运动仍能协调进行。

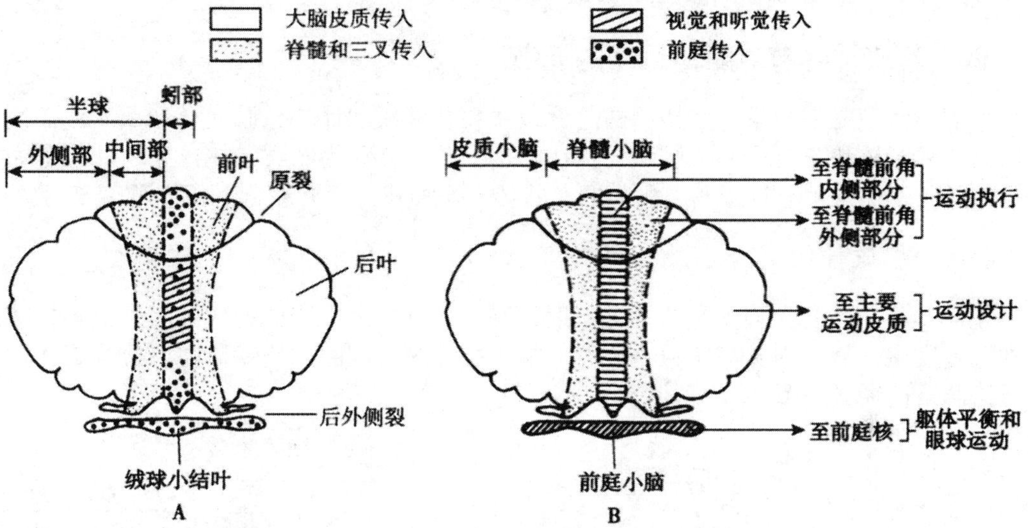

图10-18　小脑的分区与传入、传出纤维联系示意图
A.小脑的分区和传入纤维联系；B.小脑的功能分区及其不同的传出投射

（二）协调随意运动和调节肌紧张

脊髓小脑由蚓部和半球中间部组成。脊髓小脑主要接受脊髓小脑束和三叉小脑束传入纤维以及部分视觉和听觉的纤维投射，也接受皮质脊髓束侧支的投射。其传出冲动分别通过网状脊髓束、前庭脊髓束以及腹侧皮质脊髓束的下行系统调节肌紧张，同时也经丘脑腹外侧核上行至运动皮质代表区，其主要功能是调节正在进行过程中的运动，协助大脑皮质对随意运动进行适时的控制。脊髓小脑受损后，表现为随意运动的力量、方向及限度不能得到很好的控制。如患者不能完成精巧的动作，在动作进行过程中肌肉发生抖动而把握不住方向，特别在精细动作的终末出现震颤，故称为意向性震颤（intention tremor）；行走时跨步过大而躯干落后，从而容易发生倾倒，或走路摇晃呈酩酊蹒跚状，沿直线行走则更不平稳，不能进行快速的交替运动，但在静止时则无异常的肌肉运动出现，称为小脑性共济失调（cerebellar ataxia）。

脊髓小脑对肌紧张的调节具有易化和抑制双重作用，分别通过脑干网状结构易化区和抑制区而发挥作用。加强肌紧张的区域是小脑前叶两侧部和半球中间部，抑制肌紧张的区域是小脑前叶蚓部。当脊髓小脑受损后可出现肌张力减退、四肢乏力等现象。

（三）参与随意运动设计

皮质小脑是指小脑半球外侧部。皮质小脑不接受外周感觉的传入，而主要与大脑皮质感觉区、运动区和联络区构成回路。皮质小脑的主要功能是参与随意运动的设计和程序的编制。一个随意运动的产生包括运动的设计和执行两个阶段。皮质小脑与基底神经节参与随意运动的设计过程，而脊髓小脑则参与运动的执行过程。例如，在学习某种精巧运动过程中，大脑皮质与小脑之间不断进行联合活动，其中皮质小脑参与了运动计划的形成和运动程序的编制，待运动熟练后，皮质小脑内就储存了一套运动程序。当大脑皮质发动精巧运动时，首先通过大脑–小脑回路从皮质小脑提取程序，并将它回输到运动皮质，再通过皮质脊髓束发动运动。这样，运动就变得协调、精巧和快速。当小脑外侧部损伤后可出现运动起始延缓和已形成的快速而熟练动作的缺失等表现。

四、基底神经节对躯体运动的调节

基底神经节是皮质下一些核团的总称，主要包括纹状体、丘脑底核和黑质，而纹状体又包括尾核、壳核和苍白球。尾核和壳核在发生上较新，称为新纹状体；苍白球可分为内侧和外侧两部分，在发生上较古老，称为旧纹状体。黑质可分为致密部和网状部两部分。

（一）基底神经节与皮质间的回路

基底神经节接受大脑皮质的纤维投射，其传出纤维经丘脑腹前核和腹外侧核接替后，又回到大脑皮质，从而构成基底神经节与大脑皮质之间的回路，这一回路可分为直接通路和间接通路两条途径（如图 10-19）。

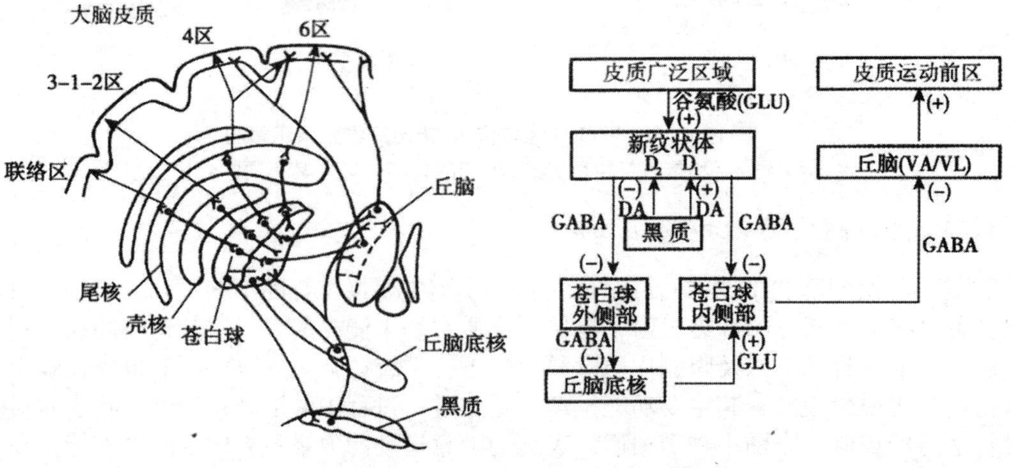

图 10-19　基底神经节与大脑皮质之间神经回路模式图

1. 直接通路

直接通路（direct pathway）是指从大脑皮质的广泛区域到新纹状体，再由新纹状体发出纤维经苍白球内侧部接替后，到达丘脑腹前核和腹外侧核，最后返回大脑皮质运动前区和前额叶的通路。具体为：大脑皮质（新皮质）→新纹状体（尾核和壳核）→苍白球内侧部→丘脑（腹前核/腹外侧核，VA/VL）→大脑皮质（运动前区和前额叶）。该回路中，大脑皮质具有兴奋新纹状体的作用；而新纹状体对苍白球内侧部以及苍白球内侧部对丘脑具有抑制作用，即新纹状体抑制苍白球内侧部，而苍白球内侧部又抑制丘脑。因此，当新纹状体活动增加时，丘脑和大脑皮质的活动增加，这种现象称为去抑制（disinhibition）。

2. 间接通路

间接通路（indirect pathway）是指在上述直接通路中的新纹状体与苍白球内侧部之间插入苍白球外侧部和丘脑底核两个中间接替过程的通路→具体为：大脑皮质（新皮质）→新纹状体→苍白球外侧部→丘脑底核→苍白球内侧部。丘脑（VA/VL）→大脑皮质（运动前区和前额叶)。这条通路中同样存在去抑制现象，即新纹状体抑制苍白球外侧部，而苍白球外侧部抑制丘脑底核。因此，当新纹状体活动增加时，丘脑底核的活动增加。而丘脑底核对苍白球内侧部具有兴奋作用，结果使丘脑腹前核和腹外侧核以及大脑皮质的活动减少。可见，间接通路的作用可部分抵消直接通路对丘脑和大脑皮质的兴奋作用。

（二）与基底神经节损害有关的疾病

基底神经节的损害主要表现为肌紧张和动作异常，临床上主要表现为两大类：①肌紧张过强而运动过少综合征；②肌紧张不全而运动过多综合征。

1. 肌紧张过强而运动过少综合征

这类疾病的典型代表是帕金森病（Parkinson disease）。帕金森病又称震颤麻痹（paralys agitans），其主要症状是全身肌紧张增强、肌肉强直、随意运动减少、动作迟缓、面部表情呆板。常伴有静止性震颤（static tremor），多出现于上肢，其次是下肢与头部，静止时出现，进行自主运动对减少。现已明确，帕金森病的病因是双侧黑质病变，多巴胺能神经元变性受损。由于黑质–新纹状体多巴胺递质系统可通过D_1受体增强直接通路的活动，亦可通过D_2受体抑制间接通路的活动。所以，当该递质系统受损时，可引起直接通路活动减弱而间接通路活动增强，于是运动皮质活动减少，从而导致上述症状的出现。因此，临床上应用左旋多巴（L-Dopa）或M受体拮抗剂东莨菪碱或苯海索等能明显改善肌肉强直和动作缓慢的症状。但左旋多巴和M受体拮抗剂对静止性震颤均无明显疗效，该症状可能与丘脑腹外侧核等结构的功能异常有关。由于震颤麻痹患者的丘脑腹外侧核兴奋性增高，致使腹外侧核与运动皮质之间的反馈环路出现异常，从而引起静止性震颤。

2. 肌紧张不全而运动过多综合征

这类疾病有亨廷顿病（Huntington disease）和手足徐动症（athetosis）等。亨廷顿病又称舞蹈病（chorea），患者主要表现为不自主的上肢和头部的舞蹈样动作，并伴肌张力降低等症状。其病因是双侧新纹状体病变，新纹状体内γ-氨基丁酸（GABA）能神经元变性或遗传性缺损，引起间接通路活动减弱而直接通路活动相对增强，于是运动皮质活动增强，导致运动过多的症状出现。用利血平耗竭多巴胺（DA）可缓解此症状。

（三）基底神经节的功能

迄今为止，人们对基底神经节功能的认识仍不十分清楚。其主要功能是调节运动，与随意运动的产生和稳定、肌紧张的调节、本体感受传入冲动信息的处理等有关，可能还参与运动的设计和程序编制，将一个抽象的设计转换为一个随意运动。此外，基底神经节中某些核团还参与自主神经活动的调节、感觉传入、行为和学习记忆等功能活动。

五、大脑皮质对躯体运动的调节

（一）大脑皮质的运动区

大脑皮质对运动的发动起重要作用。大脑皮质中与躯体运动有密切关系的区域称为大脑皮质运动区。包括中央前回、运动前区、运动辅助区和后部顶叶皮质等区域。大脑皮质运动区的基本功能单位称为运动柱（motor column）。一个运动柱可控制同一关节几块肌肉的活动，而一块肌肉可接受几个运动柱的控制。

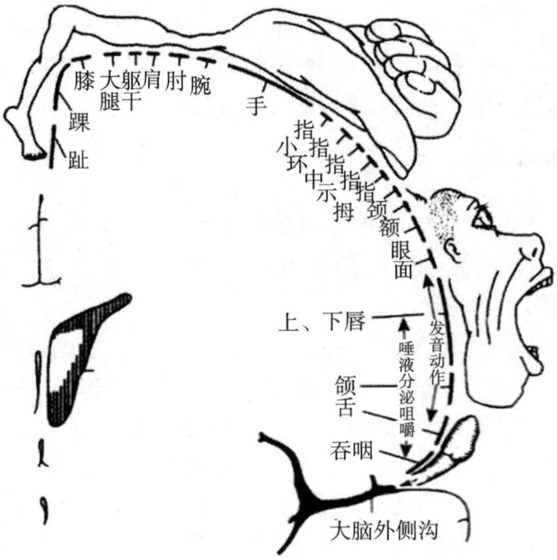

图10-20　**大脑皮质的运动区示意图**

1. 主要运动区

皮质运动区（corticalmotor area）包括中央前回（4区）和运动前区（6区）。主要运动区接受本体感觉投射，感受躯体的姿势和躯体各部分在空间的位置及运动状态，并根据各种状态调整和控制全身的运动。主要运动区有以下功能特征。①交叉性支配，即一侧皮质支配对侧躯体的肌肉。但在头面部，除下部面肌和舌肌主要受对侧支配外，其余肌肉均为双侧性支配。②运动区定位从上到下的安排是倒置的，即下肢的代表区在皮质顶部，膝关节以下肌肉的代表区在半球内侧面；上肢肌肉的代表区在中间部；头面部肌肉的代表区在底部，但头面部代表区在皮质的安排是正立的。③具有精细的功能定位，即皮质的特定区域支配躯体某一特定部位的肌肉，并且运动愈精细愈复杂的肌肉，其皮质代表区的面积愈大（如图10-20）。

2. 运动辅助区

运动辅助区（supplementary motor area）位于两半球纵裂的内侧壁，扣带回沟以上，4区之前的区域，一般为双侧性支配。破坏该区可使双手协调性动作难以完成，复杂动作变得笨拙。

（二）运动传导通路

大脑皮质运动区发出的对躯体运动进行调节的主要传导通路有皮质脊髓束和皮质脑干束。由皮质发出，经内囊、脑干下行到达脊髓前角运动神经元的传导束，称为皮质脊髓束；而由皮质发出，经内囊到达脑干内各脑神经运动神经元的传导束，称为皮质脑干束。

皮质脊髓束分为皮质脊髓侧束和皮质脊髓前束。皮质脊髓束中约80%的纤维在延髓锥体跨过中线到达对侧，在脊髓外侧索下行，纵贯脊髓全长，形成皮质脊髓侧束；其余约20%的纤维不跨越中线，在脊髓同侧前索下行，形成皮质脊髓前束。前束一般只下降到胸段，大部分逐节段经白质前连合交叉，终止于对侧的前角运动神经元。在人类，皮质脊髓侧束在种系发生上较新，它们的纤维与脊髓前角外侧部分的运动神经元形成突触联系，控制四肢远端的肌肉，与精细的、技巧性的运动有关。皮质脊髓前束在种系发生上较古老，它们经中间神经元接替后，再与脊髓前角内侧部分的运动神经元形成突触联系，控制躯干和四肢近端的肌肉，尤其是屈肌，与姿势的维持和粗大的运动有关。

皮质脊髓束和皮质脑干束发出的侧支和一些直接起源于运动皮质的纤维，经脑干某些核团接替后形成顶盖脊髓束、网状脊髓束和前庭脊髓束，其功能与皮质脊髓前束相似，参与近端肌肉的粗略运动和姿势的调节；而红核脊髓束的功能和皮质脊髓侧束相似，参与四肢远端肌肉的精细运动的调节。

运动传导通路损伤后，在临床上常出现柔软性麻痹（软瘫）和痉挛性瘫痪（硬瘫）两种表现。前者牵张反射减退或消失，后者有牵张反射亢进，两者都有随意运动的丧失。目前认为，单纯损伤皮质脊髓束和皮质脑干束时可能仅出现软瘫，在此基础上再合并损伤姿势调节通路后才出现硬瘫。在人类，如出现巴宾斯基征（Babinski sign）阳性体征往往提示皮质脊髓侧束损伤，表现为以钝物划足跖外侧时出现蹋趾背屈和其他四趾外展呈扇形散开的体征。婴儿因皮质脊髓束发育尚不完全，成人在深睡或麻醉状态下，都可出现巴宾斯基征阳性。临床上常用此体征来检查皮质脊髓侧束功能是否正常。

运动传导通路常分为锥体系和锥体外系两个系统。前者是指皮质脊髓束和皮质脑干束，后者则为锥体系以外所有控制脊髓运动神经元活动的下行通路。但由于这两个系统在皮质起源的部位有重叠，且它们之间存在广泛的纤维联系，所以由皮质到脑干之间的通路损伤而引起的运动障碍往往分不清究竟是单纯的锥体系功能缺损，还是单纯的锥体外系功能缺损。临床上所谓的锥体束综合征，实际上是这两个系统合并损伤的结果。

第四节　中枢神经系统对内脏功能的调节

中枢神经系统对内脏的活动也具有调节作用，其基本中枢在低位脑干和脊髓，较高级中枢在大脑边缘系统和下丘脑。调节内脏活动的神经系统，习惯上被称为自主神经系统。自主神经系统的传出部分可分为交感神经系统和副交感神经系统。

一、自主神经系统

（一）交感和副交感神经的结构特点

自主神经由节前和节后两个神经元组成。节前神经元的细胞体位于中枢内，其轴突组成节前纤维，从中枢发出后进入周围经节内交换神经元。节后神经元的轴突组成节后纤维，支配效应器官。交感神经节离效应器官较远，因而节前纤维短而节后纤维长。副交感神经节因离效应器官较近，有的神经节就在效应器官壁内，故节前纤维长而节后纤维短。

交感神经起自脊髓胸、腰节段灰质侧角的中间外侧柱。副交感神经的起源比较分散，一部分起自脑干的脑神经核，包括缩瞳核、上泌涎核、下泌涎核、迷走神经背核、疑核等，另一部分起自脊髓骶节段灰质相当于侧角的部位。交感神经的分布广泛，几乎全身所有内脏器官都受其支配；而副交感神经的分布较局限，某些器官没有副交感神经支配。例如，皮肤和肌肉内的血管、一般的汗腺、立毛肌、肾上腺髓质、肾等，都只受交感神经支配（如图10-21）。

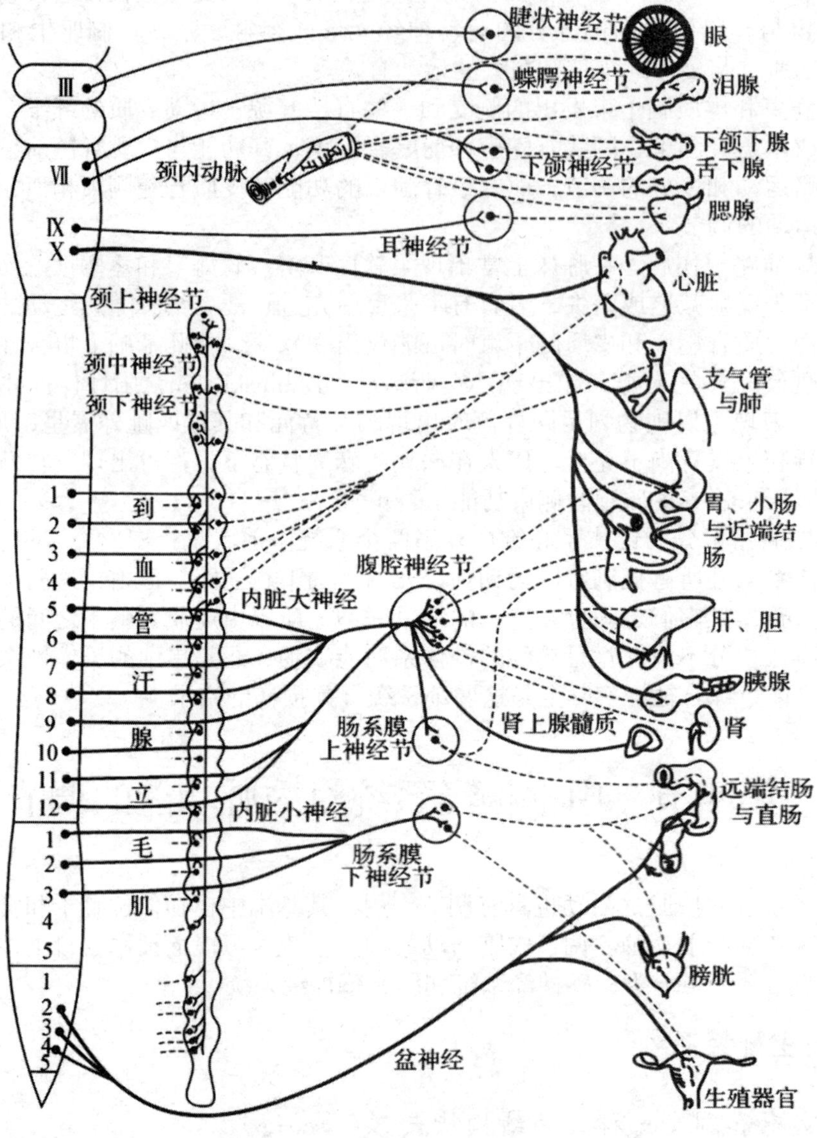

图10-21　自主神经分布示意图

（二）交感和副交感神经系统的功能特点

（1）双重支配。除少数器官外，一般组织器官（效应器）都接受交感和副交感神经的双重支配。

（2）相互拮抗。在具有双重支配的器官中，交感神经和副交感神经的作用往往是相拮抗的。如在心脏，迷走神经具有抑制作用，而交感神经则具有兴奋作用。交感和副交感神经系统的这种相互拮抗作用的意义，是使内脏的活动状态能适合机体当时的需要。

（3）紧张性作用。自主神经对效应器的支配，一般具有紧张性作用。例如，切断心迷走神经，心率即加快，切断心交感神经，心率则减慢。说明两种神经对心脏的活动都具有紧张性作用。

（4）交感神经和副交感神经的功能受效应器所处功能状态的影响。例如，一般情况下交感神经兴奋能使胃的运动受到抑制，迷走神经兴奋则使胃的运动加强，但若胃已经处于紧张收缩状态，则刺激迷走神经能使之舒张。

二、下丘脑对内脏功能的调节

在灵长类动物（包括人类），下丘脑是自主神经系统功能的高级整合中枢，主要功能有以下几个方面。

1. 调节体温

在下丘脑视前区和下丘脑前部存在着温度敏感神经元。它们既能感受所在部位的温度变化，也能对传入的温度信息进行整合。当体温超过或低于调定点水平时，即可通过调节散热和产热活动，使体温保持恒定。

2. 调节水平衡

血液中的渗透压变化能通过下丘脑前部渗透压感受器来调节抗利尿激素的释放，通过控制肾脏远端小管和集合小管对水的重吸收而调节尿量；同时通过渗透压感受器能引起或抑制渴觉，调节水的摄入。一般认为，下丘脑控制摄水的区域与控制抗利尿激素分泌的核团在功能上有联系，两者协同调节水平衡（如图10-22）。

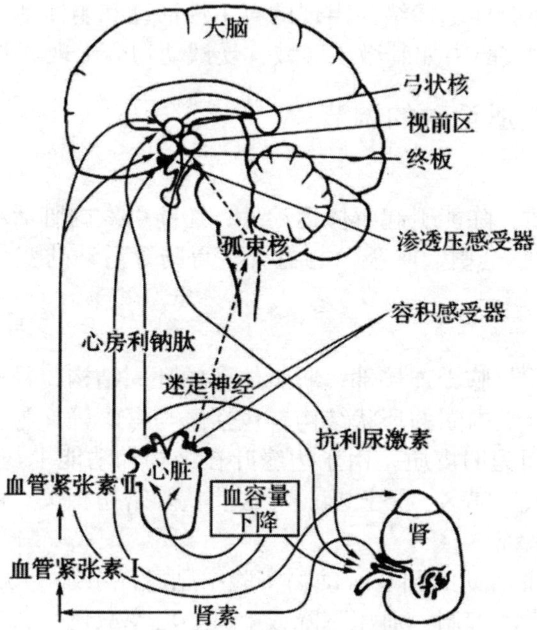

图10-22 下丘脑对水平衡的调节示意图
实线表示促进，虚线表示抑制

3. 调节摄食行为

下丘脑外侧区有“摄食中枢”。动物实验中，如破坏该区后，受试动物会发生拒食；下丘脑腹内侧核有“饱中枢”，动物实验中若刺激该区，动物立即停止进食。下丘脑对摄食行为的控制机制尚不十分清楚，主要与体温变化、葡萄糖的利用有关。例如，体温升高时，饱中枢兴奋，摄食中枢受抑制，所以患者发热时食欲降低。血糖浓度降低时，进入细胞内的葡萄糖减少，则兴奋饥饿中枢，抑制饱中枢，因而表现出明显的饥饿感。故糖尿病患者虽血糖浓度较高，但由于缺少胰岛素，葡萄糖不能进入细胞内，葡萄糖的利用减少，摄食中枢兴奋，饱中枢抑制。故糖尿病患者始终具有较强烈的饥饿感，造成多食症状。

4. 对腺垂体激素分泌的调节

下丘脑内有些神经分泌细胞，能合成调节腺垂体激素分泌的肽类物质，如促甲状腺素释放激素、促性腺素释放激素、促肾上腺皮质激素释放激素、生长素释放激素等共9种肽类激素。这些肽类物质在合成后，即经轴浆运输并分泌至正中隆起部，由此经垂体门脉系统到达腺垂体，促进或抑制某种腺垂体激素的分泌。此外，下丘脑内还存在着一些神经元，称为监察细胞，它们能感受血液中某些激素浓度的变化，从而反馈性调节下丘脑肽类物质的分泌。

5. 生物节律的控制

机体内的各种活动按一定的时间顺序发生变化，这种变化的节律称为生物节律。人体许多生理功能都有周期节律，如血细胞总数、体温及促肾上腺皮质激素的分泌等。下丘脑的视上核可能是日周期节律的控制中心。视上核可通过视网膜到视上核束，与视觉感受器发生联系。因此，外界的昼夜光照变化可影响视上核的活动，从而使体内日周期节律与外环境的昼夜节律同步而产生生物节律。

6. 参与情绪反应

下丘脑参与发动和整合伴随情绪而出现的自主性活动和躯体活动。下丘脑后区是产生愤怒必不可少的区域。动物实验中如刺激该区域，受试动物会出现“假怒”反应。

三、大脑皮质对内脏活动的调节

1. 新皮质

电刺激动物的新皮质，除能引起躯体运动外，还能引发内脏活动的改变。例如，刺激皮质4区或6区的一定部位，会引起呼吸、心血管、胃肠等活动的变化，说明新皮质参与了内脏活动的调节。

2. 边缘系统

大脑半球内侧面皮质与脑干连接部、胼胝体旁的环周结构，曾被称为边缘叶。这部分结构在发生上较为古旧。其最内圈的环状结构，包括海马穹窿等，为古皮质；较外圈的环状结构，包括扣带回、海马回为旧皮质。由于边缘叶在结构和功能上与大脑皮质的岛叶、颞极、眶回以及皮质下的杏仁核、隔区、下丘脑、丘脑前核等密切相关。因此，有人把边缘叶连同这些结构统，称为边缘系统。

（1）边缘系统对内脏活动的调节。动物实验中刺激该系统所获的结果比较复杂。例如，刺激扣带回前部可出现呼吸抑制、血压下降或上升、心率减慢、胃运动抑制、瞳孔扩大或缩小等；刺激杏仁核可出现咀嚼、唾液和胃液分泌增加、胃蠕动增强、排便、心率减慢、瞳扩扩大；刺激隔区可出现阴茎勃起、血压下降或上升、呼吸暂停或加强等。边缘系统能调节许多初级中枢的活动，其调节作用复杂而多变。

（2）边缘系统与情绪反应密切相关。其腹侧被盖区、伏核等脑区与欣快感的产生有关，因此，该系统被称为奖赏系统。此外，边缘系统还存在惩罚系统。奖赏和惩罚在激发和抑制行为的动机方面具有重要意义。

（3）边缘系统还参与性行为的调节。交配是动物的本能行为，是动物维持种系生存的基本活动，神经系统中的许多部位参与了这个过程。性行为本身是由一系列的反射在脊髓和低位脑干中进行整合的。但伴随它的行为成分、欲望以及发生在雌性和雄性动物的一系列协调的顺序性调节，在很大程度上是在边缘系统和下丘脑进行的。

第十一章 感觉器官

第一节 感受器及其一般生理特性

一、感受器、感觉器官的定义和分类

感受器（receptor）是指分布在体表或组织内部的专门感受机体内、外环境变化的结构或装置。感受器的结构形式多种多样，最简单的感受器是感觉神经末梢，如体表或组织内部与痛觉感受有关的游离神经末梢；有些感受器是在裸露的神经末梢周围包绕一些由结缔组织构成的薄膜样结构，如环层小体和肌梭等；还有一些则是在结构和功能上都高度分化的感受细胞，如视网膜上的视锥细胞和视杆细胞（光感受细胞）等，这些感受细胞连同它们的附属结构（如眼的屈光系统），构成了各种复杂的感觉器官（sense organ）。在高等动物中，主要的感觉器官有眼、耳、前庭、嗅觉和味觉等。

根据感受器所感受刺激的性质不同，可将感受器分为机械感受器、化学感受器、光感受器、温度感受器和伤害性感受器等；根据感受器分布部位的不同，又可分为外感受器（exteroceptor）和内感受器（interoceptor）。外感受器感受外界环境的变化，可进一步分为距离感受器（如视觉、听觉、嗅觉）和接触感受器（如触压觉、味觉、温度觉等），通常能引起主观感觉；内感受器感受机体内部的环境变化，可再分为本体感受器和内脏感受器，如颈动脉窦的压力感受器、颈动脉体的化学感受器等。

一、感受器的一般生理特性

（一）感受器的适宜刺激

一种感受器通常只对某种特定形式的刺激最敏感，这种形式的刺激称为该感受器的适宜刺激（adequate stimulus）。如一定波长的电磁波是视网膜光感受细胞的适宜刺激，一定频率的机械震动是耳蜗毛细胞的适应刺激等。感受器对适宜刺激非常敏感，只需很小的刺激强度就能引起感受器兴奋。每种感受器都有其一定的感觉阈值（sensory threshold）。引起感受器兴奋所需的最小刺激强度称为强度阈值，而所需的最短作用时间称为时间阈值，当刺激一定时，刺激作用还需达到一定的面积，称为面积阈值。感受器对于一些非适宜刺激也可引起反应，但所需的刺激强度要比适宜刺激的强度大得多。因此，机体内、外环境中所发生的各种

形式的变化，总是先作用于和它们相对应的那种感受器。

（二）感受器的换能作用

感受器的换能作用（transduction of receptor）是指感受器能将作用于它们的各种形式的刺激能量转换为传入神经纤维上的动作电位。因此，感受器可以被看成是生物换能器。

感受器在换能过程中，先引起感受器细胞或传入神经末梢产生一种过渡性的局部电位变化，再将刺激能量转变为神经冲动。在感受器细胞产生的膜电位变化称为感受器电位，而在传入神经末梢产生的膜电位变化称为发生器电位。与一般细胞相似，所有感受器细胞对外来刺激信号的跨膜转导，主要是通过通道蛋白或G蛋白耦联受体介导这两种膜电位变化进行的。

感受器电位和发生器电位与终板电位一样，是一种慢电位，具有局部兴奋的特性。因此，感受器电位或发生器电位的幅度、持续时间和波动方向，可反映外界刺激信号所携带的信息。

发生器电位和感受器电位的产生并不意味着感受器作用的完成。只有当感受器电位达到一定水平，最终使该感受器的传入神经纤维产生动作电位时，才标志着这一感受器或感觉器官作用的完成。

（三）感受器的编码作用

感受器在把刺激信号转换成动作电位时，不仅发生了能量的转换，而且把刺激所包含的环境变化的信息也转移到了动作电位的序列之中，这种现象称为感受器的编码作用（cojding）。

各种感受器所产生的传入神经冲动都是一些波形和幅度十分相似的动作电位。因此，不同性质感觉的引起，不但取决于刺激的性质和被刺激的感受器种类，还取决于传入冲动所到达的大脑皮质的特定部位。在自然状态下，由于感受器细胞在进化过程中的高度分化，使得某一感受细胞选择性地只对某种特定性质的刺激敏感，而由此产生的传入信号又只能沿着特定的途径到达特定的大脑皮质，引起特定性质的感觉。事实上，即使是同一性质的刺激，它们的一些次级属性也都有特殊分化了的感受器和专用传入途径。

目前认为，刺激的强度是通过单一神经纤维上冲动的频率高低和参加这一信息传输的神经纤维的数目的多少来编码的。如当给人手皮肤的触、压感受器施以触压刺激时，随着触压力量的增大，触、压感受器传入纤维上的动作电位频率逐渐增高，同时，产生动作电位的传入纤维的数目也逐渐增多。由此可见，刺激的强度既可通过每一条传入纤维上冲动频率的高低来编码，还可通过参与电信号传输的神经纤维的数目多少来编码。

（四）感受器的适应现象

当某一恒定强度的刺激持续作用于某种感受器时，感觉神经纤维上动作电位的频率会逐渐下降，这种现象称为感受器的适应现象。适应的程度可因感受器的类型而异，根据感受器适应的快慢不同，常将感受器分为快适应感受器和慢适应感受器两种。快适应感受器仅在刺激开始后的短时间内有传入冲动发放，很短时间内传入神经上的冲动频率就会明显降低甚至消失，如皮肤触觉感受器和嗅觉感受器，这有利于机体探索新异的物体或障碍物，有利于感受器及中枢再接受新的刺激。慢适应感受器在刺激持续作用时，一般只是在刺激开始后不久出现冲动频率的小幅下降，以后可在较长时间内维持在这一水平，如肌梭之颈动脉窦等感受器，这有利于机体对某些功能状态如姿势血压等进行长时间持续的监测并根据其变化随时调整机体活动。

适应并非疲劳，因为感受器对某一强度的刺激产生适应之后，如再增加该刺激的强度，又可引起传入冲动频率的增加。感受器产生适应的机制比较复杂，它可发生在感觉信息转换的不同阶段，可能与感受器的换能过程、离子通道的功能状态及感受器细胞与感觉神经纤维之间的突触传递特性等有关。

第二节 视觉器官

人们能感知外界各种物体的大小、形状、颜色、轮廓和远近等，是通过眼的感光作用实现的，在人脑所获得的外界信息中，至少有90%是通过视觉器官感知的。视觉（Vision）是由视觉器官、视觉传导通路和视觉中枢共同活动而完成的，是人体最重要的感觉器官。引起视觉的外周感觉器官是眼，眼是一个具有粗略分析功能的外周感受器。人眼的适宜刺激是波长为380 ~ 760nm的电磁波，在这个可见光谱的范围内，来自外界物体的光线透过眼的折光系统成像在视网膜上。视网膜含有对光刺激高度敏感的光感受器细胞，能将外界光刺激所包含的视觉信息转变成电信号，并在视网膜内进行编码、加工，由视神经传向视觉中枢做进一步分析，最后形成视觉。

人眼由眼球壁和眼内容物构成，人眼的基本结构见图11-1。眼球壁由三层膜组成，由外向内为：外层为纤维膜，包括角膜和巩膜，角膜透明，有弹性，无血管，具有较大的屈光度；中层为血管膜，包括虹膜、睫状体和脉络膜；内层为视网膜，其中央部有黄斑区，直径1 ~ 3 mm，黄斑的中心是中央凹，是视觉最敏感的部位。眼内容物包括房水、晶状体和玻璃体三种折光物质。眼具有折光成像和感光换能两种作用。来自外界的光线经过折光系统的折射，成像于视网膜上。视网膜含有对光刺激敏感的视锥细胞和视杆细胞，能将外界光刺激所包含的视觉信号转变成电信号，并进行编码、加工后，通过视神经纤维传向大脑视觉中枢，从而产生视觉。

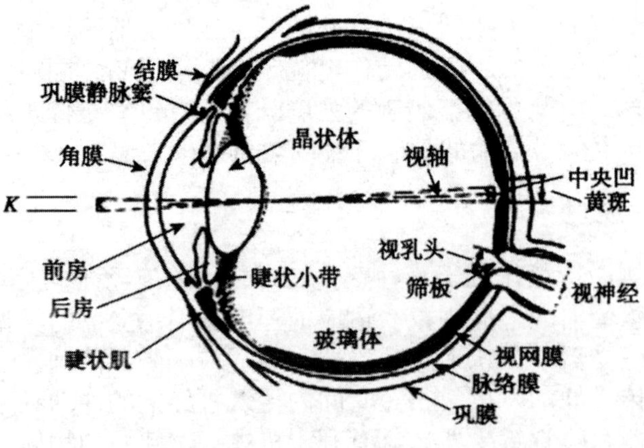

图11-1 右眼的水平切面示意图

一、眼的折光功能

（一）眼的折光系统组成及其光学特性

1. 眼的折光系统组成

眼的折光系统是由角膜、房水、晶状体和玻璃体组成的复杂的光学系统。眼折光成像的原理与凸透镜成像的原理类似，4种折光体构成一组复合凸透镜，但要复杂得多。按几何光学原理计算，根据光线经眼内多个折光面行进的途径，可以确定由这些折光率不同的折光体所组成的复合透镜所决定的后主焦点的位置。计算后表明，其节点、主焦点的位置与薄透镜和单球折光体大不相同，故用一般几何光学的原理画出光线在眼内的行进途径和成像情况时，显得非常复杂。因此，有人根据眼的实际光学特性，设计了和正常眼在折光效果上相同，但更加简单的等效光学系统和模型，称为简化眼（reduced eye，如图11-2）。简化眼是一个假想的人工模型，由一个前后径为20 mm的单球面折光体构成，折射率为1.333，与水的折射率相同，这个模型和正常安静时的人眼一样，正好能使平行光线聚焦在视网膜上。正因为简化眼光学参数和其他特征与正常眼等值，可用来分析眼的成像原理及计算。

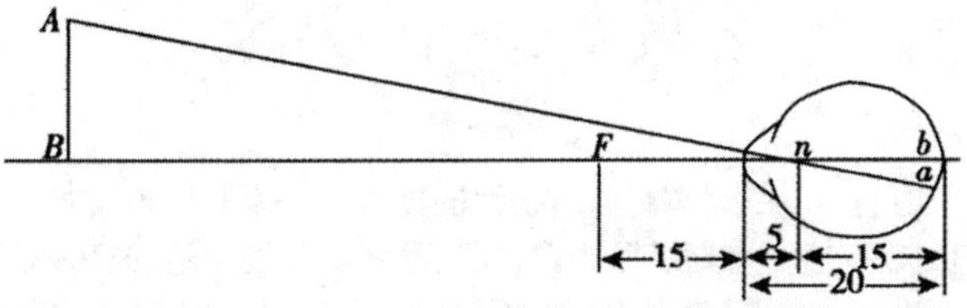

图11-2　简化眼及其成像原理

n为节点，ΔAnB和Δanb是两个相似的三角形；如果物距为已知，就可由物体的大小算出物像大小，也可算出两个三角形的顶角（即视角）的大小

2. 眼的光学特性

利用简化眼可以方便地计算出不同远近的物体在视网膜上成像的大小。如图11-2所示，ΔAnB和Δanb是具有对顶角的两个三角形，因而：

$$\frac{AB\text{（物体的大小）}}{Bn\text{（物体至节点的距离）}}=\frac{ab\text{（物像的大小）}}{nb\text{（节点至视网膜的距离）}}$$

式中，nb固定不变，相当于15 mm，那么，根据物体的大小和它与眼睛的距离，就可以算出物像的大小。此外，利用简化眼还可以算出正常人眼能看清的物体在视网膜上成像的大小。

实际上，正常人眼在光照良好的情况下，如果在视网膜上的像小于4.5 μm，一般不能产生清晰的视觉，这说明正常人的视力或视敏度有一个限度。这个限度只能用人所能看清的最小视网膜像的大小来表示，而不能用所能看清的物体的大小来表示。因为视网膜上的物像的大小不仅与物体的大小有关，也与物体和眼之间的距离有关。人眼所能看清的最小视网膜像的大小，大致相当于视网膜中央凹处一个视锥细胞的平均直径。

（三）眼折光功能的调节

看远处物体（6 m以外）时，从物体发出的光线可看作是平行光线，此时，眼不需要做任何调节，就能使物体成像于视网膜上，这种折光状态的眼称为正视眼（emmetropia）。此时，人眼不做任何调节所能看清物体的最远距离称为远点。当眼看6 m以内的近物时，则从物体上发出的进入眼内的光线不是平行的，而是呈不同程度的辐散，经折射后，光线到达视网膜尚未聚焦，造成视物不清。但正常人在看近物时也很清楚，这是由于在看近物时眼已经进行了调节，使进入眼内的光线经过较强的折射，最终也能成像在视网膜上。这种随所视物体的距离不同引起眼的折光系统发生相应改变的现象，称为眼的调节。人眼的调节主要靠晶状体形状的改变来实现。此外，瞳孔的调节及眼球的汇聚也起着重要的作用。

1. 晶状体的调节

晶状体是一个双凸透镜形并有弹性的透明半固体物，由晶状体囊和晶状体纤维组成，其四周借睫状小带（悬韧带）与睫状肌相连。看远物时，睫状肌处于松弛状态，这时睫状小带被拉紧，晶状体受睫状小带的牵引，其形状相对扁平。当视近物时，视网膜上模糊的物像信息传到大脑皮质视觉中枢，通过反射使睫状肌收缩，睫状小带放松，晶状体发生弹性回缩而曲率增加，以其前表面中央部分向前凸出最为显著（如图 11-3）。此时晶状体折光能力增加，使近处的辐散光线仍能聚焦在视网膜上形成清晰的物像。

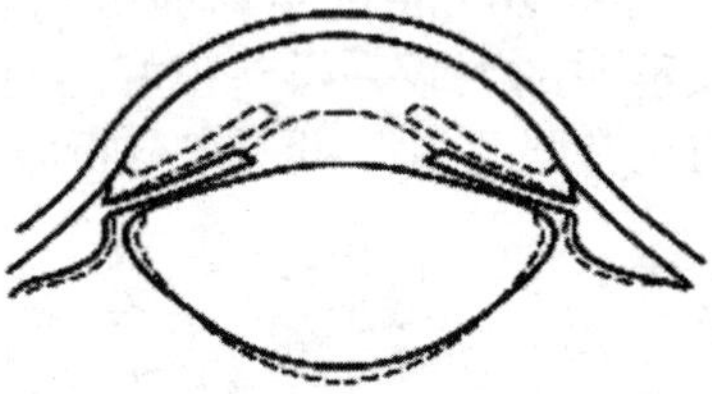

图 11-3　眼调节前后睫状体位置和晶状体形状的改变
虚线表示视近物时睫状小带放松，晶状体弹性回缩，曲率增加

人眼做最大限度调节时所能增加的折光能力，称为眼的调节力（accommodation force），其大小用近点来表示。人眼做充分调节时能看清物体的最近距离称为近点（near point of vision），近点越近说明晶状体弹性越好。随着年龄的增长，晶状体自身的弹性减弱，调节能力降低，近点也随之变远。老年人可因此出现老视。老视眼时，远处平行光线仍能聚焦于视网膜上，但近处的光线则聚焦在视网膜后方，因此，在视近物时须戴上适当折光度的凸透镜。

2. 瞳孔的调节

瞳孔为虹膜中间的开孔，虹膜内有两种平滑肌纤维：①环形的瞳孔括约肌收缩，可使瞳孔缩小。它由动眼神经中副交感神经纤维支配；②辐形的瞳孔散大肌收缩，可使瞳孔散大。它由交感神经支配。正常人瞳孔直径可变动于 1.5 ~ 8.0mm 之间，瞳孔的大小可以调节进入眼内的光线量。视近物时，可反射性地引起双侧瞳孔缩小，称为瞳孔调节反射（pupillary accommodation reflex）或瞳孔近反射（near reflex of the pupil）。瞳孔近反射的生理意义是减少进入眼内的光线量和减少折光系统的球面像差和色像差，使视网膜上形成更清晰的像。

在不同强度的光照下，瞳孔的大小可随光线的强弱而改变，强光下瞳孔缩小，弱光下瞳孔散大，称为瞳孔对光反射（pupillary 1ight reflex）。其生理意义在于调节进入眼内的光线量，在弱光时能看清物体，在强光时不致因光量过强而损伤视网膜。瞳孔对光反射主要是副交感神经的作用，其感受器是视网膜，经视神经传入，中枢在中脑的顶盖前区和两侧动眼神经缩瞳核，传出神经是动眼神经中副交感神经纤维，效应器是瞳孔括约肌。瞳孔对光反射的效应是双侧性的，即一侧眼被光照时，另一侧眼的瞳孔也会收缩。瞳孔对光反射的中枢在中脑，临床常通过检查瞳孔对光反射来判断中枢神经系统病变的部位、麻醉的深度及病情危重程度。

3. 眼球会聚

当视近物时，发生两眼球内收和视轴同时向鼻侧聚拢的现象，称为眼球会聚（convergence）。眼球会聚是由于两眼内直肌反射性地收缩所致，也称为辐辏反射（convergence reflex）。其生理意义是使双眼近处物像能落在两眼视网膜的对称点上，产生单一清晰的视觉而避免复视。

晶状体变凸、瞳孔缩小和眼球会聚是眼视近物的三联动现象。

（三）眼的折光功能异常及其矫正

正常眼的折光系统在不需进行调节的状态下，可使平行光线聚焦在视网膜上，因而可以看清远物；经过调节的眼，只要物体离眼的距离不小于近点，也能在视网膜上形成清晰的像。如果眼的折光能力异常，或眼球的形态异常，平行光线经过折光系统后仍不能在视网膜上形成清晰的像，则称为非正视眼（ametropia）或屈光不正（refractive error），包括近视、远视和散光（如图11-4）。

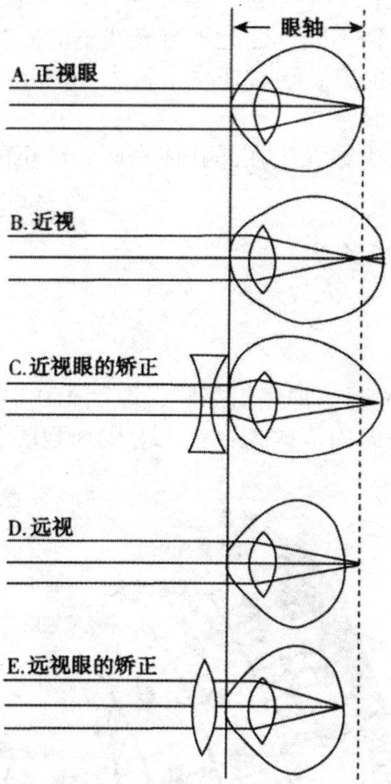

图11-4　眼的屈光不正及其矫正

1. 近视

近视（myopia）是指来自远物的平行光线聚焦成像在视网膜之前（如图11-4B），因此视远物不清。近视的发生，多数因眼球前后径过长（轴性近视）或折光系统的折光力过强（屈光性近视）所致。但在看近物时，由于光线辐散，像距加长，则眼不需进行调节或只进行较小程度的调节，就可在视网膜上成像。近视眼的远点和近点都比正视眼近，矫正近视可用凹透镜，使进入眼的平行光线适当分散，就能成像于视网膜上（如图11-4C）。

2. **远视**

远视（hyperopia）是指远物的平行光线聚焦成像在视网膜的后方（如图11-4D），同样可引起视物不清。远视的发生多数由于眼球的前后径过短（轴性远视）或折光系统的折光能力过弱（屈光性远视）。幼儿由于眼球眼轴过短，也可表现为远视，到6岁左右发育成正视眼。远视眼看远物时，就需要睫状肌收缩，经过晶状体的调节，使物像聚焦于视网膜上。当看近物时，则需更大程度的调节才能看清物体。由于远视眼的睫状肌经常处于收缩状态，所以容易发生调节疲劳，引起头痛等。

晶状体的调节有一定限度，所以远视眼的近点较正视眼远，矫正远视可用凸透镜，使远处平行光线经凸透镜适当聚合后，再经眼的折光系统，在视网膜上形成清晰的物像（如图11-4E）。

3. **散光**

散光（astigmatism）是指平行光线经过眼折光系统后，不能同时聚焦于视网膜上，而是形成焦线，造成在视网膜上成像不清晰或产生物像变形。主要原因是角膜表面不呈正球面，即角膜表面不同方位的曲率半径不同，因此平行光线不能同时聚焦于视网膜上，通过曲率半径小处的光线，聚焦于视网膜前方，通过曲率半径大处的光线，聚焦于视网膜后方，因此在视网膜上成像不清晰或产生变形。

散光多发生于角膜表面，少数发生在晶状体表面。矫正散光可用圆柱形透镜，在曲率半径过大的方向上增加折光能力。

二、视网膜的感光换能功能

（一）视网膜的结构

视网膜（retina）是一层透明的神经组织膜，厚度为0.1～0.5 mm，其结构十分复杂，按主要细胞层可分为四层，由外向内依次为：色素上皮细胞层、感光细胞层、双极细胞层和神经节细胞层（如图11-5）。

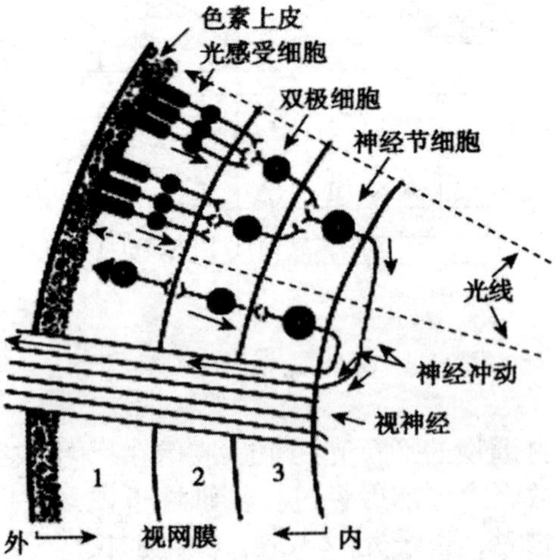

图11-5 视网膜的细胞层次及其联系模式图

色素上皮细胞层细胞内含有黑色素颗粒和维生素A，黑色素颗粒能吸收光线，因此能防止光线反射而影响视觉。当强光照射视网膜时，色素上皮细胞能伸出伪足样突起，包被视杆细胞外段，使其相互隔离；当入射光线较弱时，伪足样突起缩回到胞体，使视杆细胞外段暴露，从而能充分接受光刺激。因此，色素上皮细胞层对感光细胞起到保护作用。此外，色素上皮细胞还在视网膜感光细胞的代谢中起重要作用，许多视网膜疾病都与色素上皮功能失调有关。感光细胞分视杆细胞（rod）和视锥细胞（cone）两种，它们都含有特殊的视色素，能感受光刺激。视杆和视锥细胞在形态上可以分为四部分，由外向内依次是外段、内段、胞体和终足（如图11-6）。其中，外段是视色素集中的部位，在感光换能中起重要作用。视杆细胞外段呈长杆状，视锥细胞外段呈短圆锥状。两种感光细胞通过终足与双极细胞层内的双极细胞发生突触联系，双极细胞再与神经节细胞层中的节细胞联系。节细胞发出的视觉纤维在视盘部汇集成视神经，穿出眼球，该处无感光细胞，故无视觉感受，在视野中形成生理性盲点（blind spot）。

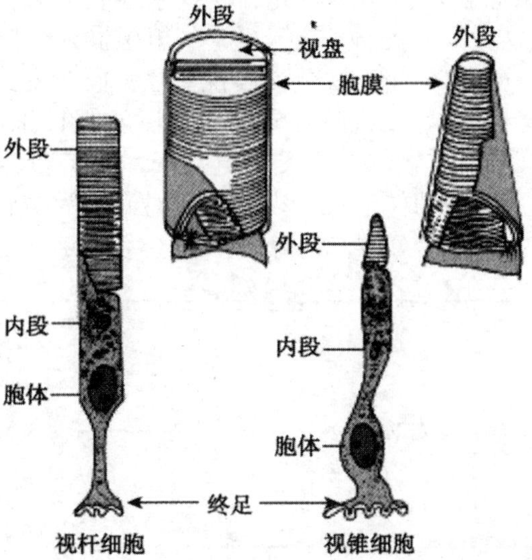

图11-6 两种感光细胞结构模式图

视杆细胞和视锥细胞在视网膜上分布极不均匀，视杆细胞主要分布于视网膜的周边部，视锥细胞主要分布于视网摸的中心部，特别是黄斑的中心凹处只有视锥细胞，是视觉最敏感的地方。

视网膜中除纵向的细胞间联系外，还存在着横向联系，如在感光细胞层和双极细胞层之间有水平细胞，在双极细胞层和神经节细胞层之间有无长突细胞。这些细胞的突起在两层细胞间横向延伸，在水平方向传递信号；有些无长突细胞还可以直接向节细胞传递信号。近几年来，发现视网膜内还存在一种网间细胞，其胞体位于内网状层与外网状层之间，其作用是从内网状层逆向传递抑制性信号向外网状层，通过外网状层的水平细胞来控制视觉信号向外侧扩散，与视觉成像对比度的控制有关。

（二）视网膜的两种感光换能系统

根据对视网膜结构和功能的研究表明，在人和大多数脊椎动物的视网膜中存在着两种感光换能系统，即视杆细胞的感光换能系统和视锥细胞的感光换能系统。

视杆细胞的感光换能系统，由视杆细胞和与它们相联系的双极细胞和神经节细胞等组成，该系统对光的敏感度高，能在昏暗环境中感受弱光刺激而引起暗视觉，但对物体细微结构的分辨能力差，视物无色觉，故又称为晚光觉系统。以夜间活动为主的动物如猫头鹰等，其视网膜感光细胞中不含视锥细胞而只有视杆细胞，故夜光觉敏锐。

视锥细胞的感光换能系统，由视锥细胞和与它们相联系的双极细胞和神经节细胞等组成，该系统对光的敏感度低，只有在强光条件下才能激活，视物时可以辨别颜色，且对物体细微结构具有高度的分辨能力，故又称为昼光觉系统。以白昼活动为主的动物如鸡、鸽子等，视网膜仅有视锥细胞而无视杆细胞，故为“夜盲”。

1. 视杆细胞的感光换能机制

（1）视紫红质的光-化学反应。视杆细胞主要与暗视觉有关，在所有的视杆细胞中都发现了同样的感光物质，即视紫红质。视紫红质（rhodopsin）是一种结合蛋白，由1分子视蛋白和1分子视黄醛构成。视蛋白本身不吸收光，在视紫红质中吸收光的是视黄醛。视黄醛由维生素A衍生而来，它对波长为500nm（蓝绿色）的电磁波最敏感。视紫红质在暗处为紫红色，在光照射下，视紫红质迅速分解为视蛋白和视黄醛；同时视黄醛的分子构型由结合时的顺式变为全反式，经过复杂的信息传递系统活动，诱发视杆细胞出现感受器电位（如图11-7）。该电位不能直接引发动作电位，但可以电紧张形式扩布，将光刺激信息传递给双极细胞，最终在神经节细胞上诱发动作电位。视紫红质对光极为敏感，据计算，一个光量子的能量就能使一个视紫红质分子开始分解。

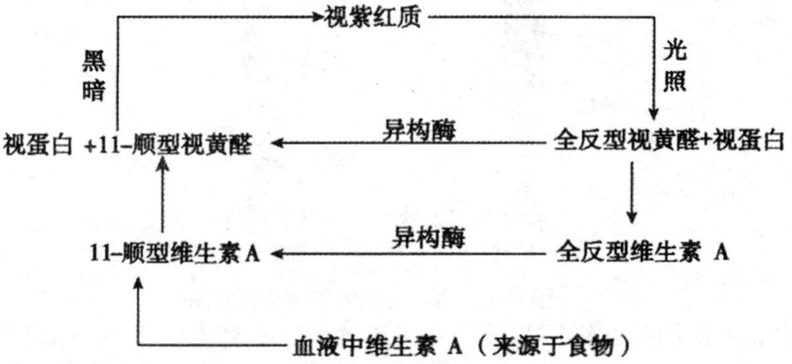

图11-7　视紫红质的光-化学反应

视紫红质的光化学反应是可逆的。在光照下视紫红质分解，在暗处又可重新合成。全反式视黄醛在异构酶催化下消耗能量转变成颐式视黄醛，然后迅速与视蛋白重新结合成为视紫红质。维生素A是视黄醛的主要来源，在视紫红质的分解和合成过程中，有一部分视黄醛被消耗，必须靠血液中的维生素A来补充。当机体维生素A缺乏时，将导致视紫红质合成障碍，影响暗视觉，发生夜盲症。人眼在暗处视物时，视紫红质既有分解，也有合成，这是暗视觉的基础。在暗处，其合成超过分解，视杆细胞中的视紫红质浓度较高，使视网膜对弱光的敏感度也增高。在亮处，分解大于合成，视紫红质浓度较低，视杆细胞减弱甚至失去感受光刺激的能力。

（2）视杆细胞的光-电转换机制。感光细胞外段是光-电转换的关键部位。视杆细胞外段部分主要由整齐重叠成层的圆盘状视盘结构组成，视紫红质几乎全部集中在视盘中。当视杆细胞受光照时，光量子被视紫红质吸收，引起视蛋白变构，通过G蛋白耦联途径激活磷酸二酯酶，使外段膜上cGMP被分解。随着cGMP的大量分解，膜上cGMP化学门控式Na^+通道开放减少，出现超极化型感受器电位，从外段以电紧张形式扩布到终足，影响终足处的递质释放，从而引起双极细胞产生慢电位变化，最终在节细胞总和产生动作电位，成为视网膜向视觉中枢传递的视觉信号，实现光–电换能作用。

2. 视锥细胞的感光换能机制和色觉

视锥细胞的感光机制与视杆细胞类似，视锥细胞的外段也有类似的盘状结构。光线刺激外段时，也是通过视盘的视色素分解产生超极化感受器电位，最终在相应节细胞产生动作电位，实现光–电换能作用。但与视紫红质不同，视锥细胞外段含有特殊的视锥色素。大多数脊椎动物都含有三种不同的视锥色素，分别存在于三种不同的视锥细胞中，三种视锥细胞都含有相同的视黄醛，但视蛋白的分子结构稍有不同。

视锥细胞功能的重要特点是其具有辨别颜色的能力。色觉（color vision）的产生主要是不同波长的光线作用于视网膜后在人脑引起不同的主观映像，是一种复杂的物理和心理现象。正常视网膜可分辨波长为380 ~ 760 nm的约150种不同的颜色。由于视蛋白结构的不同，三种视锥色素分别对波长430 nm、530 nm、560 nm的光线最敏感，它们分别对应蓝、绿、红三种颜色，称为三原色。当某一波长的光线作用于视网膜后，以一定的比例使三种不同的视锥细胞产生不同程度的兴奋，这样的信息经处理后转化为不同组合的神经冲动，传到视觉中枢产生不同的色觉。例如：红、绿、蓝三种视锥细胞兴奋程度的比例为4∶1∶0时，产生红色色觉；比例为2∶8∶1时，产生绿色色觉；比例为1∶1∶1时，则产生白色的感觉。

人眼对三原色中的一种或两种颜色缺乏辨别能力，称为色盲（color blindness）。色盲可分为全色盲和部分色盲。全色盲只能分辨明暗，呈单色觉，极为少见；部分色盲中红绿色盲较多见，蓝色盲较少见。色盲的产生除少数由视网膜病变引起外，绝大多数由遗传因素决定，它们可能是缺乏相应的视锥细胞所致，如常见的红绿色盲者不能分辨红色和绿色，是因为缺失感受红光和绿光的视锥细胞。有些色觉异常的产生并非由于缺乏某种视锥细胞，而是由于视锥细胞对三种原色反应能力降低，从而使患者对颜色的分辨能力较正常人差一些，这种色觉异常称为色弱（color weakness），色弱的发生多是后天性的，是由于健康状况不佳所造成的色觉感受系统的一种病态发育。

三、与视觉有关的几种生理现象

（一）视敏度

视敏度（visual acuity）又称视力或视锐度，是指人眼对物体形态的精细辨别能力，一般以眼能分辨两点间的最小距离为衡量标准。视力的好坏，通常以视角大小为指标。视角指两个光点的光线投射人眼中通过节点处交叉所形成的夹角。视角越小，表示两光点间距离越小，两个光点在视网膜上形成的像越小，视力越好。视力表就是根据这一原理设计出来的。

目前，国际上检查视力常用视力表。在光照条件良好时，当人眼能看清5 m远处视力表上第10行E字（或C字）形的缺口（两光点间距离为1.5 mm）方向时，定为正常视力，以1.0表示，此时视角为1分角。若同样距离，只能看清视角为2分角的E字（或C字）形缺口方向时，其视力为1/2=0.5。人眼之所以能分辨是两个光点，是因为当视角为1分角时，在视网膜上所形成的两点间距离为4 ~ 5μm，恰好相当于一个视锥细胞的直径，这样两条光线分别刺激两个视锥细胞，而且中间至少间隔一个未被刺激的视锥细胞（如图11-8）。在视网膜的中央凹处，视锥细胞直径可小于2 μm，因此该处的视敏度可超过1.0达到1.5或更高，是视力最敏感部位。

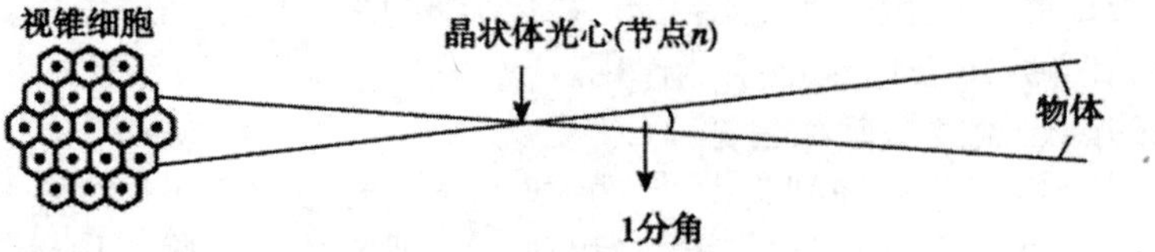

图11-8　视敏度原理示意图

（二）视野

视野（visual field）指单眼固定注视正前方一点不动时，该眼所能看到的空间范围。临床上常用视野计加以测定，并用图纸记录下来，称为视野图（如图11-9）。

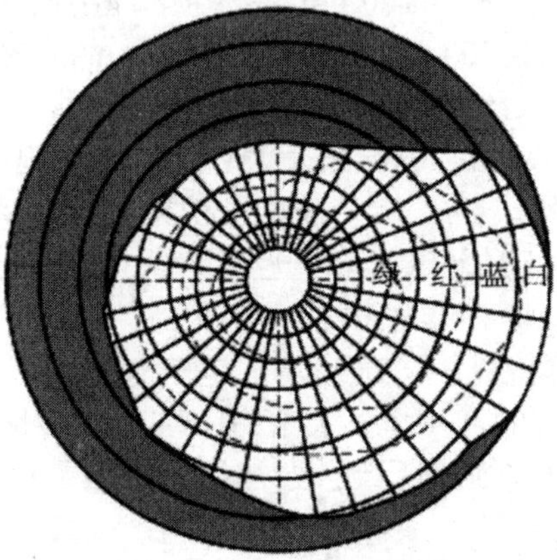

图11-9　人右眼视野图

视野与视网膜上各点的对应位置是相反的，即视野图鼻侧部分成像在视网膜颞侧，视野图上侧部分成像在视网膜下侧。在同一光照条件下，不同颜色的目标测得的视野大小不同，白色视野最大，其次是黄蓝色，再次为红色，绿色视野最小。视野的大小取决于视网膜结构、感光细胞的分布和视线被面部结构（鼻和额）的阻挡程度。正常视野图中，颞侧视野大于鼻侧视野，下侧视野大于上侧。视野图表示眼所看到的面积，它能反映视网膜的普遍感光功能。因此，临床上通过视野的检查可诊断疾病，它常是了解视网膜疾病、视觉传导通路及视皮质病变的重要方法之一。

（三）视网膜电图

将一记录电极置于角膜表面，另一参考电极放在额部皮肤，当给视网膜以广泛光刺激时，可以在灵敏的电测量仪上记录到视网膜在光照时产生的综合电位变化，称为视网膜电图（electroretinogram，ERG）。视网膜电图是从角膜记录到的视网膜总和电信号。根据刺激的方法不同，可以分为闪光视网膜电图、图形视网膜电图。

视网膜电图的成分主要有a、b、c、d四个波，其中最主要的一个是双向波，即由负相a

波及正相b波组成（如图11-10）。a波起源于光感受器内段，又称晚感受器电位，是感光细胞感受器电位的总和的一个负相波；b波起源于Muller细胞及双极细胞，主要与双极细胞和神经节细胞活动有关，是紧接a波之后的一个正相波；c波起源于视网膜色素上皮细胞层，可能与光持续照射时色素上皮细胞膜电位变化有关。c波平缓而持续时间长，在b波之后缓慢上升的正相波；d波起源于双极细胞，在c波之上，被认为是视网膜电图的撤光反应，目前并未应用它作为评价视网膜功能的指标。

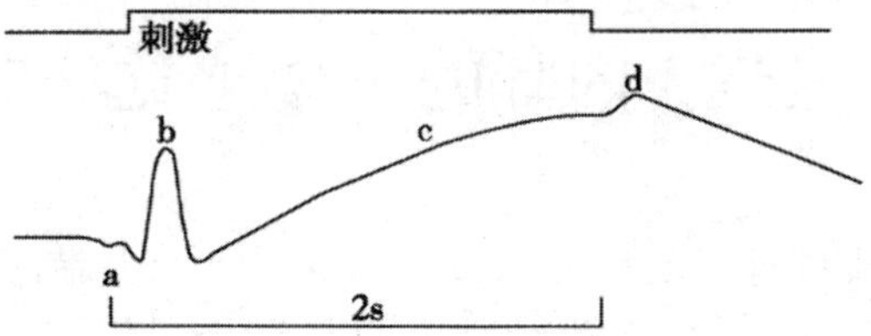

图11-10　视网膜电图

视网膜电图在临床上有一定应用价值，可用于跟踪眼病的进展和预后，尤其b波是视网膜电图中最敏感和最易发生变异的成分，临床上可作为反映视网膜对光敏感性的指标。

（四）双眼视觉和立体视觉

两眼同时看一物体时所产生的视觉，称为双眼视觉（binocular vision）。两眼视物时，两侧视网膜上各形成一个完整的物像，通过各自视觉通路传向视觉中枢，产生单一物像的主观感觉，称为单视。其机制是：双眼的视野有相当一部分互相重叠，由物体同一部分来的光线，成像在两侧视网膜的相称点上。两眼的中心凹是相称点，中心凹之外，一眼的颞侧视网膜与另一眼的鼻侧视网膜互相对称，一眼的鼻侧视网膜与另一眼颞侧视网膜互相对称。若物像不落在视网膜的相称点上，则将产生复视。双眼视觉与单眼视觉相比，其特点主要是可以弥补单眼视野中的生理盲点，扩大视野，并形成立体视觉。

立体视觉（stereopsis）是指当双眼视物时，所能看到物体高度、宽度和深度大小的视觉。它主要因为同一物体在两眼视网膜上形成的像并不完全相同，左眼看到物体的左侧面较多，右眼看到物体的右侧面较多，因而两侧视网膜上各形成一个彼此对称又略有差别的像。来自两眼的图像信息经过中枢神经系统的整合后，就产生了一个物体的立体视觉。

（五）暗适应与明适应

1. 暗适应

当人从亮处进入黑暗的环境，最初任何物体都看不清楚，经过一段时间后，能逐渐看清暗处的物体，这一现象称为暗适应（dark adaptation）。暗适应的产生机制与视网膜上视紫红质在暗处的合成有关。强光下，视锥和视杆细胞内的视紫红质都被分解，但剩余的量不同，视杆细胞中视紫红质分解过程大于合成过程，故导致视杆细胞内的视紫红质剩余量较少，已达不到兴奋的程度；在暗处，视紫红质再合成量增多，暗视觉才能逐渐恢复。而视锥细胞内的视紫红质分解与合成处于动态平衡之中，以维持明视觉。因此，进入黑暗环境中的暗适应过程分两个阶段：第一阶段是视锥细胞的快暗适应过程，7 ~ 8 min内即可完成；第二阶段是视杆细胞的慢暗适应过程，需20 ~ 30 min才能完成，随着视紫红质浓度逐渐增高，视网膜对光的敏感性也进一步升高，才能在暗处看清物体。

2. 明适应

从黑暗处初来到强光下时，起初感到一片耀眼光亮，不能看清物体，稍待片刻后才恢复视觉，这一过程称为明适应（light adaptation）。明适应出现较快，只需1分钟即可完成。其机制是：初到强光下时的耀眼光感主要是由于在暗处合成的视紫红质迅速分解的结果，在对光敏感的视紫红质迅速分解之后，随着视紫红质急剧减少，视锥系统恢复昼光觉作用。

第三节　内耳的平衡感觉功能

内耳中前庭器官是人体自身运动状态和头部在空间的平衡器，对维持姿势、调节平衡起重要作用。它包括椭圆囊、球囊和3个半规管（如图11-11）。内耳位于颞骨岩部的骨迷路之中，为膜性管道，管内充满内淋巴，管外与骨迷路的间隙则是外淋巴。

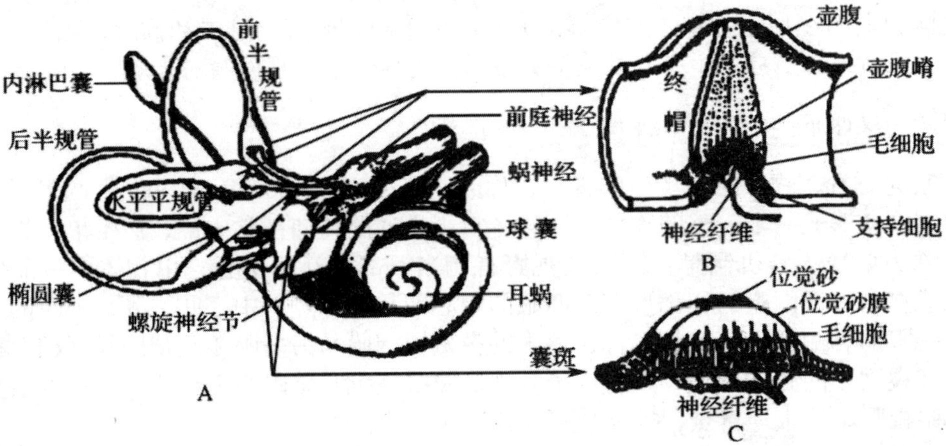

图11-11　前庭器官的结构

A. 内耳迷路；B. 壶腹嵴；C. 囊斑

一、前庭器官的感受装置

前庭器官的感受细胞为毛细胞。椭圆囊、球囊、3个半规管中的毛细胞结构十分类似。在毛细胞顶部通常有60～100条纤细的毛。其中有一条最长，位于细胞顶端的一侧边缘处，称动毛；其余的毛较短，分布于细胞顶端的大部分区域，称静毛。用电生理学方法证明，当外力使纤毛向一侧倾倒时，毛细胞底部的前庭神经发放神经冲动的频率发生改变。当静毛和动毛均处于静止状态时，毛细胞膜内外存在着约−80 mV的静息电位，此时神经纤维上有中等频率的自发持续放电。当外力使静毛倒向动毛一侧时，毛细胞则产生去极化，静息电位减小至−60 mV左右，同时神经冲动发放的频率也明显增加。相反，若外力使动毛倒向静毛一侧时，则产生膜电位的超极化，此时神经冲动频率大大减小（如图11-12）。由于各前庭器官中毛细胞所在位置的不同，不同形式的变速运动都能改变毛细胞纤毛的倒向，使相应的神经纤维的冲动发放频率发生改变，将人体运动状态和头在空间位置的信息进行编码处理，最终在皮质中枢引起特殊的运动觉和位置觉，并出现各种躯体和内脏功能的反射性改变。

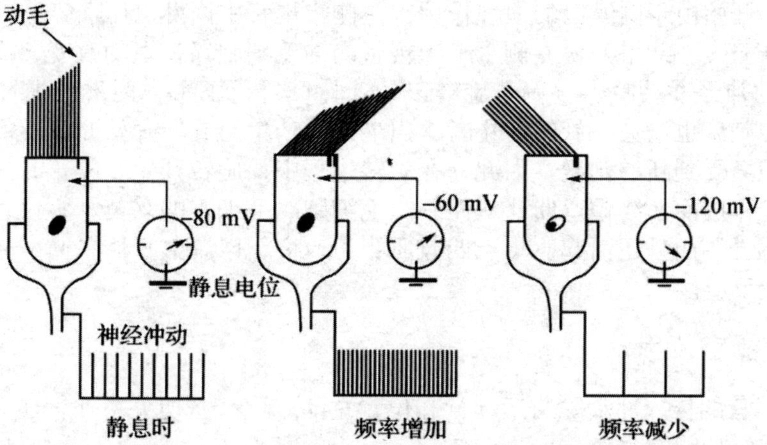

图 11-12　前庭器官中毛细胞顶部纤毛受力的情况及电变化示意图

二、前庭器官的适宜刺激

（一）椭圆囊、球囊的适宜刺激

椭圆囊、球囊中的毛细胞顶端的纤毛穿插在耳石膜内。耳石膜是一小块胶质板，内含碳酸钙与蛋白质，比重大于内淋巴。由于耳石膜的牵拉作用可刺激毛细胞，因而与毛细胞相连的前庭神经末梢便有相应的冲动发放频率改变。

椭圆囊和球囊的适宜刺激为重力与直线加减变速运动。当头部位置改变时，耳石膜与毛细胞在空间的相对位置也就发生了改变。当耳石膜横卧于毛细胞上时，刺激最小；反之，耳石膜悬挂于毛细胞之下时，则刺激最大。人在直立位时，椭圆囊中囊斑平面呈水平位，耳石膜在毛细胞顶部纤毛的上方；而球囊中的囊斑平面呈垂直位，毛细胞的纤毛向水平方向伸出，耳石膜悬在纤毛外侧，与囊斑相平行。研究发现，椭圆囊和球囊的囊斑平面上，纤毛排列的方向几乎都不相同，这样可以感受身体由各方向直线加减变速运动的刺激。例如，人体在水平方向以任何角度做直线变速运动时，在椭圆囊的囊斑中总有一些毛细胞的静毛向动毛所在的方位做最大的弯曲，由此产生神经冲动，并在相应中枢引起在该方向上的变速运动的感觉。直线加减速度刺激还可反射性地引起颈肌及四肢肌肉张力改变，以维持身体平衡。人在乘电梯升降变速过程中，也可见到相似反射活动。乘电梯上升时，椭圆囊中的耳石对毛细胞施加的压力增加，球囊中的耳石使毛细胞纤毛弯曲，引起四肢伸肌抑制而屈腿。头在空间的位置和重力作用方向的变化，也可以通过对球囊囊斑上的毛细胞刺激来感受。

（二）半规管的适宜刺激

1. 半规管的结构特点

在左右两侧内耳各有3个半规管。每管各有一端膨大，称为壶腹。壶腹内各有一个隆起，称为壶腹嵴。嵴上竖立的毛细胞面对管腔，毛细胞顶部的纤毛较长，互相黏集成束，包埋于圆顶形胶质结构的终帽中。前庭神经分布在嵴的底部，并连接毛细胞。

2. 半规管的适宜刺激

半规管的适宜刺激是旋转变速运动，即正负角加速度运动。以水平半规管为例，当人体向左侧旋转时，开始由于内淋巴的惯性作用，左侧半规管中内淋巴压向壶腹，而右侧半规管中内淋巴则离开壶腹，结果使得左侧水平半规管内的毛细胞兴奋性的改变，而右侧壶腹嵴毛细胞传向中枢的神经冲动减少。倘若旋转以匀速持续进行下去，内淋巴惯性运动即逐渐停止，对毛细胞的刺激也消失。旋转停止时，内淋巴会产生与旋转开始时相反的惯性移动，右侧半规管毛细胞又受到新的刺激。因此，在旋转过程中，旋转开始和停止时的变速运动，会因内淋巴的惯性作用而使终帽弯曲，从而刺激毛细胞。毛细胞的兴奋，不仅会引起相应中枢产生旋转运动感觉，而且还引起躯干、四肢肌张力改变，以调节身体平衡，同时伴随出现一系列自主性功能反应。

三、前庭器官反射

来自前庭器官的传入冲动除与运动觉和位置觉的产生有密切关系外，还引起各种姿势调节反射和自主神经功能的改变。

（一）前庭自主神经反射

若对前庭器官刺激过强或刺激时间过长，便会引起自主神经反应，导致心率加速、血压下降、呼吸加快、出汗、恶心、呕吐、眩晕和皮肤苍白等现象，称为前庭自主神经反应。前庭器官兴奋性很高的人，前庭器官即使受到不太强烈的刺激，也可出现非常强烈的自主神经反应，如晕车、晕船、航空病等。

（二）眼球震颤

当前庭迷路受刺激时，特别是在躯体做旋转运动时，反射性地改变了眼肌的活动而引起眼球不随意的规律性运动，称为眼球震颤（nystagmus）。旋转、温水或冷水注入外耳道或以电刺激乳突以及前庭迷路的各种疾病，都能引起眼球震颤。临床上常通过检查眼球震颤来判定前庭迷路的功能。现以水平眼震颤为例，说明其产生机制。受试者坐在旋转椅上，头前倾30°（使水平半规管完全处于水平位），绕垂直轴旋转。若向左旋转，两侧眼球先是向右缓慢转动，称为眼球震颤的慢动相；当眼球移动到睑裂右侧端时，又快速返回睑裂正中，称为眼球震颤的快动相。之后，再出现新的慢动相和快动相，如此反复。在向左旋转开始时，两侧水平半规管中的内淋巴因惯性向右冲击两侧壶腹嵴的毛细胞，使毛细胞向右弯曲，左侧前庭神经冲动增加，右侧则减少。通过前庭-眼球运动反射，使左眼的内直肌张力增强，外直肌张力减弱，右眼则相反。因此，两眼球便都向右缓慢偏转（慢动相）；偏转到一定程度后，由视觉中枢进行矫正，使眼球迅速复位（快动相）。临床上把快动相规定为眼球震颤的方向。眼球震颤仅在旋转开始和停止阶段出现。旋转持续进行时眼球震颤消失。向左旋转突然停止时，两侧水平半规管中的内淋巴因惯性而继续向左流动，致使壶腹嵴毛细胞向左弯曲，这样就会得到与上述旋转开始时完全相反的结果。此称旋转后眼球震颤。旋转后眼球震颤是临床常用的前庭功能检查方法之一。规定在20秒内旋转10周突然停止，观察眼球震颤的性质、强度、方向以及持续时间。若眼球震颤减弱、消失或持续时间缩短，说明前庭功能减退；反之，说明前庭功能亢进。

第四节　其他感觉器官

一、嗅觉器官

嗅觉（olfaction）的感受器位于上鼻道及鼻中隔后上部的嗅上皮（olfactory mucousmembrane）中，两侧总面积约5 cm^2。嗅上皮由嗅细胞（olfactory cell）、支持细胞、基底细胞和Bowman腺组成。嗅细胞属于神经元，每个嗅细胞的顶部有6～8条短而细的纤毛，埋于Bowman腺所分泌的黏液之中；细胞的底端（中枢端）是由无髓纤维组成的嗅丝，穿过筛骨直接进入嗅球。

嗅觉感受器的适宜刺激是空气中的化学物质，通过呼吸，这些分子被嗅上皮部分的黏液吸收，并扩散到嗅细胞的纤毛中，与纤毛表面膜上的特异受体结合，产生动作电位，动作电位沿轴突传向嗅球，进而传向更高级的嗅觉中枢，引起嗅觉。

自然界能引起嗅觉的有气味物质有2万余种，而人类能够明确辨别的气味有2000～4000种。目前认为，各种不同嗅觉的感受可能是由至少7种基本气味组合而形成的，这七种基本气味是樟脑味、麝香味、花草味、乙醚味、薄荷味、辛辣味和腐腥味。实验发现，每一个嗅细胞只对一种或两种特殊的气味起反应，而且嗅球中不同部位的细胞液只对某种特殊的气味发生反应。嗅觉系统也同其他感觉系统类似，不同性质的气味刺激有其专用的感受点和传输线路，非基本气味则由它们在不同线路上引起不同数量的神经冲动的组合，在中枢引起特有的主观嗅觉感受。

二、味觉器官

味觉（gustation）的感受器是味蕾（tastebud），主要分布在舌背部的表面和舌缘，口腔和咽部黏膜的表面也有散在的味蕾存在，分布在人舌部的味蕾平均为5235个。每一个味蕾都由味细胞（gustatory cell）、支持细胞和基底细胞组成，味细胞的顶端有纤毛，称为味毛，是味觉感受的关键部位，味细胞的更新率很高，平均每10天更新一次。

人舌表面的不同部位对不同味刺激的敏感程度不同。舌尖部对甜味比较敏感，舌两侧对酸味比较敏感，而舌两侧的前部对咸味比较敏感，软腭和舌根部对苦味比较敏感。味觉的敏感度往往受食物或刺激物温度的影响，在20℃～30℃时，味觉敏感度最高。另外，味觉的分辨力和对某些食物的选择也受血液中化学成分的影响，例如肾上腺皮质功能低下的患者，血液中钠离子减少，这种患者喜食咸味食物。动物实验证实，摘除肾上腺的大鼠对分辨氯化钠溶液的敏感性显著提高。

第十二章　内　分　泌

第一节　概　　述

内分泌（endocrine）是相对于外分泌而言的，是指内分泌细胞分泌的物质直接进入血液或其他体液的过程，并以体液为媒介对靶细胞产生效应的一种分泌形式。内分泌系统（endocrine system）是由位于身体不同部位的内分泌腺和散在分布于某些组织器官中的内分泌细胞所组成。人体主要的内分泌腺有垂体、甲状腺、甲状旁腺、肾上腺、胰岛、性腺、松果体和胸腺等，散在于组织器官中的内分泌细胞分布非常广泛，如消化道黏膜、心、肾、肺、下丘脑以及胎盘等器官的某些细胞都具有内分泌功能。

内分泌系统通过分泌多种激素实现体液调节。在整体情况下，许多内分泌腺都直接或间接地受神经系统的控制，因此，内分泌系统在功能上与神经系统紧密联系、相辅相成，共同调节机体的功能活动，维持内环境的稳态，使机体更好地适应环境的变化。

一、激素的信息传递方式及分类

激素（hormone）是由内分泌腺或内分泌细胞分泌的，以体液为媒介，在细胞之间传递调节信息的高效能生物活性物质。激素可经血液循环的运输或组织液的局部扩散来发挥调节作用，从而影响远距离的、周围的细胞或内分泌细胞自身的生理功能。从某种意义来讲，化学信息的传递是一切生命细胞的基本特征，所有的细胞都可能具有内分泌功能，因此，可以认为内分泌是细胞之间信息传递的一种普遍方式。

（一）激素的信息传递方式。

一般来说，激素自内分泌细胞分泌后，经组织液或血液运输到各器官、组织或细胞而发挥作用。目前认为激素在细胞之间传递信息有以下几种方式（如图12-1）：多数激素通过血液的运输到达远距离的靶器官、靶组织或靶细胞而发挥作用，称为远距分泌（telecrine），如生长激素、甲状腺激素等；有些激素通过细胞间液弥散到邻近的细胞发挥作用，称为旁分泌（paracrine），如胃肠激素；有些内分泌细胞分泌的激素，在局部弥散又返回作用于该内分泌细胞而发挥反馈作用，称为自分泌（autocrine）；神经细胞分泌的神经激素（neurohormone）通过轴浆运输至神经末梢释放，经血液运输再作用于靶细胞，称为神经分泌（neurocrine），如下丘脑的一些神经元既能产生和传导神经冲动，又能合成和分泌激素。

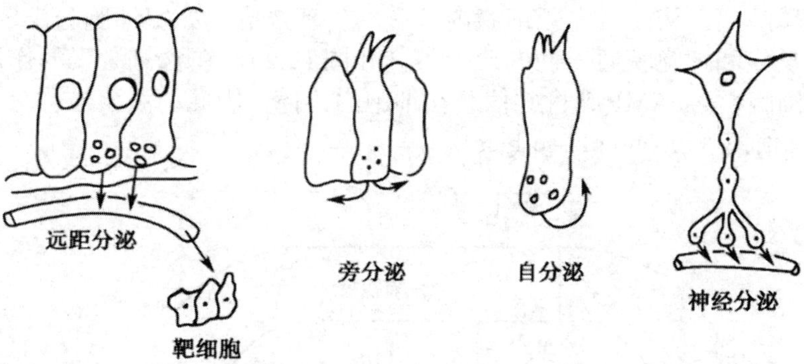

图12-1 激素传递信息的主要方式

（二）激素的分类

1. 按分子结构和化学性质分类

（1）含氮激素：此类激素分子结构中含有氮元素，包括蛋白质激素（如胰岛素、甲状旁腺激素和腺垂体分泌的各种激素）、肽类激素（如神经垂体激素、降钙素、胰高血糖素等）、胺类激素（如肾上腺素、去甲肾上腺素和甲状腺激素）。体内多数的激素属于含氮激素，这类激素易被消化液分解而破坏，故口服无效。

（2）类固醇（甾体）激素：因这类激素常以胆固醇为原料，化学结构也与之相似而得此名。肾上腺皮质激素（如皮质醇、醛固酮）和性激素（如雌激素、孕激素、雄激素）属于此类。这类激素不能被消化液破坏，可以口服。

（3）固醇类激素：包括维生素D_3、212-羟维生素D_3和1，212-二羟维生素D_3。

（4）脂肪酸衍生物：这类激素的前体是细胞膜的磷脂，如前列腺素。

2. 按照来源分类

（1）腺体激素：由内分泌腺细胞分泌的激素称为腺体激素。人体内存在一些内分泌腺，如下丘脑、垂体及甲状腺等，因其血液供给特别丰富，内分泌腺细胞易于从血液摄取原料以合成激素，合成的激素也易于进入血液和周围的组织液，从而发挥作用。

（2）组织激素：由散在分布于组织器官（如消化道黏膜、肾等）中的内分泌细胞分泌的激素，称为组织激素。这些散在分布的内分泌细胞在细胞化学、超微结构和功能等方面都有共同的特征，称为APUD细胞（amine precursor-uptakedecarboxvlation），它们都含有胺和（或）摄取胺前体，合成和分泌胺类和（或）多肽类激素。

二、激素的作用机制

激素与靶细胞上的受体结合后把信息传递到细胞内，经过一系列复杂的反应过程，最终产生生物效应。激素化学性质不同，其作用机制也不同。现将含氮激素和类固醇激素的作用机制分别叙述如下。

（一）含氮激素的作用机制——第二信使学说

Sutherland于1965年提出的第二信使学说认为，含氮激素随血液循环运输到达靶细胞，与细胞膜上的特异性受体结合后，可激活膜上的鸟苷酸结合蛋白，即G蛋白（G-protein），继而激活膜上的腺苷酸环化酶（adenvl cvclase，AC），在Mgh参与下，促使ATP转变为环一磷酸腺苷（cyrclic adenosine monophosphate，cAMP）。cAMP再通过激活细胞内的蛋白激酶系统，使蛋白质磷酸化，从而诱发靶细胞内特有的生理效应，如腺细胞分泌、肌细胞收缩、细胞内某些酶促反应和细胞膜通透性的改变等（如图12-2）。在含氮激素的作用过程中，激素将信息传至靶细胞，而cAMP则将此信息在细胞内传播，因此，激素被称为第一信使，而将cAMP称为第二信使（second messerlger）。

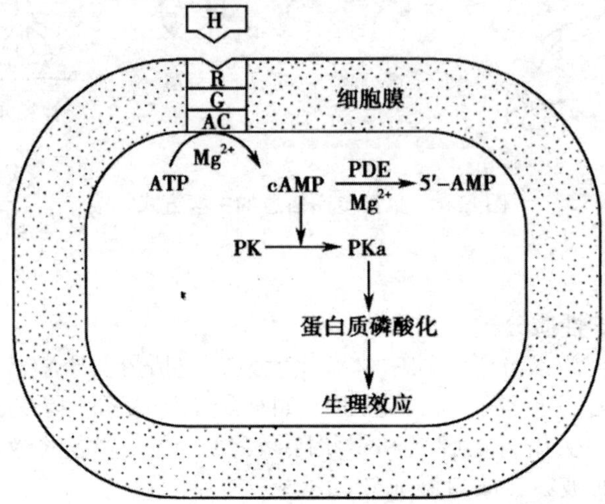

图12-2　含氮类激素的作用机制示意图

H.激素；R.受体；AC.腺苷酸环化酶；PDE.磷酸二酯酶；PKa.活化蛋白激酶；cAMP.环-磷酸腺苷；G.鸟苷酸调节蛋白

第二信使学说提出后，受到了广泛的重视，并极大地推动了对激素作用机制的研究，尤其是近20年，随着分子生物学技术的运用，使第二信使学说得到进一步的完善和发展。目前发现第二信使的物质还有：环-磷酸鸟苷（cyclicguanosine monophosphate，cGMP）、三蜀薄酸肌醇（inositol-1，4，5，triphosphate，IP_3）、二酰甘油（diacylglycerol，DG）和Ca^{2+}等。

（二）类固醇激素作用机制——基因表达学说

Jesen和Gorski于1968年提出的基因表达学说认为，类固醇激素分子较小，且具有脂溶性，这类激素可扩散进入细胞内，先与胞质受体结合成复合物，使受体分子发生变构，同时获得穿过核膜的能力而进入细胞核内。在核内，激素-胞质受体复合物与核受体结合，转变为激素-核受体复合物再与染色质的非组蛋白的特异位点结合，从而启动或抑制该部位的DNA转录，促进或抑制某种mRNA的形成，结果诱导或减少某种蛋白质（主要是酶）的合成，而引起相应的生理效应（如图12-3）。有的类固醇激素也可直接进入细胞核内与核受体结合，调节基因表达。

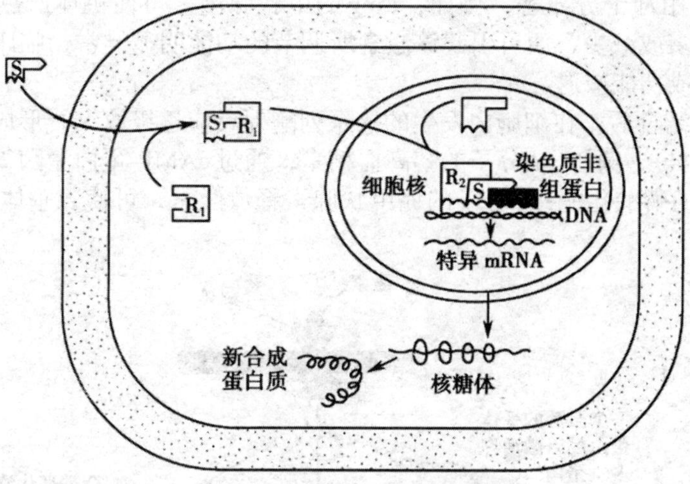

图12-3　类固醇激素的作用机制示意图

S.激素；R_1.胞质受体；R_2.核受体

上述含氮激素与类固醇激素的作用机制，并不是绝对的。如甲状腺激素虽属含氮激素，却可进入细胞内，通过调节基因表达而发挥作用。某些类固醇激素（如糖皮质激素）也可作用于细胞膜结构，引起非基因效应。

三、激素作用的一般特征

各种激素化学结构不同，作用机制也不一样，但是在发挥调节作用的过程中，都具有以下共同特征。

（一）特异性

某种激素有选择地作用于某些靶器官或靶细胞的特性，称为激素的特异性。被激素作用的器官、内分泌腺或细胞分别被称为靶器官（target organ）、靶腺（target gland）和靶细胞（target cell）。激素特异性的本质是因为靶细胞膜或胞质内存在有能与激素结合的特异性受体。激素作用的特异性是内分泌系统实现其调节功能的基础。

各种激素作用的特异性差别较大。有些激素只局限作用于某一靶腺或某一种靶细胞，如腺垂体的促甲状腺激素，只作用于甲状腺的腺泡细胞；而有些激素的作用范围较大，其靶器官和靶细胞较多，且分布较广，如性激素、生长激素及甲状腺激素等。

（二）信使作用

如前所述，无论是含氮激素还是类固醇激素，在实现其调节作用的过程中，只是将调节信息以化学方式传递给靶细胞，从而使靶细胞原有的生理生化过程得以增强或减弱，激素并不引起新的功能活动，也不为原有功能活动提供能量，只是作为细胞的信息传递者，起着“信使”的作用。在完成信息传递后，激素即被分解灭活。

（三）高效作用

激素在血液中的含量很低，一般在纳摩尔（nmol/L），甚至在皮摩尔（pmol/L）数量级，但激素的作用却十分显著，例如，1 mg的甲状腺激素可使机体产热增加约4184 kJ。因此，激素稍有增多或减少，便可引起该激素所调节的功能明显异常，临床上分别称为该内分泌腺的功能亢进或功能减退。

激素与受体结合后，在细胞内发生的一系列酶促反应逐级放大，形成效能极高的生物放大系统（如图12-4）。例如，1分子的胰高血糖素，通过cAMP-蛋白激酶等逐级放大，最后可激活1万个分子的磷酸化酶；1分子的促甲状腺素释放激素，可使腺垂体释放10万个分子的促甲状腺激素。

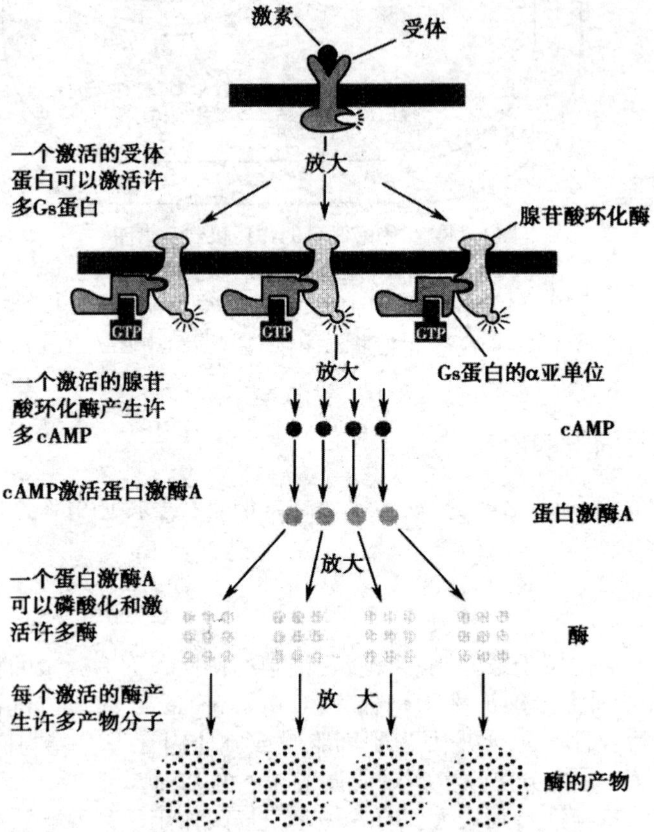

图12-4　激素生物放大作用的示意图

（四）相互作用

各种激素之间的作用可以相互影响，从而维持机体功能活动的稳态。①协同作用：如生长素和甲状腺素等，虽然作用于代谢的环节不同，但都可使血糖升高。②拮抗作用：如胰岛素能降低血糖，这与甲状腺激素和糖皮质激素等的升高血糖作用相对抗。③允许作用：是指某些激素本身并不能对某器官或细胞直接发挥作用，但它的存在却使另一种激素产生的效应明显增强，这种现象称为激素的允许作用（permissive action）。例如，皮质醇本身并不能引起血管平滑肌收缩，但只有它存在时，去甲肾上腺素才能更有效地发挥缩血管作用。激素的相互作用说明机体对某一生理功能的调节是多方面、多机制的，而且对人体每项功能都存在着精确的调节，使其既不太强也不太弱，与机体的生命状态相适应。

四、激素分泌的调节

激素在内分泌细胞内合成后，以胞吐方式出胞，称为激素的分泌或释放。正常情况下，内分泌腺都保持着一定的分泌活动，称为基础分泌。人体在对自然环境和社会环境的长期适应过程中，许多激素的基础分泌表现为日、月或年等周期性变化，这种周期性活动对于维持人体一些基本功能活动和内环境稳态，起着十分重要的作用。当内外环境因素改变时，在基础分泌的基础上，分泌激素的活动可加强或减弱，使激素的量增加或减少，从而使靶细胞和靶器官的活动与内外环境的变化相适应。激素分泌随内外环境因素的变化而改变，主要是通过神经调节完成的；而体内激素水平维持相对稳定，则主要是通过反馈调节实现的。

反馈调节是激素分泌调节的普遍规律，主要为负反馈调节。一般来说，当血液中某种激素的含量超过一定的水平或受其控制的某种物质在血液中超过一定浓度时，通过负反馈调节可抑制这一内分泌腺的活动，使其激素的合成和分泌减少；反之，当该激素或受激素控制的物质在血液中的浓度低于某一水平时，则负反馈作用降低，该激素的分泌就增加。例如，正常情况下体内甲状腺激素、糖皮质激素浓度的相对恒定，就是负反馈调节的结果。

此外，人生活在社会环境中，不同的社会–心理因素均可作为刺激作用于人体，影响激素的分泌。例如，少数妇女可因紧张、焦虑等出现月经失调或闭经，可能是社会–心理因素通过下丘脑干扰了性腺激素的合成和释放所造成的。

第二节　下丘脑和垂体

一、下脑神与垂体的功能联系

中枢神经系统内的某些神经细胞既能产生和传导神经冲动，又能合成和释放激素，这些神经细胞被称为神经内分泌细胞（neuroendocrine cell）。现已明确，神经内分泌细胞主要集中在下丘脑。在结构和功能上，下丘脑与垂体的联系非常密切。下丘脑通过垂体门脉系统（hypophysial portal system）与腺垂体之间发生联系；下丘脑视上核、室旁核的神经元的轴突延伸到神经垂体，形成下丘脑垂体束（hypothalamo hypophysial tract）。由此组成一个下丘脑–垂体功能单位（hypothalamus-hypophysis unit）（如图 12-5），包括下丘脑–神经垂体系统（hypothalamo-neurohypophysis system）和下丘脑–腺垂体系统（hypothalamo-adenohypophysis system）两部分。下丘脑神经内分泌细胞可接受大脑皮质或中枢神经系统其他部位传来的神经信息，将其转变为调控垂体激素释放的信息，通过调控垂体激素的释放，调节机体的功能活动。这样以下丘脑为枢纽，通过神经信息和激素信息之间的转换，将神经调节与体液调节紧密地联系在一起。

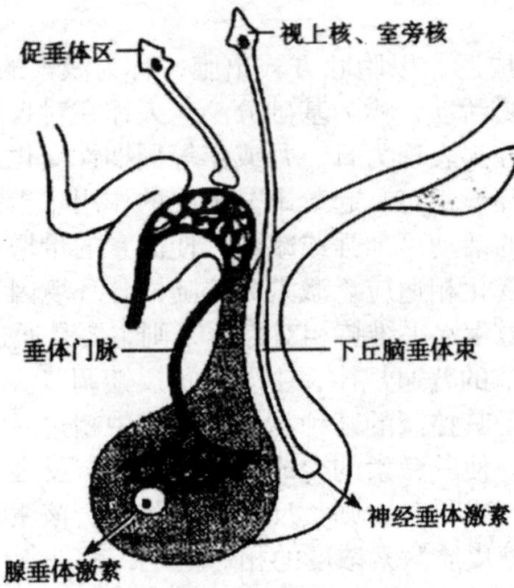

图12-5　下丘脑-垂体功能单位示意图

下丘脑-神经垂体系统起源于下丘脑视上核、室旁核的大细胞肽能神经元，主要合成血管升压素（vasopressin，VP）和催产素（oxytocin，OXT），合成后以轴质运输的方式，经下丘脑垂体束运输到神经垂体贮存。

下丘脑与腺垂体之间起功能联系的结构基础是垂体门脉系统。供应垂体血液的动脉进入正中隆起，先形成初级毛细血管网，然后汇集成数条微静脉进入腺垂体，再次形成次级毛细血管网。通常将垂体的微静脉及其两端的毛细血管网称为垂体门脉系统。下丘脑-腺垂体系统起源于下丘脑内侧基底部促垂体区的小细胞肽能神经元，它们的轴突末梢直接与正中隆起处垂体门脉系统的初级毛细血管网接触，释放的下丘脑调节肽经垂体门脉系统运输到腺垂体，调节腺垂体内分泌细胞的功能。

迄今为止，已发现的下丘脑调节肽有9种，均为腺垂体激素的调节激素，即释放激素（releasing hormone）和释放抑制激素（releasing-inhibiting hormone）。化学结构已被确定的有促甲状腺激素释放激素（TRH）、促性腺激素释放激素（GnRH）、生长激素抑制激素（GHRIH或SS）、生长激素释放激素（GHRH）及促肾上腺皮质激素释放激素（CRH）。还有4种对腺垂体催乳素和促黑激素的分泌起促进或抑制作用的物质，因其化学结构尚未确定，暂称为因子。

各种下丘脑调节肽的分泌方式和作用机制略有不同。如TRH、GnRIH及CRH的分泌均呈现脉冲式释放，导致腺垂体相应的激素分泌也呈现脉冲式波动；GHRH与膜受体结合后以cAMP作为第二信使；TRH、GnRH及GHRIH以IP_3/DG或Ca^{2+}作为第二信使；CRH则二者兼而有之，它们分别调节腺垂体相应激素的释放。

下丘脑调节肽不仅在下丘脑促垂体区产生，在中枢神经系统其他部位及许多组织中也可生成，表明它们除有调节腺垂体的功能外，还有许多其他调节功能。高位中枢和外周传入信息对下丘脑分泌调节肽的肽能神经元有调节作用。

二、下丘脑–神经垂体系统

神经垂体释放的激素是由下丘脑视上核、室旁核的大细胞肽能神经元胞体合成的血管升压素（VP）和催产素（OXT），以神经分泌的方式沿下丘脑–垂体束下行到神经垂体贮存。当视上核、室旁核受到刺激兴奋时，其产生的神经冲动传导到位于神经垂体的神经末梢，引起神经垂体激素释放入血。血管升压素和催产素的化学结构均为九肽，二者的区别只是第3位与第8位氨基酸残基有所不同。人血管升压素的第8位氨基酸为精氨酸，故称为精氨酸血管升压素（arsinine vasopressin，AVP）。

一些实验证实下丘脑正中隆起与第三脑室附近的神经元轴突中和垂体门脉血液中发现大量的血管升压素，而且注射大量的血管升压素也能引起ACTH分泌增加。这些结果提示，神经垂体激素可能影响腺垂体的分泌活动。

（一）血管升压素

在正常生理情况下，血浆中的VP浓度很低，仅1.0 ~ 3.0 ng/L。生理剂量的VP可促进肾远端小管和集合管对水的重吸收，即抗利尿作用。在机体脱水或失血情况下，VP释放量明显增多，血浆中的VP浓度可达10 ng/L以上，起收缩肌肉、皮肤、内脏血管，升高和维持血压以及保持体液的作用。VP受体有三个亚型，即V_{1A}、V_{1B}和V_2受体，均为G蛋白耦联受体。V_2受体主要分布于肾远端小管和集合管上皮细胞，其被激活后，使细胞内含有水孔蛋白（aquaporin2，AQP_2）的囊泡镶嵌在上皮细胞的管腔膜上，形成水通道，增加对水的通透性，有助于水的重吸收，参与机体水平衡的调节。V_{1A}受体主要分布在血管平滑肌的细胞膜上，其被激活后，可引起血管平滑肌收缩，升高血压；也可促进肝糖原的分解。V_{1B}受体促进垂体ACTH的分泌。

（二）催产素

催产素（OXT）又称缩宫素，其生物学作用主要是在哺乳期促进乳腺排出乳汁，在分娩时刺激子宫收缩。

1. 对乳腺的作用

哺乳期妇女的乳腺不断分泌乳汁，贮存于腺泡中，OXT使乳腺腺泡周围的肌上皮细胞收缩，腺泡内压力升高，乳汁经输乳管从乳头排出，引起射乳。当婴儿吸吮乳头时感觉信息沿传入神经到下丘脑，使分泌OXT的神经元兴奋，神经冲动经下丘脑–垂体束到神经垂体，OXT释放入血使乳腺中的肌上皮细胞收缩，可引起射乳反射（milk ejection reflex）。射乳反射为一典型的神经内分泌反射。

在射乳反射的基础上，很容易建立条件反射，如母亲见到婴儿或听到其哭叫声，甚至抚摸婴儿，均可引起条件反射性的射乳。OXT除引起射乳外，还有营养乳腺的作用，可维持哺乳期乳腺丰满（如图12-6）。

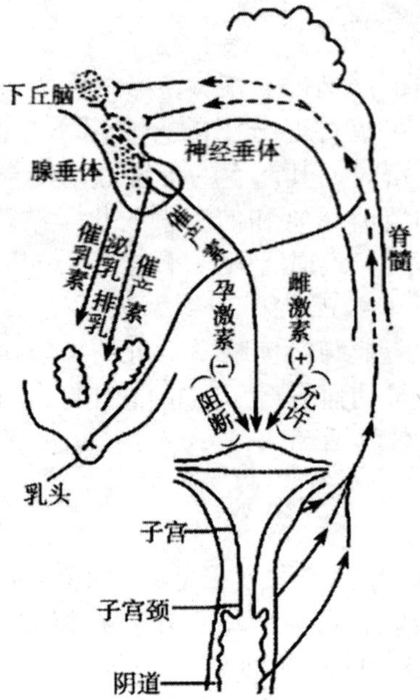

图12-6　催产素和催乳素的神经内分泌调节示意图

婴儿吸吮乳头的刺激除引起射乳反射外，还可引起下丘脑多巴胺能神经元兴奋，多巴胺和β–内啡肽释放增多，二者抑制下丘脑GnRH释放，使腺垂体FSH和LH分泌减少，导致哺乳期妇女月经周期暂停。

2. 对子宫的作用

OXT促进子宫平滑肌收缩，但此种作用与子宫的功能状态有关。OXT对非孕子宫的作用较弱，而对妊娠子宫的作用较强。当临近分娩时，子宫平滑肌细胞表面OXT受体数量明显增多，所以OXT的作用在分娩时显著增强。催产素虽然能刺激子宫收缩，但它并不是分娩时发动子宫收缩的决定因素。在分娩过程中，胎儿刺激子宫颈可反射性引起OXT的释放，形成正反馈调节，使子宫收缩进一步加强，有助于催产（如图12-6）。OXT促进子宫收缩的机制是使细胞外Ca^{2+}内流，提高子宫平滑肌细胞内的Ca^{2+}浓度，通过钙调蛋白的作用，引起平滑肌细胞收缩。

在性交过程中，阴道和子宫颈受到刺激也可引起OXT分泌和子宫肌收缩，有利于精子在女性生殖道内的运行。此外，OXT对机体的神经内分泌、学习与记忆、痛觉调制、体温调节等生理功能也有一定的影响。

三、下丘脑–腺垂体系统

下丘脑促垂体区分泌的下丘脑调节肽经垂体门脉系统到腺垂体，调节腺垂体内分泌活动。腺垂体是体内最重要的内分泌腺，主要分泌7种激素：其中，促甲状腺激素（TSH）、促肾上腺皮质激素（ACTH）、卵泡刺激素（FSH）与黄体生成素（LH）统称为促激素，它们均有各自的靶腺，通过靶腺激素发挥作用；另3种激素即生长激素（GH）、催乳素（PRL）与促黑（素细胞）激素（MSH），直接作用于靶组织或靶细胞，调节机体的物质代谢、个体生长，影响乳腺发育与泌乳，以及体内黑色素的代谢等生理过程。

（一）生长激素

GH是腺垂体激素中分泌量较多的一种。人的生长激素含191个氨基酸残基，分子质量为22 kDa，其化学结构与人催乳素近似，故二者之间有微弱的交叉作用，即GH有微弱的催乳素作用，催乳素有微弱的GH作用。

在静息状态，成年男子血清中GH浓度为1～5 μg/L；女子略高于男子，但不超过10 μg/L。GH在血中的半衰期为6～20 min。GH的基础分泌呈节律性脉冲式释放，每隔1～4 h出现一次释放脉冲。入睡后GH的分泌明显增加，入睡后60 min左右达到高峰，以后又逐渐减少。青年期分泌脉冲波峰最高，随着年龄增长，分泌逐渐减少，到60岁时，GH的生成速率仅为青年期的1/2。

1. 生长激素的生物学作用

GH的主要生理作用是促进机体生长发育和物质代谢，对各个器官组织均有影响，对骨骼、肌肉及内脏器官的作用尤为显著，故GH也称为躯体刺激素（somatotropin）。

（1）促进机体生长发育。机体生长发育受多种激素影响，但GH起关键作用。GH的促生长作用在于它能促进骨、软骨、肌肉以及其他组织细胞分裂增殖，蛋白质合成增加，从而加快机体的生长过程。实验证明，幼年动物摘除垂体后，生长立即停止，如给摘除垂体的动物及时补充GH仍可正常生长。临床观察也证实了GH的促生长作用，幼年时期GH分泌不足，患儿生长发育则停滞，身材矮小，称为侏儒症（dwarfism）；如果幼年时期GH分泌过多，则患巨人症（giantism）成年后GH分泌过多，由于骨骺已经融合，长骨不再生长，而肢端的短骨、面骨及其软组织仍可出现异常的生长，以致出现手足粗大、下颌突出、鼻大唇厚及内脏器官如肝、肾等增大现象，称为肢端肥大症（acromegaly）。

（2）促进代谢作用。GH具有促进蛋白质合成，加速脂肪分解和升高血糖的作用。同时，GH使机体的能量来源由糖代谢向脂肪代谢转移，有利于机体的生长发育和组织修复。①蛋白质代谢：GH促进氨基酸进入细胞，加强DNA、RNA的合成，使软骨、骨、肌肉、肝、肾、肺、肠、脑及皮肤等组织的蛋白质合成增强，机体呈正氮平衡。②脂肪代谢：GH有对抗胰岛素刺激脂肪合成的作用。可激活脂肪酶的活性，促进脂肪分解，使组织尤其是肢体的脂肪量减少，血中脂肪酸含量增加。GH促进脂肪酸进入组织被氧化，为机体提供所需能量。③糖代谢：GH有抵抗胰岛素对糖代谢的效应，抑制骨骼肌、脂肪等外周组织对葡萄糖的摄取、利用和消耗。因此，GH分泌过多患者，可因血糖过高而出现糖尿，称为垂体性糖尿。此外，GH还能刺激胰岛素基因表达，而血糖升高也会引起胰岛素分泌。因此，缺乏GH时，胰岛素分泌减少。

2. 生长激素的作用机制

GH是通过靶细胞膜上的GH受体（GHR）完成信号转导的，GHR属酪氨酸激酶受体，机体大部分组织细胞都存在GHR。GH与GHR结合，通过多条跨膜信号转导途径（如JAK2-STAT、SHC-Grb2-MAPK、PLC-DG-PKC等途径）介导，引起靶细胞的生物效应，如加速DNA的转录过程，蛋白合成增多，直接促进生长发育；也可诱导肝脏等靶组织产生生长素介质（somatomedin，SM），间接促进机体生长。在胎儿或新生儿时期，各类细胞上的GHR数量最多，所以对GH的反应最敏感。

SM是一种具有促生长作用的肽类物质，因其化学结构和功能与胰岛素近似，故又称为胰岛素样生长因子（insulin-like growth factor，IGF）。目前已分离出两种SM，即IGF-Ⅰ和

IGF-Ⅱ。IGF-Ⅰ是70个氨基酸残基组成的多肽，GH的促生长作用主要是通过IGF-Ⅰ介导实现的。IGF-Ⅱ是67个氨基酸残基组成的多肽，主要在胚胎期产生，对胎儿的生长起重要作用。肢端肥大症患者血中IGF-Ⅰ明显增高，而侏儒症患者血中IGF-Ⅰ明显降低。在青春期，随着生长激素分泌增多，血中IGF-Ⅰ浓度明显增高。给幼年动物注射SM能明显地刺激动物生长，身高和体重都增加。年幼动物比年老动物对SM更敏感。SM的主要作用是促进软骨生长，它除了促进钙、磷、钠、钾、硫等元素进入软骨组织外，还能促进氨基酸进入软骨细胞，增强DNA、RNA和蛋白质的合成，促进软骨组织增殖和骨化，使长骨加长。

另外，SM还能刺激多种组织细胞如成纤维细胞、肌细胞、肝细胞、脂肪细胞以及肿瘤细胞等的有丝分裂，加强细胞分化、增殖过程。肝脏和机体大多数组织中都可生成SM，经血液运送到机体各处组织发挥作用，也可以旁分泌或自分泌的方式在局部起调节作用。

3. 生长激素分泌的调节

（1）下丘脑对生长激素分泌的调节。腺垂体GH的分泌主要受下丘脑GHRH与GHRIH的双重调控。GHRH促进GH分泌，而GHRIH则抑制其分泌。一般认为，以GHRH促进GH分泌为主，是GH分泌的经常性调节者，而GHRIH则是在应激刺激GH分泌过多时才对GH分泌起抑制作用。近年来发现，胃黏膜和下丘脑等处可生成类似GHRH的生长激素释放肽，也能促进GH分泌。

（2）反馈调节。GH和其他垂体激素一样，可对下丘脑和腺垂体产生负反馈调节。将GH颗粒埋植于大鼠正中隆起，导致下丘脑GHRH释放减少，垂体GH含量降低。反之，摘除大鼠垂体后，血中GH含量降低，而下丘脑GHRH含量却增加。给大鼠侧脑室注射GHRH，可使下丘脑GHRH含量减少，并引起GH分泌减少和抑制GH的脉冲释放，提示GH不仅对下丘脑GHRH释放有反馈抑制作用，而且GHRH对其自身释放也有负反馈调节作用。

此外，IGF-Ⅰ对GH的分泌也有负反馈调节作用。IGF-Ⅰ能刺激下丘脑释放GHRIH，从而抑制GH的分泌。IGF-Ⅰ还能直接抑制体外培养的垂体细胞GH的基础分泌和GHRH刺激的GH分泌，说明IGF-Ⅰ可通过下丘脑和垂体两个水平对GH分泌进行负反馈调节。

（3）影响GH分泌的其他因素。①睡眠：人在觉醒状态下，GH分泌较少；进入慢波睡眠后，GH分泌明显增加；转入异相睡眠后，GH分泌减少。慢波睡眠时，GH的分泌增多有利于机体的生长和体力的恢复。②代谢因素：运动、应激刺激、饥饿、低血糖等因素可引起GH分泌增多，其中以低血糖对GH分泌的刺激作用最强。血中氨基酸增多，可引起GH分泌增加，而脂肪酸增多则抑制GH分泌。③激素的作用：甲状腺激素、雌激素与睾酮均能促进GH分泌。青春期，由于血中雌激素或睾酮浓度增高，GH分泌明显增多而机体生长速度增快。皮质醇抑制GH分泌。

（二）催乳素

催乳素（PRL）是由199个氨基酸残基和3个二硫键构成的蛋白质，分子质量为22 kDa。成人血浆中PRL浓度小于20 μg/L。由于其化学结构与生长激素近似，故二者作用有交叉。

1. 催乳素的生物学作用

PRL的作用非常广泛。在人类，PRL主要是促进乳腺发育与分泌，并参与免疫调节。

（1）对乳腺的作用。PRL促进乳腺的发育，引起并维持授乳期妇女乳腺泌乳，故名催乳素。PRL可与雌激素、孕激素、GH、糖皮质激素、胰岛素、甲状腺激素协同促进女性青春期乳腺的发育。在妊娠期，随着PRL、雌激素与孕激素分泌增多，乳腺组织进一步发育至成熟，具备泌乳能力但不泌乳。这是由于妊娠期血中雌激素与孕激素浓度非常高，抑制了PRL对成熟乳腺的泌乳作用。分娩后，血中的雌激素和孕激素浓度大大降低，PRL才得以发挥其始动和维持泌乳的作用。

（2）对性腺的作用。PRL对卵巢的黄体功能有一定的影响。PRL可与卵泡的发育过程中颗粒细胞上出现的PRL受体结合，以刺激颗粒细胞生成LH受体，有助于LH与LH受体结合，发挥其促进排卵、黄体生成、孕激素、雌激素分泌的作用。可见，PRL对卵巢黄体功能的影响是刺激LH受体的生成，调控卵巢内LH受体的数量，同时还为孕激素的生成提供底物，促进孕激素生成。

在男性，PRL促进前列腺及精囊的生长，还可增强LH对间质细胞的作用，使睾酮合成增加。

此外，PRL还参与对免疫的调节作用和应激反应。在人的单核细胞、B淋巴细胞、T淋巴细胞、胸腺上皮细胞上存在PRL受体。PRL可协同一些细胞因子共同促进淋巴细胞的增殖，促进B淋巴细胞分泌IgM和IgG。此外，T淋巴细胞和胸腺淋巴细胞可以产生PRL，以自分泌或旁分泌的方式发挥免疫调节作用。在应激状态下，血中PRL浓度有不同程度的升高，而且通常与ACTH和GH浓度的升高同时出现，应激刺激停止数小时后才恢复到正常水平。可见，PRL可能与ACTH及GH一样，是应激反应中腺垂体分泌的三大激素之一。

2. 催乳素分泌的调节

腺垂体PRL的分泌受下丘脑PRF与PIF的双重控制，前者促进PRL分泌，后者抑制其分泌，平时以PIF的抑制作用为主。TRH对PRL分泌也有促进作用。由于多巴胺可直接抑制豫垂体PRL分泌，因此一般认为PIF就是多巴胺。

血中PRL浓度升高可引起下丘脑多巴胺能神经元分泌，多巴胺负反馈地抑制腺垂体PRL的分泌，使血中PRL浓度恢复正常。此外，母亲授乳时，婴儿吸吮乳头的刺激能反射性地引起下丘脑PRF神经元兴奋，腺垂体分泌PRL增多，促进乳腺泌乳。

（三）促黑（素细胞）激素

人的促黑激素（MSH）是由腺垂体远侧部的细胞内前阿黑皮素原（proopiomelanocortin，POMC）水解生成的肽类激素，包括a-MSH（十三肽）、β-MSH（十八肽）、γ-MSH（十二肽）。在人的腺垂体，主要是β-MSH，其血中浓度为20 ~ 110 ng/L，半衰期为10分钟。体内黑色素细胞分布于皮肤、毛发、眼球、虹膜及视网膜色素层等。MSH主要作用于黑色素细胞，使细胞内酪氨酸转变为黑色素，同时使黑素颗粒在细胞内散开，使肤色、毛发等颜色加深。但在因病切除垂体的黑种人，其皮肤颜色并不发生改变，表明MSH对正常人皮肤色素的沉着不是必需的。此外，MSH还参与GH、CRH、醛固酮、胰岛素及LH等激素分泌的调节，并有抑制摄食的作用。

MSH的分泌调节主要受下丘脑MIF和MRF的双重调节，前者抑制MSH分泌，后者促进其分泌，平时以MIF的抑制作用占优势。MSH也可通过负反馈调节腺垂体的MSH分泌。

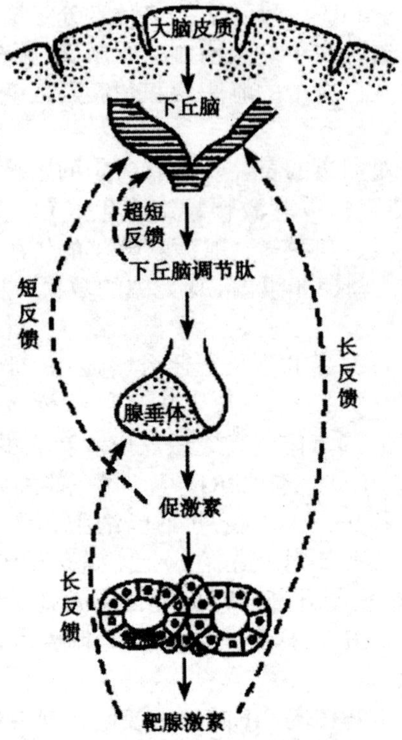

图 12-7　下丘脑-腺垂体-靶腺轴的调节
实线表示促进；虚线表示抑制

（四）促激素

由腺垂体分泌的可促进靶腺生长并分泌靶腺激素的激素称为促激素（tropic hormones）。由于促激素受下丘脑调节肽的调控，在下丘脑、腺垂体和靶腺之间形成分泌活动的调节轴，即下丘脑-腺垂体-甲状腺轴、下丘脑-腺垂体-肾上腺皮质轴、下丘脑-腺垂体-性腺轴，这些调节轴在甲状腺激素、糖皮质激素和性腺激素的分泌调节中起着重要的作用。一般来说，下丘脑分泌的下丘脑调节肽经垂体门脉系统促进腺垂体分泌促激素，促激素经血液循环作用于靶腺分泌靶腺激素。在平时，靶腺激素和促激素又可通过负反馈调节，维持血中下丘脑调节肽、促激素和靶腺激素浓度的相对稳定。通常将靶腺激素对下丘脑、腺垂体的负反馈活动称为长反馈（long-loop feedback），将促激素对下丘脑的负反馈活动称为短反馈（short-loop-feedback）（如图 12-7）。

促激素除了促进靶腺合成和分泌靶腺激素之外，还可促进靶腺细胞的增生和腺体肥大。

第三节　甲状腺的内分泌

甲状腺是人体最大的内分泌腺，成人重 20 ~ 40 g。腺内含有大量大小不等的腺泡。腺泡腔是激素的贮存库，充满由腺泡上皮细胞分泌的胶质，其主要成分为甲状腺球蛋白。腺泡上皮细胞合成和释放的甲状腺激素以胶质的形式贮存于腺泡腔内。

在甲状腺腺泡上皮细胞间和腺泡间结缔组织内含少量腺泡旁细胞，又称C细胞，分泌降钙素，参与机体的骨代谢。

一、甲状腺激素的合成与代谢

甲状腺激素为酪氨酸碘化物，主要包括甲状腺素（thyro xin），又称四碘甲腺原氨酸（3，5，3'，5'-tetraiodot hvroni ne，T_4）和三碘甲腺原氨酸（3，5，3'-triiodothyronine，T_3）。它们都是合成甲状腺素的前身或代谢产物，其作用也相同，但T_4的活性比T_4高4～5倍。

合成甲状腺激素的主要原料是甲状腺球蛋白和碘。甲状腺球蛋白是一种大分子的糖蛋白，碘化合成T_4或T_3。血中碘来自食物，正常成人每天从饮食中摄取碘100～200 μg，仅有1/5～1/3进入甲状腺，其他由肾脏快速排出。甲状腺含碘量为8000 mg左右，占全身总碘量的90%。各种原因引起碘的缺乏，均可导致甲状腺激素合成减少。

（一）甲状腺激素合成

1. 腺泡上皮细胞的聚碘

碘以I^-形式存在，正常浓度为250 mg/L，而甲状腺内I^-浓度比血液高20～25倍。碘是被一种称为Na^+-I^-泵的膜蛋白从血液逆电–化学梯度，经腺泡上皮细胞基底膜主动转运至甲状腺上皮细胞内的。在此过程中Na^+顺浓度梯度内流释放出的能量驱使I^-的转运，该能量是由Na^+-K^+-ATP酶的激活而产生的。实验发现用毒毛花苷抑制Na^+-K^+-ATP酶的活性，能使甲状腺的聚碘能力降低。腺垂体分泌的TSH通过增强腺泡细胞碘泵的活性来加强碘的转运。

2. I^-的活化

I^-的活化是指进入细胞的I^-经甲状腺过氧化物酶（TPO）氧化变成I_0或I_3^-的过程。活化部位在腺泡上皮细胞顶端绒毛与腺泡腔交界处。I^-必须经过活化才能与酪氨酸结合。如果阻断TPO系统或细胞先天缺乏此酶，甲状腺激素生成率即降至零。

3. 酪氨酸碘化及甲状腺激素合成

酪氨酸的碘化是指活化碘迅速"攻击"甲状腺球蛋白中酪氨酸残基上的氢，合成一碘酪氨酸残基（MIT）和二碘酪氨酸残基（DIT）的过程。此过程需要甲状腺碘化酶的催化。然后，一个MIT与一个DIT或两个DIT在TPO催化下相耦联生成T_3或T_4。

由此可见，甲状腺激素合成的上述各步骤都是在甲状腺球蛋白分子上进行，并需TPO的催化。甲状腺球蛋白分子上含有酪氨酸、MIT、DIT、T_3及T_4，其中，T_4与T_3含量之比为20∶1，含碘量增加，T_4合成增加；反之，T_3多。TPO是腺泡细胞生成的膜结合糖蛋白，作为酶辅基的血红素化合物，在介导I^-的活化、酪氨酸碘化及促进耦联作用中起关键性作用。硫脲类药物是TPO的强效抑制剂，可阻断甲状腺激素合成，在临床上被用来治疗甲亢。

（二）甲状腺激素的贮存、释放、运输与代谢

甲状腺激素合成后，与甲状腺球蛋白分子结合，以胶质的形式贮存在腺泡腔中，贮存量相当大，可供人体利用2～3个月。甲状腺受到适宜刺激时，腺泡上皮细胞通过吞饮作用将腺泡腔内的甲状腺球蛋白分子吞入细胞内，与溶酶体融合形成吞噬体。在溶酶体蛋白水解酶的作用下，T_4与T_3从甲状腺球蛋白分子中水解，并迅速进入血液。

T_4与T_3释放进入血液后，99%以上和血浆蛋白结合，呈游离状态的少于1%，但只有游

离型激素才能进入组织细胞发挥作用。结合型与游离型之间可以互相转换，使游离型激素在血液中保持一定浓度，T_3主要以游离型存在。临床上可通过测定血液中T_4与T_3的含量了解甲状腺的功能。

二、甲状腺激素的生理作用

甲状腺激素在体内作用十分广泛，主要与核内受体结合发挥生理效应，但同时也能与核糖体、线粒体以及细胞膜上受体结合，影响多种基因的转录及转录后机制，促进组织细胞的物质与能量代谢和机体的生长发育。T_3与核内受体亲和力比T_4高10倍。因此，90%的甲状腺受体是与T_3结合，T_4仅占10%。

（一）对代谢的影响

1. 对能量代谢的影响

甲状腺激素可提高大多数组织的耗氧量，提高能量代谢水平，具有显著的生热效应，使基础代谢率增高。因此，甲亢患者因产热量增多而喜凉怕热，多汗，基础代谢率明显升高；甲状腺功能减退的患者，因产热量减少而喜热畏寒，基础代谢率降低。

2. 对物质代谢的影响

甲状腺激素对三大营养物质的合成与分解均有影响。①蛋白质代谢：生理剂量的甲状腺激素能促进蛋白质合成，有利于机体的生长发育。如果甲状腺激素分泌过多，则加速蛋白质分解，特别是骨和骨骼肌的蛋白质分解，导致血钙升高、骨质疏松、肌肉消瘦和肌无力。如果甲状腺激素分泌不足，则蛋白质合成障碍，组织间的黏蛋白增多，结合大量的正离子和水分子，引起一种特殊的、指压不凹陷的水肿，称为黏液性水肿。②糖代谢：甲状腺激素能促进小肠黏膜对葡萄糖的吸收，增强肝糖原分解，抑制肝糖原合成，并能增强肾上腺素、胰高血糖素、生长激素等激素的升血糖作用，使血糖升高；同时也促进外周组织对葡萄糖的利用，使血糖降低，但升高血糖的作用较强，因此，甲亢时常有血糖升高，甚至出现糖尿。③脂肪代谢：甲状腺激素既能促进脂肪和胆固醇的合成，又能加速脂肪的动员、分解，促进胆固醇降解，但总的效应是分解大于合成。因此，甲亢患者血中胆固醇含量低于正常值；反之，甲状腺功能减退（简称甲减）患者血中胆固醇含量升高。

（二）对生长发育的影响

甲状腺激素对机体的正常生长发育与成熟是必需的。这取决于两点，一是甲状腺激素对生长激素分泌与作用的加强作用，二是甲状腺激素本身具有促进组织分化、生长发育及成熟的作用。甲状腺激素能刺激骨化中心发育，软骨骨化，促进长骨与牙齿的生长，还能增强生长激素的促生长作用。在胚胎期甲状腺激素即可诱导某些生长因子合成，促进神经元分裂，轴、树突形成，以及髓鞘及胶质细胞的生长。如果甲状腺激素分泌不足，大脑发育和骨骼成熟全都受损，将导致呆小症（cretinism，克汀病）（如图12-8）。在缺碘地区，为预防呆小症的发生，在妊娠期需注意补充碘。

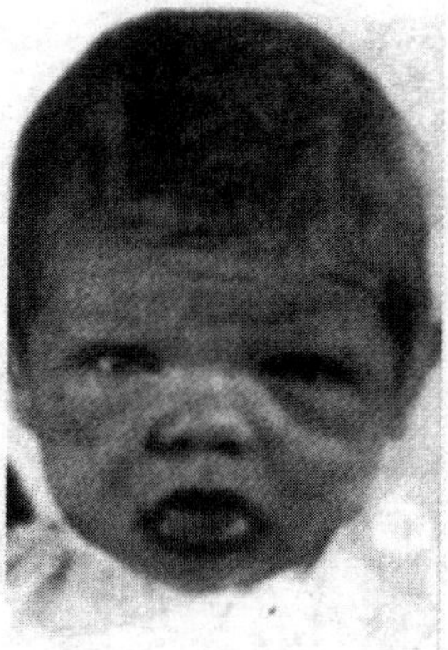

图12-8 呆小症患者

（三）对神经系统的影响

甲状腺激素对成人神经系统的主要作用是兴奋，此效应持续终身。甲亢患者因中枢神经系统过度兴奋，常表现为易激动、注意力不集中、烦躁、焦虑等，但又因甲状腺激素消耗了神经、肌肉的能量，及其对突触的兴奋作用，患者常感到持续性的疲劳和失眠；而甲减的患者，则表情淡漠，心理活动贫乏、记忆力减退，过度嗜睡。甲状腺激素还能增加脊髓中控制肌张办的神经元的突触后兴奋，从而导致细小肌肉的震颤，临床震颤的程度反映中枢神经受损的严重性，这是甲亢的显著体征之一。

（四）其他作用

甲状腺激素对心脏的作用是提高心肌收缩力、加快心率，增加心输出量。临床上常利用心率作为判断甲亢或甲减的一个敏感而重要的指标。例如，甲亢患者常出现心肌肥大或心力衰竭。再者，因为甲状腺激素的强心作用，可导致动脉血压升高，以收缩压升高为主，舒张压稍降低或正常，脉压增大，平均动脉压基本保持正常。

甲状腺激素也参与调控机体组织对其他激素的需要量。例如甲状腺激素可通过提高糖代谢率，促进胰岛素的分泌；通过增加骨形成的代谢，促进甲状旁腺激素分泌；通过增加肝脏对肾上腺皮质激素的降解，反馈性促进ACTH的产生，从而增加肾上腺糖皮质激素的分泌。另外，甲状腺激素能增加组织O_2消耗和CO_2的产生，使呼吸运动加强；能增加消化腺分泌与胃肠道运动，以增强食欲和增加对食物的吸收，甲亢患者易腹泻，甲减患者易便秘；甲状腺激素对于维持性功能也是必需的，但其机制尚不清楚。

三、甲状腺功能的调节

血中甲状腺激素水平的稳定对保证机体正常代谢及功能发挥具有重要作用。甲状腺功能活动主要受下丘脑及腺垂体的调节。另外，甲状腺还有自身调节作用。

（一）下丘脑–腺垂体–甲状腺轴的调节

甲状腺的功能主要受循环血中腺垂体释放的TSH水平的调节；同时下丘脑释放的TRH能加强TSH分泌，而当血中游离的T_3和T_4达到一定水平时，又能反馈地抑制TSH分泌（如图12-9）。

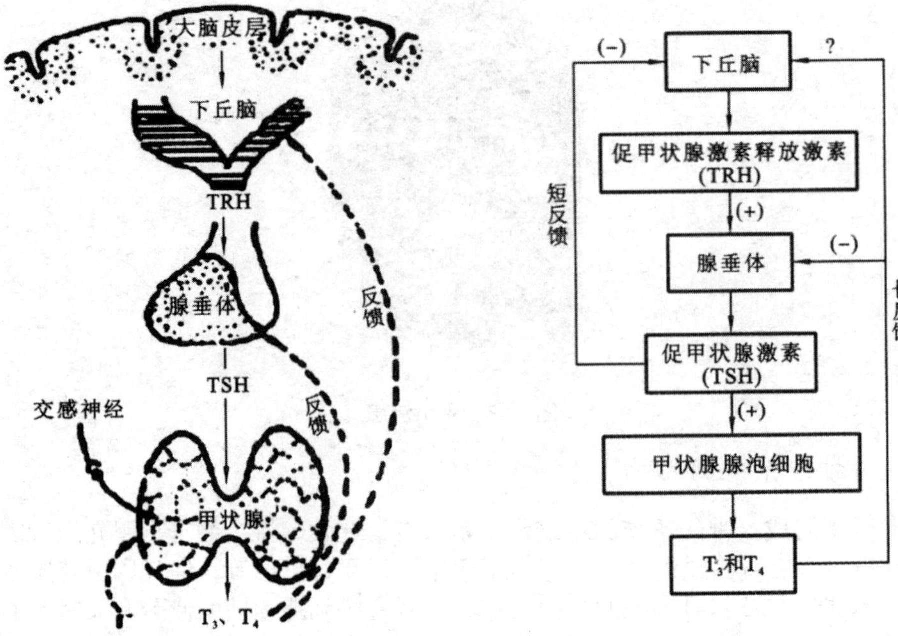

图12-9　甲状腺激素分泌调节示意图

实线表示促进；虚线表示抑制；(+)表示促进)；(-)表示抑制

1. 促甲状腺激素（TSH）

TSH是腺垂体分泌的一种糖蛋白，相对分子质量约28 000。TSH呈脉冲式分泌，每2～4 h出现一次高峰。在脉冲式释放基础上，还有日周期变化，清晨高，午后低，TS H的日节律性分泌受下丘脑生物节律产生神经元的控制。TSH是调控甲状腺腺泡细胞生长和甲状腺激素合成及分泌的主要因素。其作用机制概括为以下几点。

（1）加强腺泡内甲状腺球蛋白的水解，促进T_3和T_4的释放。

（2）加强碘泵活性，促进碘转运。

（3）增加甲状腺球蛋白和TPO的mRNA含量，加强酪氨酸碘化，使MIT、DIT、T_3和T_4合成增加；长时间的TSH作用还导致甲状腺腺泡细胞增生，毛细血管增生，甲状腺的血流量增加；缺乏TSH，腺体萎缩。

因此，甲亢患者血中可出现人甲状腺刺激免疫球蛋白（HTSI）。其化学结构与TSH相似，它能与TSH竞争甲状腺细胞膜受体而刺激甲状腺分泌和腺体细胞增生，引起甲亢。由于HTSI的作用，甲亢患者血中T_3、T_4明显增多，但TSH不增加。

2. 促甲状腺激素释放激素（TRH）

TRH由下丘脑正中隆起神经末梢分泌后，经垂体门脉系统运至腺垂体，直接促进TSH的合成与释放。腺垂体TSH细胞膜上的TRH受体与TRH结合后，可能通过IP_3-DAG系统引起TSH分泌。

下丘脑TRH神经元接受大脑及其他部位神经元的传入信息的调控。例如，寒冷刺激下丘脑体温调节中枢的同时，也刺激了附近的TRH神经元，引起TRH分泌，进而促进TSH分泌。神经递质去甲肾上腺素在其中发挥重要的调节作用，如果阻断去甲肾上腺素，机体对寒冷刺激引起的适应性反应明显减弱。另外，当机体受到严重创伤、手术等应激刺激时，下丘脑释放生长抑素，从而抑制TRH的合成与释放，使腺垂体TSH释放减少。

3. T_3和T_4的反馈性调节

甲状腺激素可负反馈调节腺垂体TSH分泌。这种负反馈作用的机制是甲状腺激素能诱导腺垂体TSH细胞产生一种抑制性蛋白质，它使TSH合成与释放减少，同时使腺垂体对TRH的反应能力减弱。在甲状腺激素反馈抑制TSH分泌的过程中，T_3可能起主要作用。

（二）自身调节

在不受神经及体液调节的影响下，甲状腺能根据血碘水平调节自身摄取碘及合成甲状腺素的能力称为甲状腺的自身调节，它是一个有限度的、缓慢的调节。当血碘增加时，甲状腺激素合成随之增加；但当血碘超过1 mmol/L时，甲状腺摄碘能力开始下降；当血碘达10 mmol/L时，甲状腺聚碘作用完全消失；当血碘高达正常的100倍时，甲状腺摄碘、酪氨酸碘化及胶质入胞等功能均下降，导致甲状腺激素合成及分泌减少。这是因为高血碘抑制了甲状腺功能的所有环节，减少了甲状腺的血液供应，使甲状腺腺体缩小。因此，一般在甲状腺术前给患者服用碘剂，有利于减少手术出血，保证术中和术后的安全。过量碘引起的这种抗甲状腺聚碘作用称为Wolff Chaikoff效应，其机制目前尚不清楚。如果持续加大供碘量，甲状腺可“脱逸”此效应，激素的合成再次增加。相反，当血碘不足时，甲状腺碘转运机制增强，使T_3与T_4合成和分泌增加。

（三）自主神经的影响

甲状腺腺泡接受交感神经肾上腺素能纤维和副交感神经胆碱能纤维双重支配，同时在甲状腺细胞膜上存在相应的α、β受体和M受体。实验证明，肾上腺素能纤维兴奋促进甲状腺激素合成与释放，而胆碱能纤维兴奋则抑制甲状腺激素的分泌。

第四节 胰岛的内分泌

胰腺具有外分泌和内分泌两种功能。胰腺的内分泌功能是通过散在的100万～200万个胰岛实现的。人类的胰岛细胞根据染色和形态学特点，主要分为A细胞、B细胞、D细胞和PP细胞。A细胞约占胰岛细胞总数20%，分泌胰高血糖素（glucagon）；B细胞占60%～70%，分泌胰岛素（insulin）；D细胞占10%，分泌生长抑素（somatostatin）；PP细胞数量很少，分泌胰多肽（pancreatic polypetide）。

一、胰岛素

胰岛素含有51个氨基酸残基，相对分子相对质量为6000。正常人空腹血清胰岛素浓度平均为69 pmol/L左右。血液中的胰岛素以与血浆蛋白结合和游离的两种形式存在，二者之间保持动态平衡。只有游离形式的胰岛素方有生物活性，其血液中的半衰期为5～6分钟，主要在肝内灭活，肾脏与肌肉也能灭活一部分。

（一）胰岛素作用的机制

目前，胰岛素的作用机制主要是通过胰岛素受体和受体后信息传递实现的。

胰岛素受体：体内几乎所有细胞膜上都有胰岛素受体。胰岛素受体有高度特异性。该受体是一种跨膜糖蛋白，是由两个α亚单位和两个β亚单位组成的四聚体。胰岛素与受体结合可激活酪氨酸蛋白激酶，使受体内的酪氨酸残基磷酸化，进而调节细胞的功能。

（二）胰岛素的生物学作用

胰岛素是促进合成代谢、调节血糖稳定的主要激素。

1. 对糖代谢的作用

胰岛素促进组织、细胞对葡萄糖的摄取和利用，加速葡萄糖合成为糖原，贮存于肌肉中，并抑制糖异生，促进葡萄糖转变为脂肪酸，贮存于脂肪组织，导致血糖水平下降。胰岛素缺乏时，血糖浓度升高，若超过肾糖阈，尿中将出现糖，进而引起糖尿病。

2. 对脂肪代谢的作用

胰岛素能促进脂肪的合成与贮存，使血中游离脂肪酸减少，同时抑制脂肪的分解氧化。胰岛素缺乏时，可造成脂肪代谢紊乱，脂肪分解加强，血脂升高，加速脂肪酸在肝内氧化，生成大量酮体，导致酸中毒和酮血症。

3. 对蛋白质代谢的作用

胰岛素可促进蛋白质合成。胰岛素能促进氨基酸透过细胞膜进入细胞，促进DNA转录生成mRNA，促进氨基酸活化，并与RNA结合，促进翻译过程，使蛋白质合成增加。另外，胰岛素还可抑制蛋白质分解和肝糖原异生。胰岛素对机体的生长发育有促进作用，但必须与生长素共同作用时，方能发挥明显作用。

（三）胰岛素分泌的调节

1. 血糖的作用

血糖是影响胰岛素合成与分泌的最重要因素。血糖升高，胰岛素分泌增加；反之，则胰岛素分泌减少。当血糖升至5.6 mol/L（1000 mg/L）时，胰岛素的分泌量可达基础值的10～20倍；血糖下降至正常水平时，胰岛素的分泌量恢复到基础水平。胰岛素的分泌可分为两个阶段：①5分钟内，胰岛素的分泌可增加10倍，主要是B细胞贮存激素的释放，5～10 min便下降50%。②血糖升高15 min后，胰岛素分泌再次增多，2～3 h达高峰，持续时间长，主要是激活了B细胞内胰岛素的合成和释放。

2. 氨基酸和脂肪酸的作用

很多氨基酸都能刺激胰岛素分泌，但以赖氨酸和精氨酸的作用最强。血中脂肪酸和酮体大量增加时，也能促进胰岛素的分泌。

3. 激素的作用

胃肠道激素如胃泌素、促胰液素、胆囊收缩素和抑胃肽等，均有促进胰岛素分泌的作用。胰高血糖素在胰岛内即可通过旁分泌作用直接刺激B细胞的分泌，入血后又可通过提高血糖浓度而间接促进胰岛素的分泌。此外，甲状腺激素、生长素、皮质醇、黄体酮、雌激素等，对胰岛的分泌也有促进作用，肾上腺素对胰岛素的分泌有抑制作用。

4. 神经系统

迷走神经兴奋时，即可通过B细胞上的M受体直接增强胰岛素分泌，又可通过胃肠激素间接促进胰岛分泌。交感神经兴奋时，则通过B细胞上的M受体抑制其分泌。

二、胰高血糖素

胰高血糖素是由29个氨基酸组成的多肽，相对分子质量为3485，血清中浓度为50～100 ng/L。

（一）胰高血糖素的主要作用

胰高血糖素的作用与胰岛素的作用相反，它具有很强的促进糖原分解和葡萄糖异生作用，因而使血糖升高。它还能促进贮存的脂肪分解和脂肪酸氧化，使血内酮体增多，并能使氨基酸迅速进入肝细胞，脱去氨基，异生为糖。它对蛋白质也有促进分解和抑制合成的作用。

（二）胰高血糖素分泌的调节

血糖浓度是调节胰高血糖素分泌重要的因素。血糖浓度降低，促进胰高血糖素分泌；反之，血糖浓度升高，胰高血糖素分泌减少。

氨基酸的作用与葡萄糖相反，能促进胰高血糖素的分泌。

胰岛A细胞膜以β受体为主。交感神经通过β受体可促进胰高血糖素分泌，迷走神经通过M受体抑制其分泌。胰岛素可以通过旁分泌作用，直接抑制胰高血糖素分泌。

第五节　其　　他

一、前列腺素

前列腺素（prostaglandin，PG）广泛存在于机体许多组织中，是一类具有多种生物活性的20碳不饱和脂肪酸类物质。最早在精液中发现，当时以为是前列腺分泌的，故名前列腺素。

PG的基本骨架为前列腺烷酸，由一个五碳环戊烷环和两条不饱和脂肪酸侧链构成。根据环戊烷结构的不同，可分为A、B、C、D、E、F、G、H、J等10型。

PG在组织局部产生和释放，对局部功能进行调节。其生物学作用广泛且复杂，各种组织、细胞对它的反应不同。在中枢，PGE 2有镇静、安定和抗惊厥作用；PGI 2有抑制血小板聚集的作用，并使血管平滑肌松弛，血管扩张，血压降低；PGE 2能使肾脏血管舒张，增加肾脏血流量和GFR，同时能对抗ADH，故有促进排钠利尿作用；PG有抑制胃酸分泌和保护胃黏膜的作用；PGE与PGI_2有扩张支气管作用，PGE与PGF有抑制黄体酮分泌、溶解黄体、刺激子宫收缩作用；等等。

二、松果体激素

松果体是神经内分泌器官，能将神经系统电信号转变为激素信息。它分泌的激素主要有褪黑素和肽类激素。

20世纪50年代初，从松果体提取物中分离出一种能使青蛙皮肤褪色的物质，并命名为褪黑素（melatonin，MLT）。它的分泌与光线有关。光照下分泌减少或停止，黑暗中分泌增加，表现明显的昼夜节律变化。在失明者和致盲大鼠亦表现节律变化，表明它受内源性生物钟的支配。研究表明，视上核是褪黑素分泌的昼夜节律中枢。

褪黑素对下丘脑-腺垂体-性腺轴活动有抑制作用。此外，对肾上腺皮质、髓质活动也有抑制作用。

第十三章 肌 肉 收 缩

第一节 肌肉的构造

和人类一样，对于大部分动物来说，只有不断进化才能够生存下来。众所周知，像步行、跑步、捕猎或者逃跑、呼喊，或者耳语、看、听，甚至站立不动，这些人类活动都需要运动来维持，至少需要肌肉收缩。当然，最重要的莫过于维持简单呼吸运动的肌肉收缩。肌肉形态和大小的多样化，反映了肌肉功能的巨大差异性。

一、肌肉的多样性

（1）肌肉肌纤维数量的多样性。鼓膜张肌具有调节鼓膜张力的作用，它仅由几百根肌纤维组成；站立和跑步时，腓肠肌中起主要作用的肌肉之一——内侧腓肠肌，则是由几百万根肌纤维构成的。

（2）肌肉形态的多样性。一些肌纤维较粗，比如使髋关节进行外展和伸直运动的股直肌或者臀肌。有的肌肉又长又细，如股薄肌和缝匠肌。还有一些肌肉具有很长的肌腱，如手指伸屈肌和脚趾伸屈肌。这种多样性与肌肉需要执行的各种任务相适应。肌肉越长，收缩越短，缩短时的速度就越快；相比之下，肌肉越粗，所能产生的张力就越大。屈指肌的长肌腱在腱鞘（retinacula）内滑动，并且附着于指骨的基底部，通过这种方式，较小的肌腱运动就能使手指产生较大的抓握动作。

二、肌纤维的羽状结构

人体的肌纤维可划分为平行纤维（如梭状纤维，fusiform）和羽状纤维。由平行纤维构成的肌肉中，肌纤维与肌腹的纵轴平行，梭样单肌纤维的缩短可直接变成肌肉的缩短。人体大多数肌肉的纤维呈梭状。在一些较大的肌肉中，纤维呈羽毛状附着于肌腱上，故称为羽状肌纤维（pinnated或者pennated）。

与梭状肌相比，羽状肌纤维中收缩力仍沿肌腱轴线方向传导，由于肌纤维与肌腱呈一定角度，故沿肌腱轴线传出力的大小是肌肉纤维与肌腱轴线夹角的余弦值，即传导（沿着肌腱方向）到肌腱的有效作用力要比收缩时产生的总收缩力小，也就是说，产生同样大小的收缩力，羽状肌纤维比梭状肌的缩短程度更大。羽状结构的优点是增大肌肉的有效横截面积。相同大小的肌肉中，羽状肌肉较梭状肌腹含有更多的肌纤维。由于肌肉产力大小取决于肌肉中肌纤维横截面积之和，所以羽状肌肉产力会成比例增加。由于肌纤维较短，其缩短距离与速度均减少，从而通过增加横截面积的方式进行补偿。由于羽状肌纤维与肌腱形成夹角，收缩时，中央的肌腱产生的移动距离会比肌纤维缩短的距离大。这种结构还有一个优点，即使肌纤维工作处于长度–张力曲线的最适范围，虽然肌纤维缩短距离较小，但产生的力与其他肌纤维较大缩短距离的产力相当。

三、肌肉的横纹

在显微镜下观察肌肉纵切面，发现每一根肌纤维都具有一系列明暗交替的横纹。使用偏振光观察，这些条纹更加明显。任何角度下，所有的明带折光系数都是一致的，这种特性被称为是各向同性，所以明带被命名为I带（I-band）。暗带具有各向异性，并被命名为A带（A-band）。

在肌原纤维水平，可以观察到更加细致的条带结构。在I带之间是Z线或者Z盘（Z-line or Z-disk）。A带之间有一灰白色区域，就是H区（H-zone）。M线（M-region）又将H区平分为两半。连续两个Z线之间的部分称为肌节（sarcomere）。肌纤维舒张状态下，每个肌节的长度约为2.2 μm。相邻的肌原纤维被肋节（costameres）固定在Z线上，这使肌纤维中每一根肌原纤维上的条带横向对齐排列，肌纤维之间也同样对齐排列，这样，骨骼肌就具有了外观上的横纹特征。

肌肉单纤维是由大量的肌节组成的。肌纤维的长度取决于这些肌节的数量。在一些较长肌肉中，可以用肌节数量代表其长度。据报道，人类最长的肌纤维长达12 cm。由肌纤维串联而成的肌肉，像股薄肌与缝匠肌，其肌肉长度明显长于其肌纤维。

四、肌肉的分段

较长的绳状肌肉如缝匠肌，其肌纤维看上去像是从肌肉的一端延伸到另一端。然而，在显微镜下可以观察到，这些细长的肌肉被一个或者多个横向的结缔组织腱划（inscriptions）分成几段。缝匠肌有三个腱划，故分成四段；半腱肌分成三段，股二头肌和股薄肌各分为两段。这种分段将人类最长肌肉纤维长度限制在12 cm，这个长度中含有5.5×104个肌节。每一肌段都有独自的神经支配，一根神经纤维不能支配邻近肌段的肌肉纤维。一个运动单位对应于肌肉中的一个肌段，一个运动单位的选择性激活也只对应于一个肌段，这样就导致邻近肌段肌纤维的拉伸。有效的肌肉收缩有赖于肌肉中支配每个肌段的运动单位的协同激活。只有保证不同肌段的高度同步，才能使肌腹快速缩短。肌肉分段的优点在于能够使神经营养因子（ncurotrophic factors）有效地从运动神经元分布到肌纤维各处。

Sheard曾经观察到，有的肌纤维呈交错排列。这样使数厘米长度上排列的肌纤维相当于20 ~ 40 cm长的肌肉所容纳的肌纤维数量。因此，单个运动神经元可以分布于整个肌肉长度上，以保障高效收缩。这种排列方式的骨骼肌，其力是横向传输的。这避免了由一个运动单位支配的肌纤维串联在一起，沿肌肉长轴方向传出收缩力。Monti等的综述总结了这类肌肉的特殊结构。

五、运动单位的分布

一块肌肉的功能性单位被称为运动单位。一个运动单位（motor unit）包括一个运动神经元，以及由此运动神经元支配的所有肌纤维。这个功能性单位是肌肉组成的最小部分，在任何时候它都可以被激活。运动单位的具体结构和收缩特性比较复杂，此处只介绍一些运动单位结构的关键特征。每一根肌纤维都是由单个运动神经元支配的，且一个运动神经元能够支配一定数量的肌纤维，从支配几根（如眼外肌）到2000根（如大的肢体肌肉）肌纤维。同样，哺乳动物的运动单位可以根据收缩和代谢特点分为不同的肌纤维类型。由一个运动单位支配的肌纤维很少相互靠近在一起，而是广泛分布在肌肉的各个部位。

第二节　肌肉收缩的原理

一、肌肉收缩的肌丝滑行理论

早在20世纪50年代初，赫胥黎（Huxly）等就提出用肌肉收缩的“肌丝滑行理论”来说明肌肉收缩机制。该理论的主要观点是：肌肉的收缩或拉长是由于肌节中粗、细肌丝的相互滑行所致，而肌丝本身的结构和长度不变。当肌肉缩短时，由Z线发出的细肌丝沿着粗肌丝向暗带中央滑行，结果相邻的各Z线都相互靠近，肌小节长度变短，造成整个肌原纤维、肌细胞乃至整块肌肉长度缩短。其证据是：肌肉缩短后，暗带的长度不变，明带的长度明显缩短，H带相应变窄。当肌肉拉长时，细肌丝向暗带外侧滑行，明带和H带加宽（如图13-1）。近年来，随着细胞生物学新技术的发展，肌丝滑行的机制已基本上从组成肌丝的蛋白质分子水平得到证实。

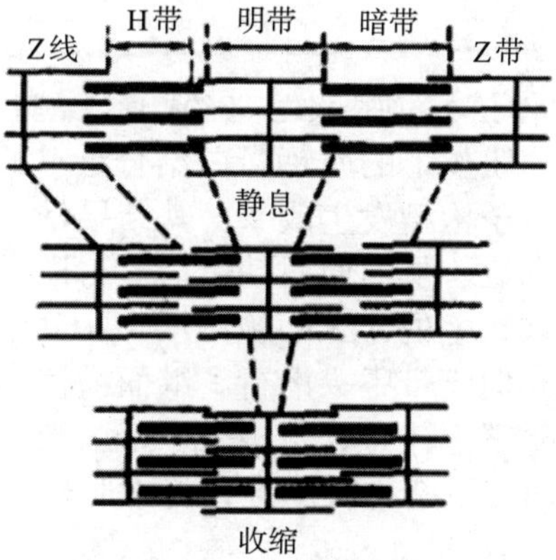

图13-1　肌肉收缩时肌节各带长度的变化

二、肌肉的收缩过程

在完整机体内，肌肉的收缩是由运动神经元以冲动形式传来的刺激引起的。神经冲动经神经肌肉接头传至肌膜，引起肌细胞兴奋，继而触发横桥摆动，产生肌肉收缩，收缩肌肉又必须舒张才能进行下一次收缩。因此，肌肉收缩的全过程包括3个互相衔接的主要环节：①细胞膜的电变化触发肌肉收缩的过程，即兴奋-收缩耦联；②横桥的运动引起肌丝的滑行，肌肉收缩；③收缩的肌肉舒张。

当肌细胞兴奋时，动作电位沿横管系统进入三联管，并将信息传递给纵管系统，使相邻的终池膜对Ca^{2+}的通透性增大，Ca^{2+}从贮存的终池内大量释放出来，并扩散到肌浆中，使肌

浆 Ca^{2+} 浓度迅速升高（约增大100倍），随后触发肌肉收缩。Ca^{2+} 被认为是兴奋–收缩耦联的媒介物（如图13-2）。

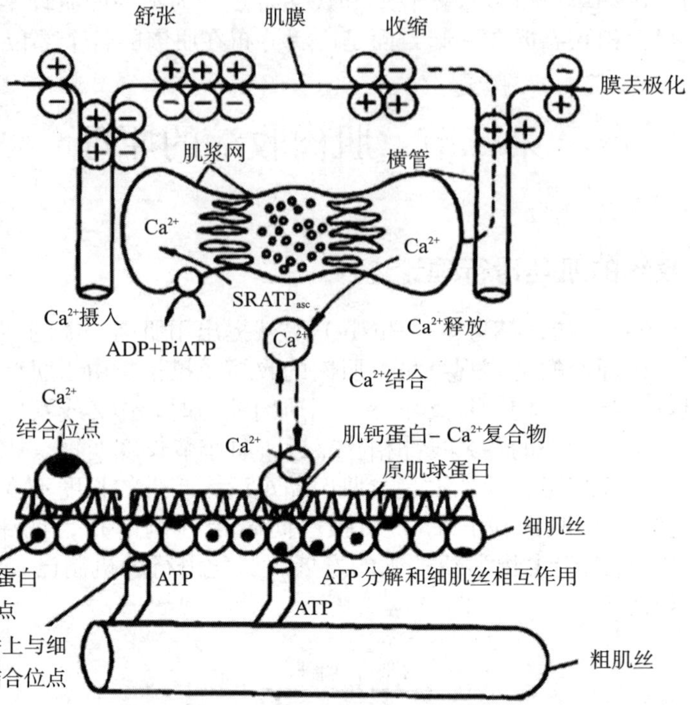

图13-2　肌肉兴奋–收缩耦联示意图

当肌浆 Ca^{2+} 浓度升高时，细肌丝上的肌钙蛋白结合足够的 Ca^{2+}，引起自身分子构型发生变化，继而引起原肌球蛋白的分子构型发生改变；其结果是原肌球蛋白分子的双螺旋体从肌动蛋白双螺旋结构的沟沿滑至沟底，从而使肌动蛋白上与横桥结合的位点暴露出来。位点一旦暴露，横桥立即与之结合，横桥上的ATP酶被激活，ATP在ATP酶的作用下放出能量，引起横桥倾斜、摆动，拖动细肌丝向暗带中央滑行。继而横桥又恢复到原来垂直的位置，并与下一个肌动蛋白的位点结合，重复上述过程，进一步牵引细肌丝向暗带中央滑行。只要肌浆中 Ca^{2+} 浓度不下降，横桥的运动就不断进行下去，将细肌丝逐步拖向粗肌丝中央，使肌节缩短，肌肉出现缩短。

当兴奋终止，Ca^{2+} 停止释放，纵管膜上钙泵作用加强，不断将肌浆中的 Ca^{2+} 回收进入终池，肌浆 Ca^{2+} 浓度下降，肌钙蛋白与 Ca^{2+} 分离，并恢复到原来构型，继而原肌球蛋白也恢复到原来构型。肌动蛋白上与横桥结合的位点重新被掩盖起来，肌丝由于自身的弹性回到原来的位置，收缩的肌肉舒张。

三、单收缩和强直收缩

（一）单收缩

整块肌肉或单个肌细胞接受一次短促的刺激时，被刺激的细胞产生一次动作电位，紧接着进行一次收缩，称为单收缩。在动物实验中，通过记录肌肉单收缩曲线，可显示肌肉收缩开始于动作电位的去极相之后，从刺激开始到肌肉产生收缩之间的时期，称潜伏期。整个收缩曲线以张力发展的最高点为界，可分为收缩期和舒张期，收缩期较舒张期短（如图13-3）。

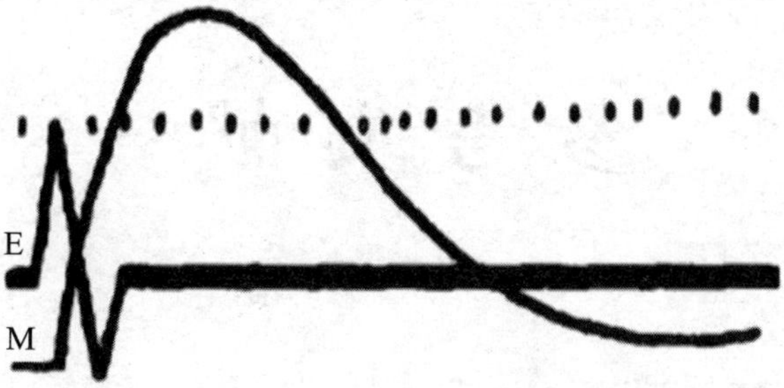

图13-3　肌肉单收缩曲线
E.收缩；M.舒张

（二）强直收缩

若连续给予骨骼肌一连串的短促刺激，如果刺激间隔长于单收缩的持续时间，即产生一连串的单收缩。若增加刺激的频率，使每次刺激的间隔短于单收缩所持续的时间，肌肉的收缩将出现融合现象，称为强直收缩。强直收缩有两种：一种在增加刺激频率时，肌肉未完全舒张就产生第二次收缩，肌肉收缩出现部分融合，称为不完全强直收缩，其收缩曲线呈锯齿状；如果继续增加刺激频率，使肌肉在前一次收缩末期就开始第二次收缩，肌肉收缩出现完全的融合，称为完全强直收缩，其收缩曲线为一条平整的光滑曲线（如图13-4）。

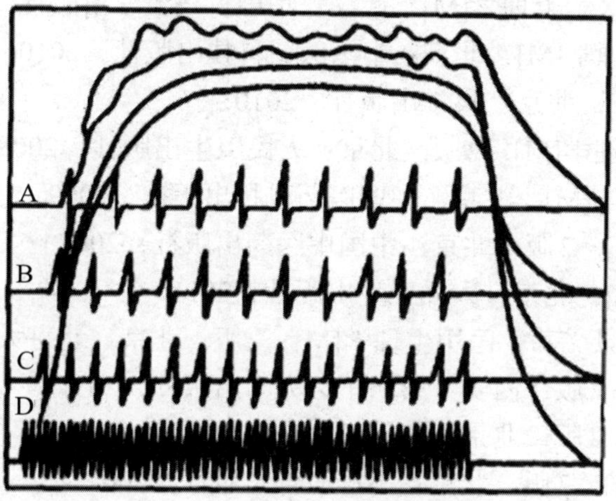

图13-4　不完全强直收缩和完全强直收缩

参 考 文 献

[1] 白波．高明灿．生理学[M]．6版．北京：人民卫生出版社，2009.
[2] 陈桃荣．生理学基础[M]．南昌：江西科学技术出版社，2008.
[3] 杜友爱，胡庆．生理学[M]．北京：人民军医出版社，2011.
[4] 工庭槐．生理学[M]．2版．北京：高等教育出版社，2008.
[5] 郭争鸣．生理学[M]．2版．北京：人民卫生出版社，2010.
[6] 胡崎．生理学[M]．6版．合肥：安徽科学技术出版社，2008.
[7] 金秀东，金元哲，李东亮，等．生理学[M]．3版．北京：人民军医出版社．2009.
[8] 姜德才，张秀芳．生理学基础[M]．北京：中国科学技术出版社，2009.
[9] 陆再奖，钟南．内科学[M]．7版．北京．人民卫生出版社，2010.
[10] 刘长金，余承高．医学生理学[M]．武汉：华中科技大学出版社，2008.
[11] 梁平，符史干．生理学[M]．北京：中国医药科技出版社，2010.
[12] 马恒东．生理学[M]．北京：科学出版社，2010.
[13] 彭波．李茂松．生理学[M]．2版．北京：人民卫生出版社，2008.
[14] 曲英杰．人体功能学[M]．北京：中国医药科技出版社，2009.
[15] 施雪筠．生理学[M]．2版．北京：中国中医药出版社，2007.
[16] 孙玉锦．生理学[M]．北京：人民卫生出版社，2011.
[17] 孙庆伟，符史干，景文莉．医用生理学[M]．2版．北京：北京大学医学出版社，2007.
[18] 田仁．生理学[M]．2版．西安：第四军医大学出版社，2011.
[19] 庭槐．生理学[M]．2版．北京：高等教育出版社，2008.
[20] 王庭槐．生理学[M]．2版．北京：高等教育出版社，2007.
[21] 王光亮，乔建卫，周裔春．正常人体功能[M]．武汉：华中科技大学出版社，2011.
[22] 王爱梅，丁玉琴，周裔春．生理学[M]．武汉：华中科技大学出版社，2011.
[23] 吴博威．生理学[M]．2版．北京：人民卫生出版社，2007.
[24] 许文燮，高永瑞，丁延峰．生理学[M]．2版．北京：人民军医出版社．2008.
[25] 杨宝峰．药理学[M]．7版．北京．人民卫生出版社，2010.
[26] 朱大年．生理学[M]．7版．北京：人民卫生出版社，2008.
[27] 朱文玉．医学生理学[M]．北京：北京大学医学出版社，2009.

[28] 张志雄．生理学[M]．北京：中国中医药出版社，2009.
[29] 张敏．正常人体功能[M]．北京：高等教育出版社，2009.
[30] 张丽华．细胞生物学和医学遗传学[M]．4版．北京：人民卫生出版社，2009.
[31] 张俊．边竹平．生理学[M]．北京：科学出版社，2010.
[32] 自波，高明灿．生理学[M]．6版．北京：人民卫生出版社，2010.
[33] 周弘建，黄莉军．生理学[M]．北京：科学出版社，2011.